Design und Synthese funktionaler Bausteine für die gezielte Modifikation von Oligonukleotiden und Peptid-Nukleinsäuren

Design und Synthese funktionaler Bausteine für die gezielte Modifikation von Oligonukleotiden und Peptid-Nukleinsäuren

Dissertation

zur Erlangung des mathematisch-naturwissenschaftlichen Doktorgrades
„Doctor rerum naturalium"
der Georg-August-Universität Göttingen

vorgelegt von
Oleg Jochim
aus Belyje Wody

Göttingen 2014

Bibliografische Information der Deutschen Nationalbibliothek

Die Deutsche Nationalbibliothek verzeichnet diese Publikation in der Deutschen Nationalbibliografie; detaillierte bibliografische Daten sind im Internet über http://dnb.d-nb.de abrufbar.

1. Aufl. - Göttingen : Cuvillier, 2015

Zugl.: Göttingen, Univ., Diss., 2015

Referent: Prof. Dr. Ulf Diederichsen

Korreferent: Prof. Dr. Lutz Ackermann

Tag der mündlichen Prüfung: 24.07.2014

© CUVILLIER VERLAG, Göttingen 2015
Nonnenstieg 8, 37075 Göttingen
Telefon: 0551-54724-0
Telefax: 0551-54724-21
www.cuvillier.de

Alle Rechte vorbehalten. Ohne ausdrückliche Genehmigung des Verlages ist es nicht gestattet, das Buch oder Teile daraus auf fotomechanischem Weg (Fotokopie, Mikrokopie) zu vervielfältigen.
1. Auflage, 2015
Gedruckt auf umweltfreundlichem, säurefreiem Papier aus nachhaltiger Forstwirtschaft.

ISBN 978-3-95404-998-1

eISBN 978-3-7369-4998-0

meiner Familie

Die vorliegende Arbeit wurde in der Zeit von März 2009 bis Juli 2014 am Institut für Organische und Biomolekulare Chemie der Georg-August-Universität zu Göttingen unter Leitung von Prof. Dr. Ulf Diederichsen angefertigt.

Mein besonderer Dank gilt meinem Doktorvater, Herrn Prof. Dr. Ulf Diederichsen für die interessante Themenstellung, die Unterstützung meiner Arbeit und die ständige Diskussionsbereitschaft verbunden mit der mir gewährten wissenschaftlichen Freiheit.

Inhaltsverzeichnis

1	Einleitung	1
2	Dynamische Modifikation von Oligomeren	5
2.1	Kombinatorische Chemie	5
2.2	Dynamische kombinatorische Chemie (DCC)	6
2.2.1	Grundlagen der DCC	7
2.2.2	Selektion	10
2.2.3	Ansätze der dynamischen kombinatorischen Chemie	11
2.2.4	Analysemethoden	12
2.3	Dynamische Schwefelchemie	13
2.3.1	Thiol-Thioester-Austausch	14
3	Design eines auf dynamischer Schwefelchemie aufbauenden DCC-Assays für Oligonukleotide	17
4	DNA als ein vielseitiges Gerüst für funktionale Oligomere	21
4.1	Struktur und Aufbau der Nukleinsäuren	21
4.2	Design funktionaler Nukleinsäuren	24
4.2.1	Oligonukleotid-Synthese an fester Phase	26
4.2.2	Modifikation von natürlichen Nukleosiden	30
4.2.3	Verwendung azyklischer Gerüst-Bausteine zur Integration funktionaler Moleküle	33
5	Synthese des azyklischen Thiol-modifizierten Rückgrat-Bausteins	37
5.1	Synthese der Phosphoramidit-Bausteine	42
5.1.1	Das Acetat-geschützte Phosphoramidit	42
5.1.2	Das Benzyl-geschützte Phosphoramidit	44
5.1.3	Das *O*-Ethyl-dithiocarbonat-geschützte Phosphoramidit	46
5.1.4	Das Nitrobenzol-geschützte Phosphoramidit	47
5.1.5	Das Trityl geschützte Phosphoramidit	49
5.1.6	Das TMSE-geschützte Phosphoramidit	51
5.1.7	Das Cyanoethyl-geschützte Phosphoramidit	53

5.2	Synthese der Thioester-funktionalisierten Nukleobasen	57
5.2.1	Thioester funktionalisiertes Guanin-Derivat G_{TE}	57
5.2.2	Thioester-funktionalisiertes Vinyl-Guanin-Derivat $^{V}G_{TE}$	58
5.2.3	Thioester-funktionalisiertes Cytosin-Derivat C_{TE}	60
5.3	Festphasensynthese modifizierter Oligonukleotide	61
5.3.1	Synthese und Entschützung des TMSE-geschützten Oligonukleotids	63
5.3.2	Synthese und Entschützung des Cyanoethyl-geschützten Oligonukleotids	71
5.3.3	Synthese und Entschützung des Trityl-geschützten Oligonukleotids	78
5.3.4	Synthese und Entschützung des O-Ethyl-dithiocarbonyl-geschützten Oligonukleotids	81
5.3.5	Synthese und Entschützung des Benzyl-geschützten Oligonukleotids	84
6	**N-Methylierte Alanyl-PNA als Konformationsschalter**	**89**
6.1	Funktion und Struktur von Proteinen	89
6.2	PNA als funktionales Oligomer	91
6.2.1	Aminoethylglycin-PNA	92
6.2.2	Alanyl-PNA	93
6.2.3	Der konformationsändernde Einfluss der Alanyl-PNA	94
6.2.4	N-Methylierung	95
7	**Synthese der N-methylierten Alanyl-PNA-Oligomere**	**99**
7.1.1	Synthese der N-methylierten Nukleoaminosäuren	101
7.1.2	Synthese der nicht methylierten Alanyl-PNA-Bausteine	104
7.1.3	Synthese der N-methylierten Dipeptide	105
8	**Zusammenfassung und Ausblick**	**109**
9	**Summary and Outlook**	**119**
10	**Experimentalteil**	**127**
10.1	Präparative Arbeitsmethoden	127
10.2	Charakterisierung	129
10.3	Oligonukleotid-Synthese	130
10.4	Entschützung der Oligonukleotide	131
10.5	Synthese der DNA-Bausteine	133
10.6	Synthese der PNA-Bausteine	168

Literaturverzeichnis 185

Abkürzungsverzeichnis 199

Danksagung 205

Lebenslauf 207

1 Einleitung

Alle lebensnotwendigen Prozesse eines jeden Lebewesens basieren auf Interaktionen von Makromolekülen, die durch ihre chemische Beschaffenheit und Struktur die Prozesse steuern und möglich machen. Nukleinsäuren und Proteine sind zwei der wichtigsten Makromoleküle, die eine zentrale Rolle als Bausteine des Lebens spielen.[1] Die Strukturaufklärung dieser Oligomere in den frühen 50er Jahren führte zu vielen revolutionären Erkenntnissen, die bis zum heutigen Tage für die Forschung und Entwicklung in den Feldern der Physik, Biologie und Chemie grundlegend und bestimmend sind.[2–5] Der enge Zusammenhang zwischen Funktion, Struktur und chemischem Aufbau ermöglicht durch Modifikationen auf molekularer Ebene ein gezieltes Design von funktionalen Oligomeren, die nicht nur ein unerschöpfliches Repertoire an Anwendungen bieten, sondern auch interdisziplinär einsetzbar sind. Die daraus resultierende unaufhaltsame Entwicklung dringt dabei in Felder vor, die weitab von der natürlichen biologischen Bestimmung der Makromoleküle liegen und schafft neue Disziplinen und Anwendungen.

Die DNA (*deoxyribonucleic acid*), die als Träger und Speicher der Erbinformationen bekannt ist und deren Eigenschaften für die Genexpression unerlässlich sind, kann abseits ihrer biologischen Funktion als ein supramolekulares Gerüst in der Nanotechnologie und den Materialwissenschaften verwendet werden.[6–8] Ihre klar definierte starre Duplex-Struktur, mit der Fähigkeit der molekularen Erkennung und Selbstaggregation bietet zudem ein großes Potenzial für *bottom-up*-Verfahren zur Generierung von hoch strukturierte Materialien mit spezifischen Eigenschaften im Nanobereich.[6] Die Anwendungsbereiche der DNA sind jedoch nicht nur auf ihre natürliche Duplex-Struktur beschränkt, sondern sind durch gezielte Modifikation der Oligonukleotide um ein Vielfaches erweiterbar.[9,10] Mit der rasanten Entwicklung der Oligonukleotid-Synthese an fester Phase ist es heutzutage möglich, aufbauend auf modifizierten Nukleosid-Bausteinen und artifiziellen Nukleobasen, funktionale Oligonukleotide mit beliebiger

Sequenz, Funktion und Eigenschaften zu synthetisieren. Auf diese Weise können Aptamere entwickelt werden, die eine komplexe dreidimensionale Struktur einnehmen und selektiv an Zielverbindungen binden. Diese Eigenschaften sind nicht nur bei der Entwicklung von neuen Arzneimitteln und Therapeutika von großer Bedeutung, sondern ermöglichen auch die Verwendung von Aptameren als Katalysatoren für eine Vielzahl chemischer Reaktionen.[11–13] Unter Erhalt ihrer Integrität wird die DNA aufgrund der wachsenden Vielfalt an Modifikationen und Anwendungen zu einem der vielseitigsten Makromoleküle, die gezielt modelliert werden können.

Jede der beschriebenen Anwendungen der Oligonukleotide basiert auf der Möglichkeit mit Hilfe kleiner modifizierter Bausteine komplexe oligomere Strukturen mit einer definierten Funktion zu designen. Der Ansatz der hier präsentierten Untersuchungen baut auf der Synthese eines neuen azyklischen Bausteins auf, der als Thiol-tragende Rückgratmodifikation von Oligonukleotiden verwendet werden soll. Mit Hilfe dieser Modifikation soll unter Verwendung der dynamischen kombinatorischen Chemie eine Templat-gesteuerte reversible Funktionalisierung des Oligonukleotids untersucht werden. Im Vordergrund der Untersuchungen stehen die Synthese und Anpassung des Bausteins an die Oligonukleotid-Synthese an fester Phase sowie die Entwicklung eines auf dem Thiol-Thioester-Austausch basierenden dynamischen Assays. Die daraus resultierenden Erkenntnisse sollen unter anderem zur Generierung neuer funktionaler selbstorganisierender Oligonukleotide genutzt werden.

Die Anwendungen und Funktionen der natürlichen DNA sind auf die Variation in der Abfolge der vier kanonischen Nukleobasen limitiert und sind in der geringen Anzahl an möglichen Sekundärstrukturen begründet. Proteine dagegen können aufgrund der zwanzig proteinogenen Aminosäuren eine wesentlich größere Vielfalt an Sekundärstrukturelementen ausbilden, die zu komplexen Tertiär- und Quartärstrukturen führen.[1] Die sich daraus ergebende Variation an Strukturen ermöglicht es den Proteinen, sehr spezielle und vielfältige Funktionen im Organismus auszuführen (Enzyme, Antikörper, Toxine, Kollagene etc.).[14] Doch nicht nur die Funktion der Proteine ist stark von ihrer Struktur abhängig, auch viele Erkrankungen wie Alzheimer sind auf fehlerhaft gefaltete Proteine zurück zu führen.[15] Die Veränderung der dreidimensionalen Struktur eines Proteins ist ein essentieller Vorgang, der auch bei der Proteinerkennung durch kleine Moleküle sowie bei Protein-Protein- und Protein-DNA-Wechselwirkungen eine wichtige Rolle spielt. Eine kontrollierbare Änderung der Konformation würde ein wichtiges Werkzeug zur Steuerung der Proteinfunktion und deren Eigenschaft darstellen. Ein weiteres Ziel dieser Arbeit ist es, modifizierte kleine Peptid-Hexamere mit Erkennungseinheiten darzustellen, welche mit komplementären Molekülen in Wechselwirkung treten und somit eine Konformationsänderung innerhalb eines Proteins induzieren können. Im gepaarten Zustand liegt das Rückgrat des Hexamers in einer β-Faltblatt-Konformation vor, während der Einzelstrang eine zufällig ausgebildete Anordnung aufweist. Durch Paaren bzw. Entpaaren kann auf diese Weise ein „Schalten" zwischen den Konformationen ermöglicht werden. Als molekulare Schalter für β-Faltblatt-Sekundärstrukturen sollen Alanyl-Peptidnukleinsäuren (Alanyl-PNAs) dienen. Dazu werden auf der Aminosäure Serin aufbauende N-methylierte-Bausteine synthetisiert, die Nukleobasen als Erkennungseinheiten tragen und abwechselnd mit nicht methylierten Bausteinen zum Alanyl-PNA-Hexamer verknüpft werden. Dabei liegt der Fokus auf der Synthese von Dipeptiden, welche über die N-methylierte Amin verknüpft sind und in der Peptid-Synthese an feste Phase über das nicht methylierte Amin gekuppelt werden können. Der Einsatz von N-methylierten Bausteinen dient der Vermeidung von eventuell auftretenden Rückgrataggregationen. Desweiteren sollen auf diese Weise NMR-spektroskopische Untersuchungen eines solchen Alanyl-PNA Doppelstranges und seines Paarungsverhaltens ermöglicht werden.[16]

Die in dieser Arbeit durchgeführten Untersuchungen sollen deutlich machen, dass komplexe Makromoleküle wie die Oligonukleotide und Peptide in ihrer Struktur und Funktion durch kleinere Untereinheiten (Nukleoside, Aminosäuren) bestimmt werden. Durch gezieltes synthetisches Design dieser Bausteine können größere übergeordnete Strukturen modifiziert, funktionalisiert und gesteuert werden. Unter Ausnutzung der Synthese an fester Phase und Anpassung der Synthesebedingungen ist das Potential kleiner Bausteine größer als je zuvor.

2 Dynamische Modifikation von Oligomeren

Auf der Suche nach neuen bioaktiven und funktionalen Molekülen eröffnet die dynamische kombinatorische Chemie noch nie dagewesene Möglichkeiten zur Generierung von Inhibitoren und dynamischen Werkstoffen.[17,18] Die dynamische Chemie nutzt dabei reversible Wechselwirkungen, die einen kontinuierlichen Austausch und die daraus resultierende selektionsgesteuerte Reorganisation der Komponenten ermöglichen. Die selektive, reversible Funktionalisierung von Oligomeren ist somit fundamental für ein adaptives und reaktives Design von Makromolekülen und Materialien mit hohem Anspruchsverhalten.[19] Auf diese Weise wird eine Änderung der klassischen Ansätze möglich, die weg von riesigen vorgefertigten Substanzbibliotheken hin zu kleineren selbstorganisierten dynamischen Bibliotheken führt. Somit wird ein Umschalten von Fabrikation zur Selbst-Fabrikation vollzogen.[20,21]

2.1 Kombinatorische Chemie

Der Grundgedanke der kombinatorischen Chemie basiert auf der gleichzeitigen Darstellung einer Vielzahl von chemisch ähnlichen Verbindungen, die eine Substanzbibliothek bilden.[22] Die Substanzbibliotheken können dabei aus Verbindungsgemischen oder einer Ansammlung von Einzelverbindungen bestehen. Durch die Fähigkeit der Generierung einer Vielzahl chemischer Komponenten innerhalb kürzester Zeit beschreibt die kombinatorische Chemie eine neue Herangehensweise an die traditionelle Chemie, bei der zwei Komponenten **A** und **B** zu einem klar definierten Produkt **AB** reagieren (Abb. 1).[23]

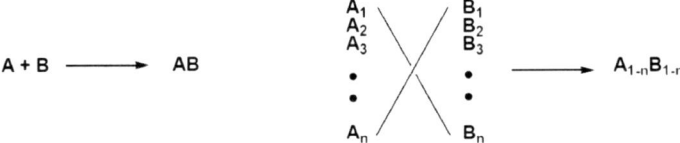

Abb. 1: Darstellung der Unterschiede zwischen traditioneller Synthesechemie (links) und kombinatorischer Chemie (rechts).

Im Kontrast dazu ist die Kombinatorische Chemie durch die Reaktion mehrerer Synthesebausteine A_1 bis A_n mit mehreren Bausteinen des Typs B_1 bis B_n gekennzeichnet und erfasst alle Produktmöglichkeiten.[24] Die Reichweite an kombinatorischen Techniken ist sehr divers und die Produkte können parallel in getrennten Gefäßen, simultan in einer Mischung an fester Phase oder in Lösung hergestellt werden. Der wichtigste Faktor dabei ist die Produktivitätssteigerung, die durch Anwendung kombinatorischer Chemie erzielt wird und die bisher bekannten Routinemethoden bei weitem übertrifft. Spätestens seit der von R. B. *Merrifield* 1963 vorgestellten Peptid-Festphasensynthese verbreiteten sich die darauf aufbauenden Methoden rasant in fast jedem Feld der organischen Synthesechemie.[25] Auch wenn die Automatisierung und die Verwendung von Hochdurchsatzmethoden die Synthese und Charakterisierung großer Mengen an Komponenten stark beschleunigt haben, stellen die Nachweis- und Trennmethoden immer noch den limitierenden Faktor der kombinatorischen Chemie dar. Bei der kombinatorischen Synthese von Substanzbibliotheken ist nicht die überaus große Anzahl an Verbindungen wichtig, sondern vielmehr die Qualität der Bibliothek. Dabei steht die Diversität im Vordergrund, die sich in der Heterogenität der Verbindungen niederschlägt und die durch die räumliche Anordnung der funktionellen Gruppen bestimmt wird. Diese Voraussetzungen ermöglichen eine Vielfalt an Designansätzen, die riesige Substanzbibliotheken generieren können. Somit hat sich die kombinatorische Chemie in Verbindung mit dem Hochdurchsatz-Screening als ein unverzichtbares Werkzeug bei der Wirkstoffentwicklung etabliert.[26] Der größte limitierende Faktor bleibt jedoch die Tatsache, dass jede Komponente der Bibliothek in jeglicher Diversität synthetisiert werden muss und eine zielgesteuerte Reorganisation der Bibliothek sehr aufwendig wird.

2.2 Dynamische kombinatorische Chemie (DCC)

Die dynamische kombinatorische Chemie (*dynamic combinatorial chemistry,* DCC) ist als kombinatorische Chemie unter thermodynamischer Kontrolle definiert.[27] Sie beruht auf der Selektion des thermodynamisch stabilsten Produktes aus einer sich im Gleichgewicht befindlichen Mischung von potenziellen Produkten. Die Mischung beschreibt ein dynamisches System mit hoher Diversität und Komplexität, die aus den einzelnen strategisch designten Reaktanden (Bausteine) besteht. Im Gleichgewicht bilden diese eine dynamische Bibliothek von reversiblen Verbindungen (*dynamic combinatorial library*, DCL). Der Grundsatz der DCC beschreibt eine selektive Adaption der DCL, wenn ein Selektionsdruck auf das sich im Gleichgewicht befindliche System ausgeübt wird. Dies wird durch eine Umwandlung der einzelnen Bibliotheksbestandteile ineinander ermöglicht. Die Umwandlung wird durch einen chemisch reversiblen Prozess beschrieben, der auf nichtkovalenten und kovalenten Bindungen sowie auf Metall-Ligand-Interaktionen aufgebaut sein kann.

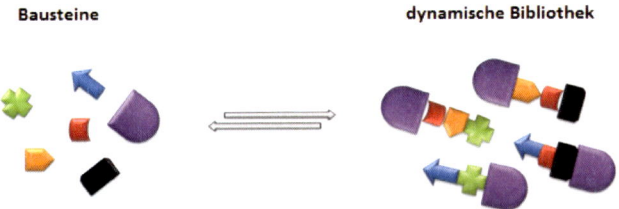

Abb. 2: Generierung einer dynamischen kombinatorischen Bibliothek (DCL). Im Gleichgewicht besteht die dynamische Bibliothek aus eine bestimmten Anzahl an diversen Molekülen, die sich durch einen reversiblen Reaktionsprozess an einen Selektionsdruck anpassen können.

Da sich das System unter thermodynamischer Kontrolle befindet, bedeutet jedoch auch, dass jegliche Veränderung der Reaktionsbedingungen (Temperatur, pH, Konzentration) eine Veränderung innerhalb der Bibliothek hervorrufen kann. Die sensible Reaktion der DCL auf externe Einflüsse ist eine wichtige Besonderheit der dynamischen kombinatorischen Chemie, denn die Komposition der Bibliothek wird durch die thermodynamische Stabilität jeder einzelnen Komponente der Bibliothek unter den entsprechenden Reaktionsbedingungen bestimmt. Diese selbst-adaptiven Eigenschaften machen die dynamische kombinatorische Bibliothek zu einem effektiven Werkzeug zur Bestimmung thermodynamischer Minima.[28,29]

2.2.1 Grundlagen der DCC

Das Grundprinzip der Dynamik in der kombinatorischen Chemie basiert, wie zuvor erwähnt, auf der geeigneten reversiblen Reaktion, die den Austausch der Bausteine zwischen den einzelnen Bestandteilen der Bibliothek möglich macht und die Adaption der

Bibliothek an den Selektionsdruck ermöglicht.[30,31] Dabei müssen folgende Bedingungen erfüllt werden, um eine geeignete Reaktion zu bestimmen:[32]

1. Das Gleichgewicht sollte sich in einer für die Reaktionsbedingungen annehmbaren Zeit einstellen und bestmöglich schneller ablaufen als die auftretenden Nebenreaktionen, die die Substrate dem Gleichgewicht entziehen.

2. Die Reaktion sollte unter milden Reaktionsbedingungen ablaufen, um nicht mit den empfindlichen, nichtkovalenten Wechselwirkungen zu interferieren, die für die molekulare Erkennung notwendig sind.

3. Die Reaktion sollte gegenüber möglichst vielen funktionellen Gruppen tolerant sein und chemoselektiv ablaufen. So kann gezielt eine dynamische Bibliothek designt und die Komplexität eingeschränkt werden.

4. Die Gleichgewichtsreaktion sollte kontrolliert beendet werden können, um somit die Kinetik einzufrieren und die selektierten Bibliotheksbestandteile isolieren und nachweisen zu können.

5. Im Idealfall sollten alle Bestandteile der Bibliothek isoenergetisch sein, um einerseits den Energieaufwand für die kontinuierliche Adaption zu minimieren und um andererseits Einflüsse auf das Gleichgewicht möglichst gering zu halten.

Bis heute wurde eine Vielzahl von reversiblen Reaktionen, die eine große Bandbreite an Reaktionstypen abdecken, untersucht und publiziert (Abb. 3).[30,32] Dabei ist es wichtig, dass die zuvor beschriebenen Bedingungen bestmöglich erfüllt werden. Gerade wenn biologisch relevante Systeme untersucht werden sollen, muss gewährleistet sein, dass diese Reaktionen im wässrigen Medium ablaufen können.

Abbildung 3 zeigt die Bandbreite der Reaktionen, die viele der Anforderungen erfüllen und eine Vielfalt an Reaktionstypen abdecken. Die drei häufigsten Bindungsarten (nichtkovalente, kovalente und koordinative Bindungen), die für reversible Reaktionen in dynamischer kombinatorischer Chemie verwendet werden, haben ihre Vor- und Nachteile und müssen selektiv an den Anwendungsbereich angepasst werden. Bei den meist schwachen und labilen nichtkovalenten Bindungen stellt sich das Gleichgewicht zwar sehr schnell ein, jedoch sind die gebildeten thermodynamischen Produkte nicht sehr stabil.[32]

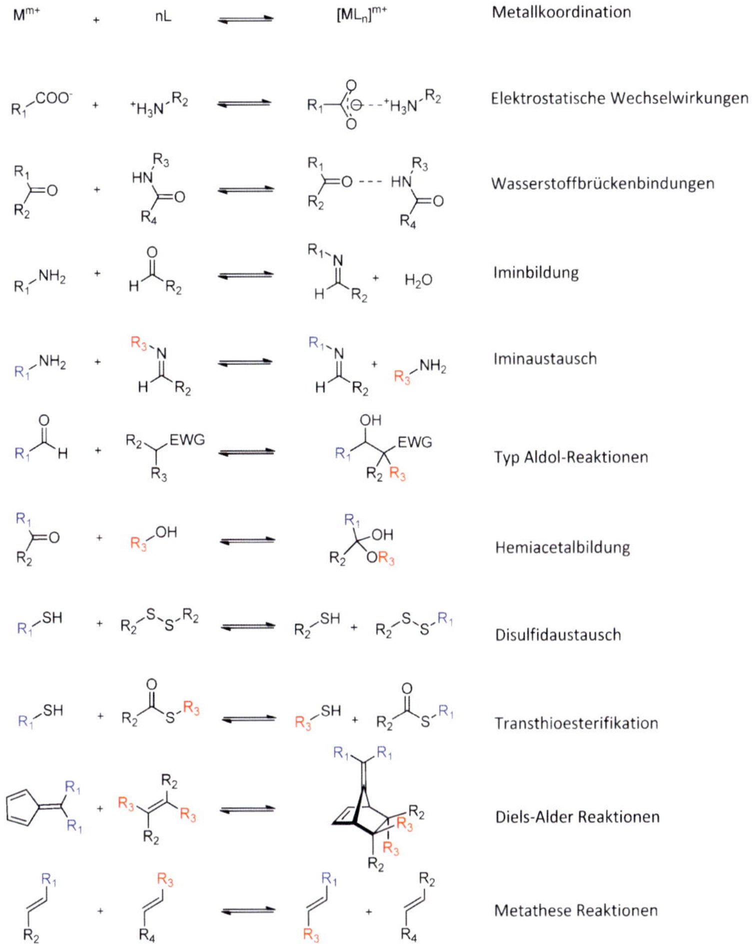

Abb. 3: Beispiele für reversible, kovalente und nichtkovalente Reaktionen, die bereits untersucht worden sind und Verwendung in der DCC finden. Alle aufgeführten Reaktionen laufen unter milden Bedingungen ab. (EWG = elektronenziehende Gruppe)

Dadurch wird es sehr schwer diese zu isolieren und zu charakterisieren. Im Gegensatz dazu sind die Kinetiken für das Ausbilden und Lösen der kovalenten Bindungen langsam und haben lange Reaktionszeiten zufolge. Andererseits sind diese Bindungen sehr stabil und können ohne weiteres isoliert, charakterisiert und für weitere Anwendungen verwendet werden. Die resultierenden selbst-adaptiven Eigenschaften der dynamischen kombinatorischen Chemie, die unter anderem durch die Verwendung reversibler und kovalenter Bindungen erzielt werden, unterstreichen die Vorzüge dieser Methode gegenüber der konventionellen kombinatorischen Chemie. Mit Hilfe der gezielten Selektion kann sich somit die Zusammensetzung der gesamten Bibliothek selbstorganisiert an die erforderlichen Gegebenheiten anpassen.

2.2.2 Selektion

Das adaptive Verhalten der dynamischen Bibliotheken ist das Resultat eines Selektionsprozesses. Dieser wird durch die Präsenz eines artifiziellen oder natürlichen Rezeptors (Templat), der die Selektion steuert, bestimmt. Das sogenannte *templating* beschreibt einen weiteren Eckpfeiler der dynamischen kombinatorischen Chemie. Die Zugabe eines Templats (Enzym, Rezeptor oder Substrat), welches mit einem Bestandteil der Bibliothek wechselwirkt, verschiebt gemäß dem *Prinzip von Le Chatelier* die Zusammensetzung der Bibliothek im Idealfall zugunsten der Verbindung mit der besten Wechselwirkung (Abb. 4).

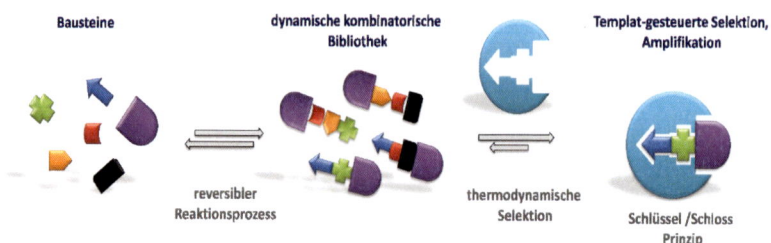

Abb. 4: Schematische Darstellung des dynamischen kombinatorischen Prozesses. Das dynamische System bildet durch die gewählten Bausteine und die reversible Reaktion eine dynamische Bibliothek, die sich durch die Vorgabe des Templates dem Selektionsdruck anpasst und durch thermodynamische Selektion verstärkt das präferierte Produkt bildet.

Durch das Templat wird also ein Selektionsdruck auf das dynamische System ausgeübt, der sich in einer verstärkten Generierung des bevorzugten Produktes äußert.[24] In diesem Fall wird durch thermodynamische Selektion das dynamische System reorganisiert, um bevorzugt das Substrat mit der stärksten Wechselwirkung zum Templat zu bilden. Somit wird nicht nur eine molekulare Erkennung des besten Substrates möglich, sonder auch die verstärkte Anreicherung dessen. Die Selektion und die Koordination der dynamischen kombinatorischen Chemie kann aber auch dazu genutzt werden, ein Templat für einen Rezeptor zu generieren. Nach *J.-M. Lehn* wird die Strategie zur Identifizierung eines Substrates mit Hilfe der dynamischen kombinatorischen Chemie als *casting* (Gießen) und die komplementäre Identifizierung eines Rezeptors als *moulding* (Formen) bezeichnet.[26,30,33] Auf diese Weise kann die dynamische kombinatorische Chemie durch Templat gesteuerte Selektion dirigiert und kontrolliert werden. Diese Eigenschaften ermöglichen eine Vielzahl an biologisch und chemisch relevanten Anwendungsbereichen, in denen durch ein gezieltes Templat-Design das gewünschte Produkt durch Selbstorganisation erhalten werden kann.

2.2.3 Ansätze der dynamischen kombinatorischen Chemie

Aufbauend auf den verschiedenen Reaktionstypen, die in der dynamischen kombinatorischen Chemie Verwendung finden und den Arten diese selektiv zu kontrollieren, wurden unterschiedliche Konzepte der DCC entwickelt. Diese beinhalten eine Vielfalt an Ansätzen, die es erlauben, an das System angepasst vorzugehen. Das Vorgehen wird durch den adaptiven Ansatz, den Ansatz des voreingestellten Gleichgewichts, den wiederholenden und den pseudo dynamischen Ansatz bestimmt. Alle diese Ansätze haben die reversible Generierung der dynamischen Bibliothek gemein, unterscheiden sich jedoch in ihrem Selektionsschritt.

Der adaptive Ansatz ist der am weitesten verbreitete Ansatz unter den zuvor genannten. Die Generierung der Bestandteile der Bibliothek wird in Gegenwart des Target (Rezeptor)-Moleküls durchgeführt.[34,35] Das führt zu einer verstärkten Bildung der am besten gebundenen Spezies, so dass das Screening im selben Kompartiment stattfinden kann. Hierbei werden alle Charakteristika der dynamischen adaptiven Bibliothek genutzt. Durch die dynamische Adaption kommt es zu einer verstärkten gerichteten Selektion des besten Binders.

Der Ansatz des voreingestellten Gleichgewichtes bezieht sich auf Reaktionen, die nicht im wässrigen Medium ablaufen können.[36,37] Die Generierung der dynamischen Bibliothek findet unter reversiblen Bedingungen analog zum adaptiven Ansatz im geeigneten Lösungsmittel statt und erst wenn sich das Gleichgewicht eingestellt hat, wird das Screening separat in einem wässrigen Puffersystem durchgeführt. Aufgrund des

Mediumwechsels kann keine adaptive Reorganisation stattfinden, die eine Verschiebung des Gleichgewichtes zur Folge hätte und somit ist auch keine verstärkte Bildung des besten Binders möglich. Dieser Ansatz wird meist bei empfindlichen biologischen Proben oder bei nicht kompatiblen Reaktionsbedingungen mit dem Target-Molekül verwendet. Auch wenn das Screening traditionell kombinatorisch verläuft, wird die Bibliothek immer noch nach dem schnell ablaufenden dynamischen Prozess generiert.

Der wiederholende-Ansatz basiert auf einer mehrfachen Anwendung des Ansatzes mit dem voreingestellten Gleichgewicht.[38] Die Bibliothek wird in einem separaten Kompartiment unter definierten Bedingungen generiert und erst im Anschluss wird die Interaktion mit dem Target-Molekül im selben oder in einem anderen Kompartiment herbeigeführt. In diesem Fall wird die ungebundene Spezies der Kammer entnommen und reorganisiert. Nach einigen Wiederholungen stellt sich eine Akkumulation des besten Binders ein, der analysiert werden kann.

Der pseudo dynamische Ansatz macht Gebrauch von zwei Reaktionskammern, die durch eine semipermeable Membran getrennt sind.[39] Die eine Kammer enthält das Target-Molekül, die andere ein Enzym. Die am besten bindende Spezies zeigt eine geringere Hydrolyse und macht den besten Binder zum letzten verbleibenden Reaktanden innerhalb der Bibliothek, da der Rest der Bibliothek vom Enzym zerstört wird.

Mit den Erkenntnissen und dem Wissen über die erforderlichen Reaktionsbedingungen, die benötigte reversible Reaktion, die selektive Steuerung durch das Templat und die möglichen Ansätze kann eine Vielzahl an dynamischen Systemen entwickelt und angepasst werden. Das gezielte Design dynamischer Systeme ermöglicht ein effizientes *self screening* von großen Bibliotheken und das gezielte Selektieren von Komponenten mit hohem Durchsatz.

2.2.4 Analysemethoden

Die Trennung und der Nachweis von Bibliotheken und deren Bestandteilen stellen die limitierenden Schritte der konventionellen kombinatorischen Chemie dar. Eine effiziente Analyse ist aufgrund der schieren Größe der Bibliotheken sehr schwierig. Dennoch sind für die Analyse und das Screening von dynamischen Bibliotheken einige analytische Methoden denkbar und anwendbar. Für kleine Bibliotheken können Methoden wie die eindimensionale Kernspinresonanzspektroskopie (NMR-Spektroskopie, *nuclear magnetic resonance*), die Hochleistungsflüssigkeitschromatographie (HPLC, *high-performance liquid chromatographie*), die Hochleistungskapillarelektrophorese (HPCE, *high-performance capillary electrophoresis*) und die Gaschromatographie (GC) zur quantitativen Bestimmung der Bibliotheksbestandteile herangezogen werden. Bei Bestandteilen mit einer konkreten Masse kann zum Screening auch die Massenspektrometrie (MS) effektiv genutzt werden. Bei großen Bibliotheken ist zwar die Differenzierung und Identifizierung zunehmend erschwert, die selektive Verstärkung und Anreicherung des besten Binders innerhalb der dynamischen Bibliothek führt jedoch zu einem Anstieg der Konzentration dessen und hilft somit diese Spezies zu identifizieren. Um eine effiziente Analyse des dynamischen Prozesses zu gewährleisten, hat sich die Kombination aus HPLC und Massenspektrometrie bewährt. Auf diese Weise ist es möglich, durch gezielte Probeentnahme zu einem beliebigen Zeitpunkt die Zusammensetzung der dynamischen Bibliothek aufzulösen und nachzuweisen.

2.3 Dynamische Schwefelchemie

Neben den zuvor in Kapitel 2.2.1 (Abb. 3) aufgeführten reversiblen Reaktionen sind vor allem Schwefelverbindungen aufgrund ihrer Reaktivität und der Vielfalt an möglichen reversiblen Reaktionen von großem Interesse und grundlegend für das hier vorgestellte Design eines dynamischen Systems. Die dynamische Schwefelchemie stellt eine wichtige Unterkategorie der dynamischen kombinatorischen Chemie dar. Der große Vorteil an Verbindungen, die Schwefelatome beinhalten, ist ihre Kompatibilität und Stabilität gegenüber anderen funktionellen Gruppen sowie vielen biologischen Systemen.[40] Seit den Anfängen der dynamischen kombinatorischen Chemie Mitte der 90er Jahre wurde die dynamische Schwefelchemie immer bedeutender für die Generierung dynamischer Systeme unter milden biologischen Bedingungen.[41] Der Grund hierfür ist neben dem Vorkommen des Schwefels in Proteinen und der Beteiligung an wichtigen biochemischen Prozessen im Metabolismus die große Bandbreite an reversiblen Reaktionen, die Schwefel zur Ausbildung von dynamischen Systemen zur Verfügung stellt (Abb. 5). Die Vielfalt der Reaktionen reicht von dem Thiol-Disulfid-Austausch, der

Disulfidmetathese, dem Thiol-Thioester-Austausch, dem Thioacetal-Austausch bis hin zu dem Hemithioacetal-Austausch und den konjugierten Additionsreaktionen.[42–44] Diese Reaktionen wurden bis zum heutigen Tage erfolgreich an unterschiedlichen Systemen getestet und decken eine große Bandbreite an Anwendungen ab.[45]

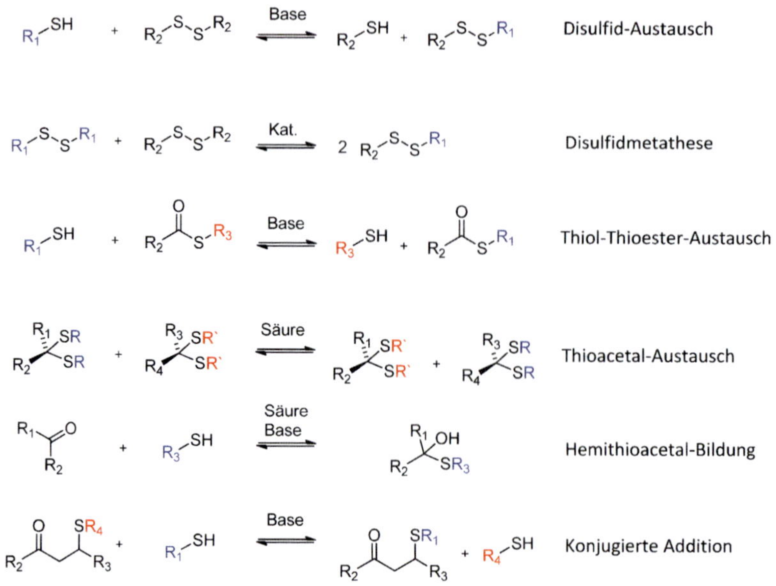

Abb. 5: Darstellung der auf Schwefel basierenden, reversiblen Reaktionen, die bis heute untersucht worden sind.

2.3.1 Thiol-Thioester-Austausch

Die Allgegenwärtigkeit des Thiols in biologischen Systemen unterstreicht die Wichtigkeit und Bedeutung dieser Spezies für den Ursprung allen Lebens. Es wird davon ausgegangen, dass diese Verbindungsklasse eine wichtige Rolle im frühen Metabolismus als chemisches Energiereservoir gespielt hat.[46] Ein Beispiel für den synthetischen Nutzen des Thiol-Thioester-Austausches ist ihre Rolle in dem ersten Schritt der *Native Chemical Ligation* (NCL).[47] Bei der NCL wird ein Peptid aus einem kleineren Fragment mit einem C-terminalen Thioester und einem weiteren Fragment mit einem N-terminalen Cystein-Rest geknüpft und durch die darauffolgende S-N Acyl-UmLagerung das natürliche Peptidrückgrat generiert. Dank des Thiol-Thioester-Austausches können auf diese Weise unterschiedliche Peptidfragmente effektiv ligiert werden. Als eine Reaktion, die reversibel in Wasser unter biologisch relevanten pH-Bedingungen ablaufen kann, hat der Thiol-Thioester-Austausch außerdem das große Potenzial unter Beteiligung von Bio-Oligomeren in selbstorganisierenden Prozessen eingesetzt zu werden.[48–51]

Der Thiol-Thioester-Austausch bezieht sich auf die Reaktion der Umesterung und weist gute reversible Eigenschaften auf, die es zulassen, schnelle und ausreichend stabile DCLs zu generieren. Im Kontrast zu der Standard-Umesterung, die meist unter sehr harschen Bedingungen im organischen Medium abläuft, verlaufen die Reaktionen des Schwefel-Analogons unter milden, leicht basischen Bedingungen in wässrigem Medium. Dieser Reaktionstyp ist auch relativ kompatibel mit vielen üblichen Target-Proteinen, da auftretende Nebenreaktionen wesentlich langsamer verlaufen und somit die Thioester DCLs mit einfachen Mitteln rapide zu größeren Bibliotheken ausgeweitet werden können.[52] Somit ist der Thiol-Thioester-Austausch gerade für biologische Systeme sehr gut geeignet und wurde bereits effizient und erfolgreich in vielen dynamischen Systemen integriert.[53] Des Weiteren bietet dieser eine gute Alternative zu der weitverbreiteten dynamischen Disulfidchemie, deren Umsetzung für die Oligonukleotid-Synthese an fester Phase wesentlich umständlicher ist. Mechanistisch beschreibt der Thiol-Thioester-Austausch eine basenkatalysierte Reaktion eines Thiol-Nukleophils mit einem Thioester-Derivat.[54] Verläuft der reversible Austausch im wässrigen Medium, ist die Hydrolyse des Thioesters eine störende Nebenreaktion, die unvermeidbar ist und eine Weiterreaktion des Thioesters verhindert (Abb. 6). Dabei ist das Maß des Thiol-Thioester-Austausches und der Hydrolyse von Reaktionsbedingungen wie Temperatur, pH-Wert und dem pK_a-Wert des Thiols abhängig.[49,54] Bei angepassten und gut gewählten Bedingungen kann die Thiol-Thioester-Austauschrate die der Hydrolyse um mehrere Größenordnungen übertreffen und dadurch kontrolliert minimiert werden.

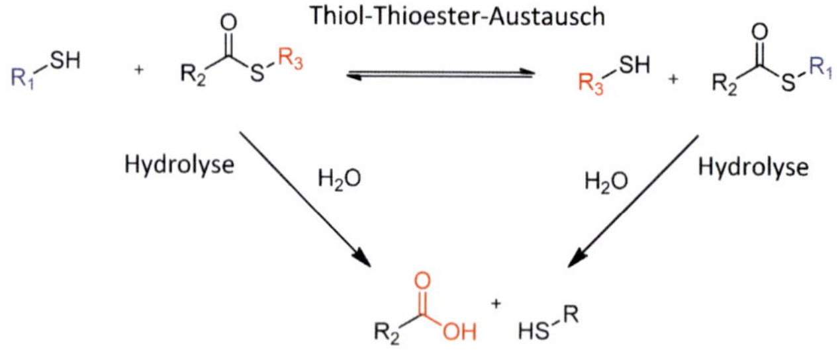

Abb. 6: Schematische Darstellung des Thiol-Thioester-Austausches und der Hydrolyse des Thioesters. Die Raten des Austausches und der Hydrolyse sind von der Temperatur, dem pH-Wert und dem pK_a-Wert des Thiols abhängig und können durch diese Faktoren gesteuert werden.

Da der Thiol-Thioester-Austausch chemoselektiv und in hohen Ausbeuten in wässrigen Medien verlaufen kann, besitzt dieser Reaktionstyp ein hohes Potential für biologische Anwendungen und für den von uns entwickelten dynamischen Ansatz zur Funktionalisierung von Oligonukleotiden. Der Austausch kann in Wasser unter nahezu neutralem pH-Wert und bei Raumtemperatur mit einer geringen Hydrolyserate verlaufen. Die Reversibilität dessen und die Toleranz gegenüber anderen funktionellen Gruppen unterstreichen ein weiteres Mal die Qualifikation dieses Reaktionstyps für selbstorganisierende dynamische Prozesse, die für die selektive Modifikation von Oligonukleotiden erforderlich ist.

3 Design eines auf dynamischer Schwefelchemie aufbauenden DCC-Assays für Oligonukleotide

Der erste Schritt beim Design von DCC-Systemen ist die Bestimmung des Zielobjektes (Target) und der darauf zugeschnittenen selektiven Wechselwirkung. Darauf aufbauend gilt es die passende reversible Reaktion zu bestimmen, welche die dynamische kombinatorische Bibliothek generiert und aus der das beste Substrat hervorgeht. In dem hier vorgestellten Ansatz soll die dynamische kombinatorische Chemie dazu verwendet werden, funktionale Oligonukleotide mit Hilfe der dynamischen Schwefel-Chemie zu schaffen.[55] Diese Oligonukleotide werden mit den für die gewählte reversible Reaktion notwendigen reaktiven Gruppen versehen und sind somit in der Lage aktiv an der Generierung einer dynamischen Bibliothek mitzuwirken. Damit eröffnet sich eine neue Art des Oligonukleotid-Designs, das es ermöglicht, Erkennungseinheiten an ein bestehendes Oligonukleotid-Rückgrat kovalent im Beisein eines sequenzbestimmenden Templats zu binden. Da natürliche Oligonukleotide mit ihrer limitierten Variation an Nukleobasen und dem polyanionischen Rückgrat eine limitierte Substrat-Variation im Vergleich zu Proteinen aufweisen, bietet die dynamische Funktionalisierung eine ideale Möglichkeit die Wandlungsfähigkeit und Vielseitigkeit der Oligonukleotide zu steigern. Bei unseren Untersuchungen wird ein adaptiver dynamischer Ansatz verfolgt, bei dem durch die Synthese eines funktionalen Bausteins das Rückgrat des Oligonukleotids durch Festphasensynthese modifiziert und anschließend Templat gesteuert funktionalisiert werden kann (Abb. 7). Die aktuellen literaturbekannten Ansätze beschreiben meist dynamische Prozesse, in denen Nukleinsäure-Analoga wie PNA (*peptide nucleic acid*) dazu genutzt werden unbekannte Sequenzfragmente aus einem komplementären DNA-Strang herauszulesen und auf diese Weise Information tragende Oligomere zu schaffen. *Ghadiri et al.* beschreiben in ihren Untersuchungen zur sequenzspezifischen adaptiven Selbstorganisation von tPNAs einen auf dem Thiol-Thioester-Austausch aufbauenden dynamischen Prozess.[48,56] Es gelingt ihnen mit Hilfe eines poly-Cystein-Peptids und Thioester modifizierten Nukleobasen durch sequenzspezifische selbstorganisierte Adaption ein Oligonukleotid-Templat komplementär zu binden.

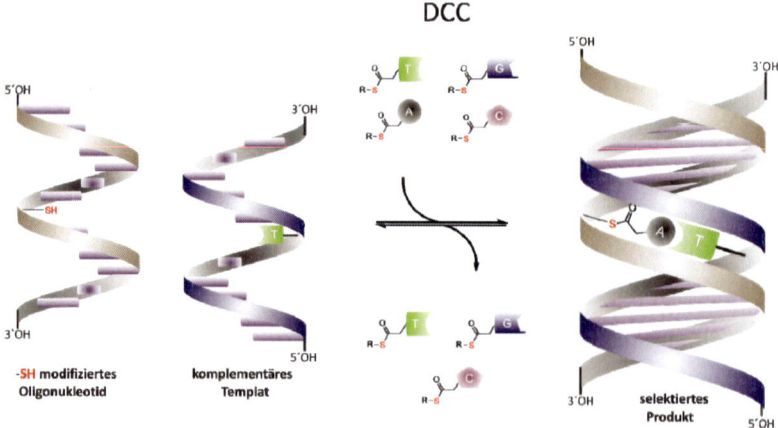

Abb. 7: Schematische Darstellung des DCC-Assays für Templat gesteuerte selektive Ligation eines Thiol modifizierten Oligonukleotids.

Das dynamische System ist in der Lage, sich durch Reorganisation an unterschiedliche Template anzupassen. *Bowler et al.* gelang es mit der Anwendung dynamischer Chemie, aufbauend auf einer reversiblen Iminbildung, selektiv eine Position aus einem komplementären DNA-Strang herauszulesen.[57,58] Der Ansatz basiert auf einem PNA-Strang mit einer abasischen Aminfunktion am PNA-Rückgrat und den vier Aldehyd modifizierten kanonischen Nukleobasen. Anhand der Templatwirkung der DNA wurde verstärkt die komplementäre Nukleobase integriert. Durch die anschließende reduktive Aminierung konnte das dynamische System zu jeder Zeit untersucht und das Gleichgewicht gesteuert werden. Diese beiden Beispiele zeigen gute Ansätze für dynamische und selektive Generierung von Information tragenden funktionalen Polymeren. Es handelt sich jedoch immer noch um Analoga, die sich in ihrem strukturellen Aufbau von natürlichen Nukleinsäuren unterscheiden. Auch wenn eine gewisse gestalterische Freiheit und Zugänglichkeit mit artifiziellen Systemen leichter umzusetzen ist, so sollte es ebenfalls möglich sein, durch gezielte Modifikation der natürlichen Nukleinsäuren funktionale Oligomere zu synthetisieren und diese für ein breites Spektrum an Anwendungen zugänglich zu machen. Aufbauend auf dem von *Ghadiri et al.* publizierten Ansatz sollte in den hier vorgestellten Untersuchungen ein neuer Baustein entwickelt werden, der eine Thiol-Funktion trägt und an jeder beliebigen Position innerhalb des Oligonukleotids in das Rückgrat integriert werden kann.[48] Als Templat wird ein komplementärer Gegenstrang verwendet, da dieser zu einer sequenzspezifischen Hybridisierung aufgrund der Watson-Crick-Basenpaarung führt. Die Nukleobase gegenüber der modifizierten Rückgrat-Position soll die Bindung der komplementären Nukleobasen anhand der spezifischen Wechselwirkung dirigieren. Dazu müssen die Nukleobasen der gewählten reversiblen Reaktion entsprechend modifiziert werden, so dass eine dynamische Adaption möglich ist (Abb. 7). Mit Hilfe dieses Verfahrens sollte es möglich sein auch unnatürliche, modifizierte Nukleobasen selektiv in ein Oligonukleotid zu integrieren. Dabei ist vor allem darauf zu achten, dass die selektiven Wechselwirkungen über Wasserstoffbrückenbindungen nicht gestört werden und der Doppelstrang nicht zu stark destabilisiert wird.

Für die Verwirklichung dieses Ansatzes wird in erster Linie ein Baustein benötigt, der ein Thiol als funktionelle Gruppe trägt. Um eine bestmögliche Interaktion des modifizierten Stranges mit dem Templat zu gewährleisten, fiel die Wahl auf eine azyklische Rückgratmodifikation, die vielfältige Modifikationen zulässt ohne die Stabilität der Doppelhelix nennenswert zu beeinflussen. Dazu musste eine geeignete Synthesestrategie entwickelt und das Thiol selektiv und effektiv geschützt werden (Abb. 8a). Im ersten Ansatz sollen modifizierte kanonische Nukleobasen Templat gesteuert durch einen Thiol-Thioester-Austausch reversibel gebunden werden. Hierfür müssen Thioester modifizierte Nukleobasen synthetisiert werden, mit Hilfe derer die selektive dynamische Ligation des modifizierten Oligonukleotids ermöglicht werden soll (Abb. 8b). Bei der Durchführung soll ein an einer bestimmten Position modifizierter, nicht selbstkomplementärer Oligonukleotidstrang in einem Phosphatpuffer (pH 7) gelöst und mit einer äquimolaren Menge der Thioester modifizierten Nukleobasen C_{TE}, T_{TE}, G_{TE}, $^VG_{TE}$ und A_{TE} versetzt werden. Innerhalb der Reaktionszeit von einer Stunde sollte sich eine dynamische Bibliothek ausbilden, die eine bestimmte Verteilung der einzelnen modifizierten Oligonukleotid-Stränge aufweist.

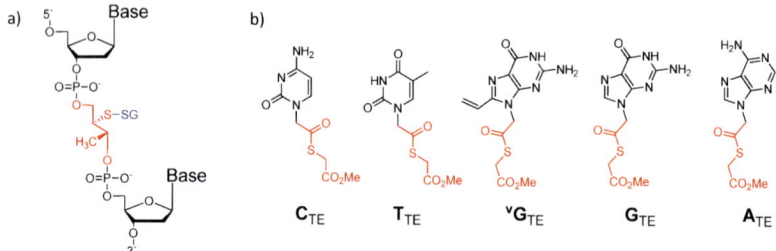

Abb. 8: Darstellung der zu realisierenden Bausteine für die dynamische Modifikation von Oligonukleotiden. a) Das selektiv geschützte Oligonukleotid mit dem azyklischen Thiol-Baustein (SG: Schutzgruppe). b) Die Thioester modifizierten Nukleobasen-Derivate C_{TE}, T_{TE}, G_{TE}, und A_{TE} sowie das Vinyl-Guanin-Thioester-Derivat $^VG_{TE}$ (TE: Thioester; V: Vinyl).

Anschließend soll ein Templat mit der Präferenz für eine bestimmte Substratkombination zugegeben und die dynamische Entwicklung des Systems beobachtet werden (Abb. 7). Dazu könnten einerseits Proben in bestimmten Zeitabständen entnommen und ihre Bestandteile mittels HPLC untersucht und getrennt werden oder andererseits das gesamte System nach dem Ablauf von einer Stunde untersucht werden. Da die generierte Bibliothek aus einigen wenigen Bausteinen aufgebaut ist, sollten ihre Bestandteile mit Hilfe der HPLC gut aufgelöst und durch anschließende massenspektrometrische Untersuchungen analysiert und identifiziert werden können. Auf diese Weise sollte nachweisbar sein, ob der von uns entwickelte azyklische Thiol-Baustein für Modifikationen von Oligonukleotiden geeignet ist und ob eine Amplifikation und Adaption des dynamischen Systems Templat gesteuert stattfindet.

Der Aufbau dieses Versuches und die damit verbundene dynamische kombinatorische Chemie könnte auch dazu genutzt werden, funktionale Oberflächen aus Oligonukleotiden zu schaffen, die gezielt funktionalisiert und modifiziert werden können. Diese Oberfläche wird mit der für die gewählte reversible Reaktion notwendigen reaktiven Gruppe versehen und ist somit in der Lage aktiv an der Generierung einer dynamischen Bibliothek mitzuwirken. An diesen so funktionalisierten Oberflächen und Materialien kann durch Templat-Selektion das resultierende präferierte Substrat angereichert und eine funktionalisierte Oberfläche generiert werden.

4 DNA als ein vielseitiges Gerüst für funktionale Oligomere

Seit der Entdeckung des Nuklein 1869 von *F. Miesher*, der darauf folgenden Aufklärung der Bestandteile der Nukleinsäuren im Jahr 1919 sowie der Strukturaufklärung durch *J. Watson* und *F. Crick* 1953 ist die Desoxyribonukleinsäure (kurz DNS; engl. DNA für *deoxyribonucleic acid*) als Träger der Erbinformation bekannt.[2] Der Aufbau und die Struktur des Biopolymers sind einzigartig und für die Speicherung sowie die Weitergabe des Genoms aller Lebewesen unerlässlich. Die klar definierte Struktur der DNA ist jedoch auch abseits ihrer biologischen Bestimmung von großer Bedeutung. Durch geringfügige Modifikation und Ausnutzung der selektiven Erkennung kann dieses Oligomer als ein funktionales Gerüst in vielen Bereichen der Biotechnologie und Materialwissenschaften eingesetzt werden. Mit der heutzutage unverzichtbaren Oligonukleotid-Festphasensynthese kann nach dem Baukastenprinzip jedes beliebige Oligonukleotid synthetisiert und funktionalisiert werden. Dies hebt die sonst limitierte natürliche Struktur der DNA auf eine neue Ebene und macht sie zu einem vielseitigen, multifunktionalen Werkzeug der Biochemie.[13,59–66]

4.1 Struktur und Aufbau der Nukleinsäuren

Die DNA ist ein polymeres Molekül, das die Erbinformation in molekularer Form speichert. Dabei besteht das Biopolymer aus monomeren Einheiten, die durch ihre Anordnung und Reihenfolge die molekulare Struktur des Polymers bestimmen (Abb. 9). Die monomeren Einheiten, die sogenannten Nukleotide, bestehen jeweils aus einer heterozyklischen Purin- oder Pyrimidin-Base, einem Desoxyribose-Zucker

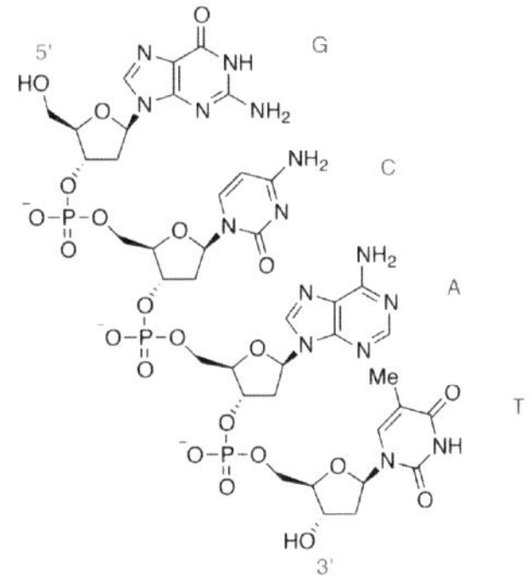

Abb. 9: Struktur des Oligonukleotids dGCAT.

und einem Phosphatrest, der die Nukleotide über eine Phosphodiester-Bindung zwischen der 5′-Hydroxygruppe des einen und der 3′-Hydroxygruppe des anderen Zuckers zu einem Oligonukleotid verbindet. Auf diese Weise entsteht ein Polymer, das auf der einen Seite die hydrophoben Nukleobasen und auf der anderen Seite das polyanionische, hydrophile Rückgrat aufweist.[67] Da sich die monomeren Nukleotide nur durch die gebundene heterozyklische Base unterscheiden, sind auch die strukturellen Unterschiede auf die Basenabfolge zurückzuführen. Die spezifische Abfolge der heterozyklischen Nukleobasen Adenin (A), Guanin (G), Thymin (T) und Cytosin (C) codiert dabei auch das Genom. Die von J. Watson und F. Crick aufgeklärte Sekundärstruktur beschreibt eine gewundene Doppelhelix, die aus zwei antiparallel verlaufenden Strängen aufgebaut ist (Abb. 10).[3] Das Bemerkenswerte dabei ist, dass die beiden Einzelstränge durch gerichtete Wechselwirkungen der komplementären Basenpaare stabilisiert und zusammengehalten werden.

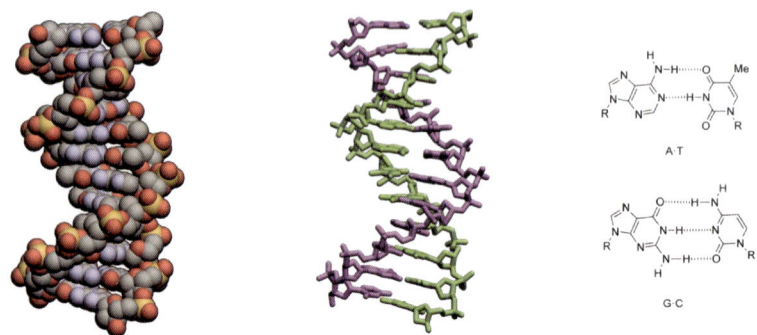

Abb. 10: Doppelhelix-Struktur der DNA mit den antiparallel verlaufenden, komplementären Einzelsträngen (links), *Watson-Crick*-Basenpaare A-T mit zwei Wasserstoffbrückenbindungen und G-C mit drei Wasserstoffbrückenbindungen (rechts).

Dabei definiert die Sequenz des einen Stranges präzise die des Gegenstranges. Die beiden Stränge sind somit komplementär. Die stabilisierenden Wechselwirkungen werden durch die Stapelwechselwirkungen der planaren, aromatischen Struktur der Nukleobasen und den Wasserstoffbrückenbindungen der komplementären Basenpaare untereinander beschrieben. Dabei bilden Adenin und Thymin selektiv zwei Wasserstoffbrücken aus und Guanin und Cytosin drei. Diese Erkennungseinheiten und die definierte Rückgrat-Struktur der Nukleinsäuren bestimmen ihre Sekundärstruktur. Bis heute sind bis zu 20 DNA-Konformationen bekannt die unter den Oberbegriffen A-, B-, C-, D- und Z-DNA zusammengefasst werden und die strukturelle Vielfältigkeit dieses Makromoleküls unterstreichen (Abb. 11).[68] Unter physiologischen Bedingungen ist für ein DNA-Oligonukleotid mit beliebiger Basen-Sequenz die B-Form die thermodynamisch stabilste. Dabei beschreibt die B-DNA eine antiparallele, rechtsgängige Doppelhelix, bei der die hydrophoben Basenpaare in die Mitte und das negativ geladene Zucker-Phosphat-Rückgrat nach außen zeigen. Die übereinander liegenden planaren, heterozyklischen Basenpaare sind in einem Abstand von 0.34 nm angeordnet, sodass eine helikale Windung zehn Basenpaare enthält. Durch diese Eigenschaften kommt es zur Ausbildung einer breiten, großen Furche und einer schmalen, kleinen Furche. In diesen Furchen sind Teile der Nukleobasen solvensexponiert und ermöglichen somit eine sequenzspezifische Erkennung der DNA durch andere Biomoleküle sowie eine begünstigte Interaktion der DNA mit Proteinen und kleineren Molekülen.[69] Für diese Art von Interaktionen ist die Form der Helix von großer Bedeutung, da bestimmte Sequenzen zur Abweichung von der Idealform der Helix führen und erst dadurch von Proteinen erkannt werden können. Neben der in der Natur häufig vorkommenden B-DNA sind die A- und die Z-DNA die bekanntesten DNA-Konformationen und sollen hier der Vollständigkeit halber und zum Vergleich dargestellt werden (Tabelle 1).

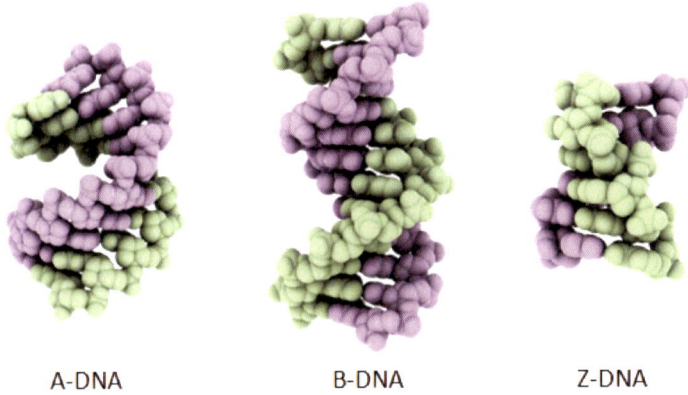

A-DNA   B-DNA   Z-DNA

Abb. 11: Darstellung und Vergleich der unterschiedlichen DNA-Konformationen A-DNA, B-DNA und Z-DNA.

Eigenschaften	A-DNA	B-DNA	Z-DNA
Helikaler Drehsinn	rechtsgängig	rechtsgängig	linksgängig
Durchmesser	23 Å	20 Å	18 Å
Ganghöhe	34 Å	34 Å	45 Å
Basenpaare pro Windung	11.6	10	12
Steighöhe pro Basenpaar	2.4 Å	3.4 Å	3.7 Å
Drehwinkel pro Dinukleotid	67°	72°	60°
Monomere Einheit	Mononukleotid	Mononukleotid	Dinukleotid
Zuckerkonformation	C2'-endo	C2'-endo	C2'-endo/C3'-endo

Tabelle 1: Gegenüberstellung der Eigenschaften der DNA-Konformationen.

Das flexible Rückgrat, die Basensequenz sowie die äußeren Bedingungen sind Gegebenheiten, die es den Nukleinsäuren ermöglichen, eine Vielfalt an Konformationen einzunehmen und sich den umgebenden Umständen anzupassen. Dabei ist es sogar möglich innerhalb eines Doppelstranges unterschiedliche Konformationen vorzufinden. Die so generierten neuen strukturellen Eigenschaften sind in vielen biochemischen Prozessen von Vorteil oder gar erforderlich.[70]

Die in diesem Abschnitt beschriebenen Eigenschaften der Nukleinsäuren, wie die selektive, selbstorganisierte Hybridisierung, die Stabilität und die Flexibilität der resultierenden Sekundärstrukturen sind überaus wichtige Faktoren, die für die Integration dieses Biopolymers in Bereichen der Bio- und Nanotechnologie sowie der Antisense- und Antigene-Wirkstoffentwicklung von großer Bedeutung sind.[71–73]

4.2 Design funktionaler Nukleinsäuren

Seit der Entwicklung des DNA-Synthesizers in den späten Achtzigerjahren ist die chemische DNA-Synthese sehr weit fortgeschritten und erlaubt es heutzutage, Oligonukleotide in beliebiger Sequenz und Länge mit geringem Kostenaufwand kommerziell herzustellen.[74] Der so vereinfachte Zugang zu synthetischen Oligonukleotiden steigerte dramatisch ihre Nutzung in der Chemie und Biologie und machte die DNA zum Schlüssel-Makromolekül nicht nur in der Biochemie oder Biotechnologie sondern auch in den Materialwissenschaften.[13,61,65]

Das seit Jahrzehnten immer stärker und schneller wachsende Feld der DNA-Technologie benötigt neue modifizierte Oligonukleotide, die in der Lage sind eine Vielzahl an biochemischen und strukturellen Funktionen auszuführen. Im Gegensatz zu Proteinen oder Oligopeptiden, die auf ein Repertoire von mehr als 20 unterschiedlichen Aminosäuren zugreifen können, bietet die natürliche DNA nur vier Nukleobasen. Die Simplizität der Erkennung über Wasserstoffbrückenbindungen und die limitierte Anzahl an involvierten Basen schaffen ein vorhersagbares Verhalten der Interaktionen von Nukleinsäuren. Diese Eigenschaft wird von keinem anderen Biomolekül erfüllt und erlaubt somit das Maßschneidern und den gezielten Einsatz der Oligonukleotide. Doch unabhängig davon wie sehr die Sequenz und die Länge der Oligonukleotide optimiert werden, bleibt ihre Funktionalität eingeschränkt, solange nur die natürlichen Nukleobasen verwendet werden. Dementsprechend müssen die notwendigen Funktionalitäten durch Modifikation der Nukleotide oder des Rückgrats generiert werden.[75]

Modifizierte Oligonukleotide werden designt, um einerseits bereits vorhandene Eigenschaften wie die Hybridisierung oder die zelluläre Aufnahme zu verbessern und um andererseits die Struktur der Oligonukleotide mit neuen physikalischen oder chemischen Eigenschaften zu versehen.[75,76] Dabei wird zwischen drei Hauptkategorien der Modifikationen unterschieden:

1. Chemisch reaktive Gruppen. Modifikationen, die andere Nukleinsäuren und Proteine spalten oder Querverbindungen mit diesen eingehen. Diese werden verwendet, um die Interaktionen zwischen den entsprechenden Molekülen zu untersuchen und Therapeutika zu entwickeln.
2. Fluoreszente und chemilumineszente Gruppen. Moleküle, die als Sonden verwendet werden, um biochemische Prozesse zu untersuchen und nach zu verfolgen. Auf diese Weise können Verhaltensweisen veranschaulicht und lokalisiert werden.
3. Gruppen zur Steigerung molekularer Interaktionen. Modifikationen, die stabilisierende Eigenschaften aufweisen und durch Interkalation die Hybridisierung verstärken.

Heutzutage gibt es eine Vielzahl an verschiedenen Methoden, um funktionale Moleküle in Oligonukleotide zu integrieren. Abbildung 12 zeigt die bisher bekannten Modifikationsansätze ein Oligonukleotid zu modifizieren.[77] Dabei darf nicht außer Acht gelassen werden, dass jegliche Modifikation einen Eingriff in die natürliche Struktur der DNA darstellt und signifikante Veränderungen der Beschaffenheit und des Verhaltens nach sich ziehen kann. Es ist wichtig darauf zu achten, dass die Sequenzspezifität und die Duplexstabilität nicht zu stark beeinträchtigt werden und die DNA somit ihrer spezifischen Eigenschaften beraubt wird. Jede zielgerichtete Modifikation geht daher mit einigen Kompromissen einher, um eventuelle Nachteile zu minimieren und die Leistungsfähigkeit des modifizierten Oligonukleotids zu maximieren. In unserem Ansatz zur Untersuchung dynamischer Oligonukleotid-Rückgrat-Modifikationen ist beim Design der Thiol-Modifikation sowie der anderen Bausteine die minimale Beeinflussung der natürlichen DNA-Struktur eine der wichtigsten Voraussetzungen, die für die dynamische Funktionalisierung benötigt werden.

Heutzutage ist es mit Hilfe der automatisierten Oligonukleotid-Festphasensynthese möglich, fast jeden modifizierten Phosphoramidit-Baustein in ein Oligonukleotid, in benötigter Position und in eine beliebige Sequenz zu integrieren. Unter Berücksichtigung der Synthesebedingungen und mit Hilfe eines angepassten Baustein-Designs wird eine scheinbar unbegrenzte Anzahl an Modifikationsansätzen ermöglicht.

4.2.1 Oligonukleotid-Synthese an fester Phase

Seit dem von *R. B. Merrifield* 1984 erhaltenen Chemie-Nobelpreis für die Entwicklung der Festphasensynthese konnte sich diese Methode unaufhaltsam in den Bereichen der Peptid-, Oligonukleotid- und Oligosaccharid-Synthese sowie der kombinatorischen Chemie ausbreiten und etablieren.[25] Die Oligonukleotid-Synthese findet dabei auf einem funktionalisierten festen Träger statt, der sich zwischen zwei Filtern in einer Säule befindet.[74,78–80] Diese Anordnung erlaubt ein permanentes und kontinuierliches Umspülen des Harzes mit den gelösten Reagenzien. Aus dieser Anordnung resultieren viele der Vorzüge der Festphasensynthese. So ist es möglich mit einem Überschuss gelösten Reagenzien zu arbeiten und auf diese Weise eine schnelle und effiziente Reaktion mit vollem Umsatz zu erzielen. Da das dabei resultierende Produkt an fester Phase gebunden bleibt, werden Unreinheiten und überschüssige Reagenzien einfach weggewaschen und eine Aufreinigung wird erst nach der Abspaltung vom Träger benötigt. Des Weiteren kann dieser Prozess automatisiert und computergesteuert unter optimierten Bedingungen ausgeführt werden, um einen bestmöglichen Umsatz zu garantieren. Die daraus resultierende Zeitersparnis ist enorm und es ist möglich, Oligonukleotide bis zu einer Länge von 200 Nukleotiden innerhalb von 10-15 Stunden zu synthetisieren. Einer der wichtigsten Aspekte ist die Tatsache, dass jegliche Modifikation, die an den Zyklus angepasst ist, in das Oligonukleotid an einer beliebigen Position eingebaut werden kann.

Die Oligonukleotid-Festphasensynthese ist auf der Phosphoramidit-Methode aufgebaut. Die von *M. Caruthers* geleistete Pionierarbeit in den frühen 80er Jahren beförderte die automatisierte Phosphoramidit-Methode zur effizienten Synthese von Oligonukleotiden zu einem etablierten Mittel der Wahl (Abb. 12).[81–83]

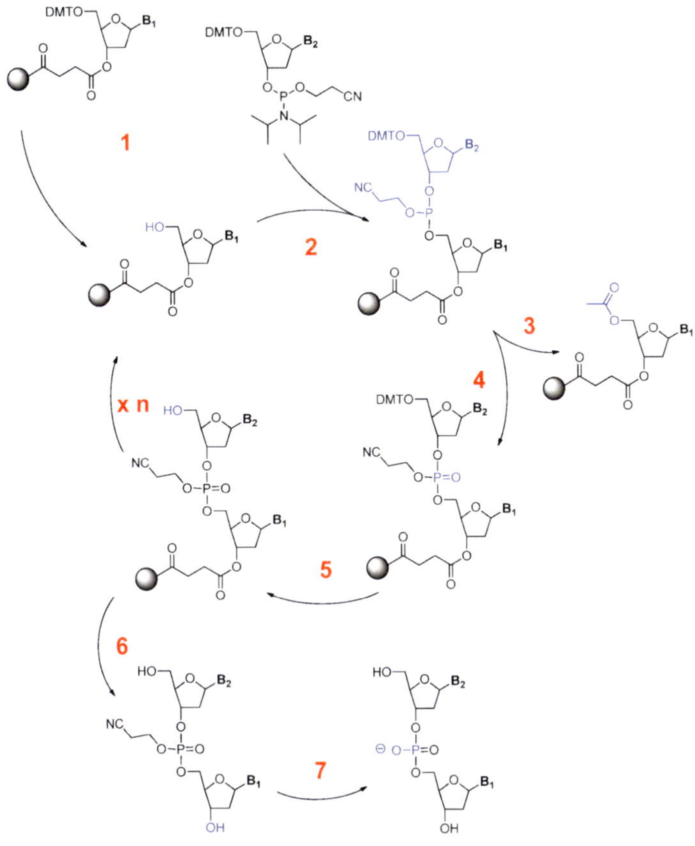

Abb. 12: Darstellung des automatisierten Oligonukleotid-Synthesezyklus auf fester Phase. Blau hervorgehobene Bestandteile entsprechen den erfolgten Reaktionsschritten.

Die Synthese findet in 3'- zu 5'-Richtung statt und es wird jeweils nur ein Nukleotid pro Zyklus an die feste Phase geknüpft. Um eine bestmögliche Löslichkeit der einzelnen Bestandteile zu gewährleisten, wird für den gesamten Zyklus Acetonitril als Lösungsmittel verwendet. Das CPG-Harz (*controlled pore glas*) ist über einen Ester-Linker mit dem der Sequenz entsprechenden 3'-Nukleotid bereits beladen und wird im Schritt 1 an der 5'-OH-Gruppe mit einer Trichloressigsäure-Lösung (3%) entschützt. Das dabei entstehende DMT (Dimethoxytrityl) -Kation wird mit Hilfe eines UV/Vis-Spektrometers quantitativ detektiert und zur Bestimmung der Kupplungseffizienz verwendet. Die so erhaltene reaktive 5'-Hydroxy-gruppe wird im Aktivierungs- und Kupplungs-Schritt 2 mit einem Phosphoramidit Monomer zur Reaktion gebracht. Dabei wird für eine hohe Kupplungseffizienz 5-Benzylmerkaptotetrazol (BMT, 0.25 M) als Aktivator verwendet, der die Kupplung zum Phosphittriester katalysiert, so dass das Oligonukleotid um eine Einheit verlängert wird. Auch bei optimalen Reaktionsbedingungen ist es möglich, dass nicht alle generierten reaktiven Hydroxylgruppen reagieren. Um die Synthese der fehlerhaften Sequenzen zu stoppen, werden diese im *Capping*-Schritt (3) durch eine Mischung aus *N*-Methylimidazol und Essigsäureanhydrid acetyliert und so reaktionsunfähig gemacht. Der resultierende Phosphittriester (P^{III}) ist säurelabil und wird im Oxidations-Schritt (4) mit einer wässrigen Iod-Lösung in Anwesenheit von Pyridin zur stabilen Phosphor (P^V)-Spezies oxidiert. Der resultierende geschützte Phosphortriester stellt dabei die Grundstruktur des natürlichen Rückgrats des Oligomers dar. In dem darauf folgenden Detritylierungs-Schritt (5) wird wie im ersten Schritt die DMT-Schutzgruppe des nun zweiten Nukleotids abgespalten. Der Zyklus wird erneut von Schritt 2-5 durchlaufen, bis die entsprechende Sequenz mit der Anzahl an Nukleotiden abgeschlossen ist. Nach Abschluss der Synthese wird in den Schritten (6) und (7) das Oligonukleotid vom Harz abgespalten und die Schutzgruppen der exozyklischen Aminogruppen der Nukleobasen entschützt. Dieser Vorgang wird in einem Schritt in einer konzentrierten Ammoniaklösung (33%) durchgeführt. Das so erhaltene Gemisch enthält neben dem Produkt auch entfernte Schutzgruppen und Abbruchsequenzen, die aufgereinigt und getrennt werden müssen. In unserem Fall wurde das Gemisch mittels HPLC an einer Umkehrphase-C18-Säule in einem Puffersystem getrennt, entsalzt und massenspektrometrisch untersucht. Aufgrund der ablaufenden Reaktionen und der verwendeten Reagenzien, findet der gesamte Zyklus unter Argon-Atmosphäre und unter Ausschluss von Wasser statt. Erst dann kann eine effiziente Synthese mit einem idealen Umsatz erzielt werden. Unter idealen Bedingungen liegt die Kupplungseffizienz im Bereich von 97-99% pro Synthesezyklus. Die Gesamtausbeute des Produktes ist somit stark von dem gewählten Ansatz, der Sequenz und vor allem der Länge des Oligonukleotids abhängig. Die Anzahl der ablaufenden Reaktionen und die damit verbundene Fehlerrate sowie die Kupplungseffizienz der Phosphoramidit-Bausteine T (30%) > G (26%) > C (24%) > A (20%), sind dabei die limitierenden Faktoren. So kann die Ausbeute für ein 20mer bereits im Bereich von 54-91% liegen. Modifizierte Oligonukleotide stellen einen Sonderfall dar, da hier die Ausbeute wesentlich von der Art der Modifikation abhängt und die Gesamtausbeute zum Teil deutlich unterhalb der Standardausbeuten liegen kann. Die Reinigung der Oligonukleotide ist ein weiterer Faktor, der sich negativ auf die Gesamtausbeute auswirkt. Je nach Anzahl und Art der verwendeten Reinigungsmethoden kann die Ausbeute signifikant reduziert werden. Die genaue Ausbeute der Oligonukleotide wird UV-spektroskopisch bei 260 nm nach den *Lambert-Beer*'schen Gesetz bestimmt. Die erhaltene optische Dichte (OD) ist von Bestandteilen der Verunreinigungen und Salze unabhängig und kann für jedes individuelle Oligonukleotid in die genaue Stoffmenge umgerechnet werden. Auf diese Weise wird sehr genau die tatsächliche Ausbeute mit Hilfe des individuellen Extinktionskoeffizienten ε berechnet.

Der beschriebene Zyklus ist mit den optimierten Bedingungen und Reaktionen grundlegend für die Entwicklung neuer Bausteine. Für ein effektives Baustein-Design ist es wichtig, folgende Faktoren zu beachten: Der zu integrierende Baustein sollte nach Möglichkeit zwei Hydroxylgruppen aufweisen, die selektiv mit DMT geschützt (5'-OH) und zum Phosphoramidit funktionalisiert werden können (3'-OH). Die reaktiven funktionalen Gruppen innerhalb des Bausteins müssen ebenso wie die primären exozyklischen Amingruppen der Nukleobasen orthogonal geschützt werden, um ungewollte Nebenreaktionen zu unterbinden. Eine durchdachte und angepasste Schutzgruppen-Strategie ist entscheidend für eine selektive und quantitative Freisetzung der funktionalen Modifikation. Die Schutzgruppen der exozyklischen Amine und der Phosphat-Gruppe (Benzoyl **1**, **3**; Isobutyryl **2**; und Cyanoethyl**4**) sind basenlabil und werden in einem Schritt mit einer konzentrierten Ammoniumhydroxid-Lösung entfernt

(Abb. 13). Es bietet sich an, die Schutzgruppen-Strategie darauf auszulegen und Schutzgruppen mit einem ähnlichen Verhalten zu integrieren.

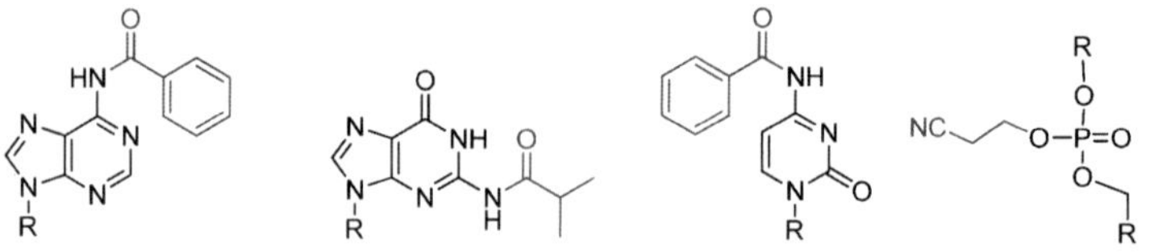

Abb. 13: Darstellung der orthogonal-geschützten, exozyklischen Amin-Funktionen 1-3 der Phosphoramidit-Bausteine für die Festphasensynthese sowie des Cyanoethyl geschützten Phosphodiesters 4.

Des Weiteren sollten die Modifikation sowie die Schutzgruppe stabil gegenüber der Oxidation mit Iod sein, um ungewollte Nebenprodukte zu vermeiden. Zudem können sich die Löslichkeit sowie die sterischen Ausmaße des Bausteins negativ auf die Kupplungseffizienz auswirken und müssen bei dem Design berücksichtigt werden. Sind diese Bedingungen erfüllt, kann der Baustein in jeder beliebigen Position und innerhalb der erwünschten Sequenz in das Oligonukleotid eingebaut werden. Bei der Funktionalisierung des 3´-Endes wird der Baustein direkt an das Harz gebunden und dient als Startposition für die darauffolgenden Zyklen. Bei der 5´-Modifizierung wird der Baustein zuletzt an das Oligonukleotid gebunden.

4.2.2 Modifikation von natürlichen Nukleosiden

Eine ideale Möglichkeit, die zuvor beschriebenen Probleme zu umgehen, gibt es nicht. Jede Art der Modifikation muss stets auf ihre Auswirkung hin untersucht werden, um den Effekt auf die Stabilität und die neu erlangte Funktion abschätzen zu können. Ist der Effekt der Modifikation bekannt, kann ein Kompromiss zwischen Funktion und Stabilität gefunden werden. Eine bewährte Methode, die es ermöglicht die Auswirkungen der Modifikation im abschätzbaren Rahmen zu halten, ist die Modifikation natürlicher Nukleoside. Dabei werden meist zwei Ansätze verfolgt. Der erste Ansatz bietet die Möglichkeit die Bausteine, aus denen ein Oligonukleotid an der festen Phase aufgebaut werden kann, geringfügig mit funktionalen Gruppen zu versehen und erst im Anschluss an die Festphasensynthese des Oligonukleotids die entsprechende Position postsynthetisch weiter zu modifizieren.[84–86] Der zweite Ansatz bezieht sich auf die endgültige Modifikation von natürlichen Nukleosid-Bausteinen vor der Festphasensynthese.[87–90] Der chemische Aufbau der Nukleoside bietet eine Vielzahl an Positionen, die eine selektive Modifikation ermöglichen. Hierbei werden vor allem die 2´-Position der Ribose, der verbrückende Phosphodiester und die kanonischen Nukleobasen modifiziert (Abb. 14).

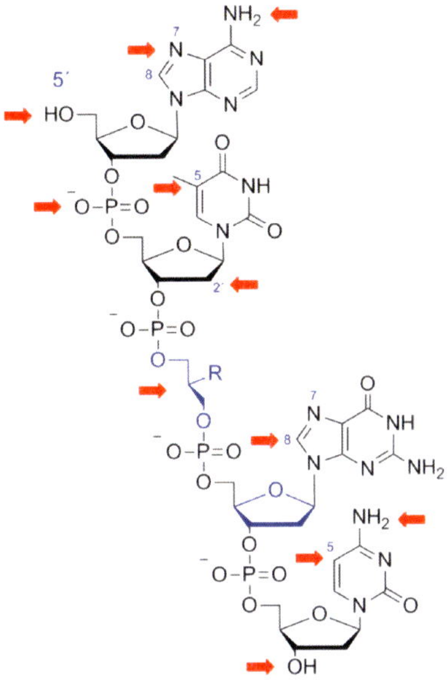

Abb. 14: Darstellung der gängigsten Modifikationspositionen innerhalb eines Oligonukleotids (Positionen sind mit roten Pfeilen markiert).

Dabei werden die Pyrimidin-Nukleobasen Cytosin und Thymin meist an der Position 5 modifiziert, da die Modifikationen gut in der großen Furche positioniert werden können und die Interaktionsebene der Nukleobasen nicht beeinträchtigt wird. Die Purin-Nukleobasen Guanin und Adenin bieten zwei mögliche Positionen 7 und 8. Da die Position 7 sich eher Richtung große Furche orientiert, wird diese bevorzugt verwendet. Auch in diesem Fall werden durch die Art der Modifikationen die Wasserstoffbrückenbindungen zwischen den Nukleobasen nicht beeinträchtigt und das Grundgerüst des Stranges bleibt durch den minimierten Störeinfluss unbeeinträchtigt. In vielen Fällen werden auch die 5´-und 3´-Hydroxygruppen des Oligonukleotids für Modifikationen verwendet. Da diese sich meist an den Enden der Oligonukleotide befinden, üben sie einen sehr geringen Einfluss auf die Oligonukleotid-Struktur aus. Mit Hilfe eines Linkers können Oligonukleotide über diese Positionen mit Fluorophoren versehen oder an Oberflächen gebunden werden. Meist bestimmt die beabsichtigte Anwendung die Art und die Position der Modifikation. Mit fluoreszenten Molekülen modifizierte DNA-Aptamere können zum Beispiel als Fluoreszenzsonde zur Sequenz-spezifischer Erkennung von SNPs (*single nucleotide polymorphism*) und mRNA (messenger ribonucleic acid) dienen.[91–93] Die für unsere Untersuchungen benötigte Thiol-Gruppe wurde bereits in vielen Ansätzen in Nukleoside integriert (Abb. 15). Die weitverbreitetste Methode stellt hierbei die Modifikation von Nukleobasen an den bereits zuvor beschriebenen Positionen der Purin- und Pyrimidin-Heterozyklen dar.

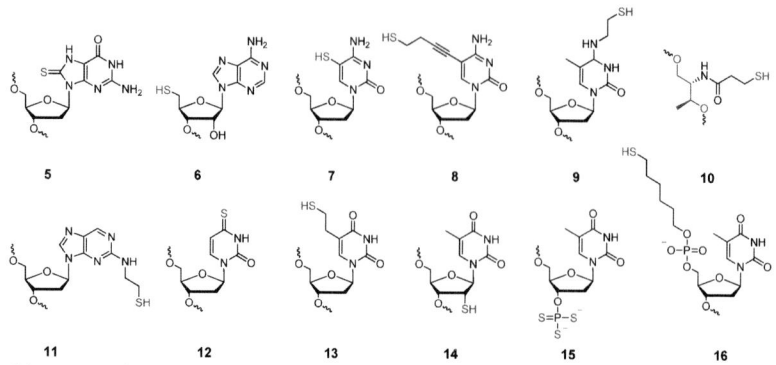

Abb. 15: Darstellung der bis dato veröffentlichten Schwefel-Modifikationen an Nukleosiden und Nukleotiden 5-16.

So gut wie jede Position des Nukleotids wurde bereits anwendungsbedingt mit dem Schwefel-Atom modifiziert und es wurde eine Vielzahl an Anwendungen verwirklicht.[71,90,94–99] Jedoch sind bis dato keine direkten Thiol-Rückgrat-Modifikationen bekannt, die auf einem azyklischen Gerüst aufbauen.

Auch wenn die dargestellten Modifikationen keinen signifikanten Eingriff in die DNA-Struktur darstellen und die Vorteile für eine direkte Modifikation der Nukleoside sprechen, so sind die synthetischen Schwierigkeiten nicht zu unterschätzen. Um eine Variation an Sequenzen mit modifizierten Nukleosiden ausgiebig untersuchen zu können, müssen alle vier Phosphoramidit-Monomere synthetisiert und eine gute Schutzgruppenstrategie erarbeitet werden. Bei natürlichen Nukleotiden ist unter anderem die stereoselektive Modifikation des Phosphodiesters als schwierig und aufwendig anzusehen. Denn neben der meistens erschwerten Aufreinigung der sensiblen Verbindungen müssen diese auch auf ihre Eignung für die Festphasensynthese hin untersucht werden. Des Weiteren ist die Abstimmung der Modifikation in Bezug auf die Funktion und den Störeinfluss mit vielen Kompromissen verbunden, denn wenn auch der Störeinfluss auf die Grundstruktur des Stranges ein geringer ist, wird in einigen Fällen der Doppelstrang signifikant destabilisiert.

Neben der Modifikation der natürlichen Nukleotide an der Ribose, dem Phosphodiester, den Nukleobasen sowie der Möglichkeit den Zucker durch andere cyclische Verbindungen zu ersetzen, sind auch azyklische, Ribose-freie Modifikationen des Rückgrats möglich.[100–102] Durch die Verwendung azyklischer Gerüst-Moleküle wird die Bandbreite an den zu integrierenden Modifikationen und Moleküle maßgeblich erweitert.

4.2.3 Verwendung azyklischer Gerüst-Bausteine zur Integration funktionaler Moleküle

Verglichen mit der zuvor in Abschnitt 3.2.2 beschriebenen direkten Modifikation der Nukleoside, ist die Verwendung von azyklischen Diolen als Gerüst eine vielversprechende und effektivere Methode. Die azyklische Rückgrat-Modifikation ist aufgrund höherer Flexibilität besser zur Integration von funktionalen Molekülen und Interkalatoren geeignet. Der starre Pentose-Ring bietet nur wenige Orientierungsmöglichkeiten für die Modifikation und kann dadurch zu einem sterischen Hindernis werden, das die Duplex destabilisiert. Das Diol eignet sich dagegen sehr gut als Baustein, der in wenigen Syntheseschritten mit dem funktionalen Molekül bestückt und zum Phosphoramidit-Monomer umgewandelt werden kann. Das artifizielle Gerüst sollte dabei eine gewisse strukturelle Ähnlichkeit zum natürlichen Nukleosid aufweisen und die Rolle der D-Ribose übernehmen, um das Rückgrat des Oligonukleotids nicht nachteilig zu beeinflussen.[103–105] Aus diesem Grund werden meist Ethylenglykol (C2-Gerüst) und 1,3-Propandiol-Derivate (C3-Gerüst) als azyklische Rückgratmodifikationen verwendet (Abb. 16). Diese überbrücken mit ihrem Gerüst aus zwei bzw. drei Kohlenstoffatomen den Abstand zwischen den beiden Phosphodiestern im Rückgrat der DNA, der normalerweise durch die Ribose bestimmt wird. Die wichtigsten Vertreter der C3-

Gerüste sind Glycerol (Triol), Serinol und D-Threoninol.[106–110] Auf diese Weise kann jedes Molekül, das eine aktivierte Carboxy-Gruppe trägt, mit der primären Amin-Gruppe der entsprechenden Diole unter Ausbildung einer Amid-Bindung eingefügt werden.

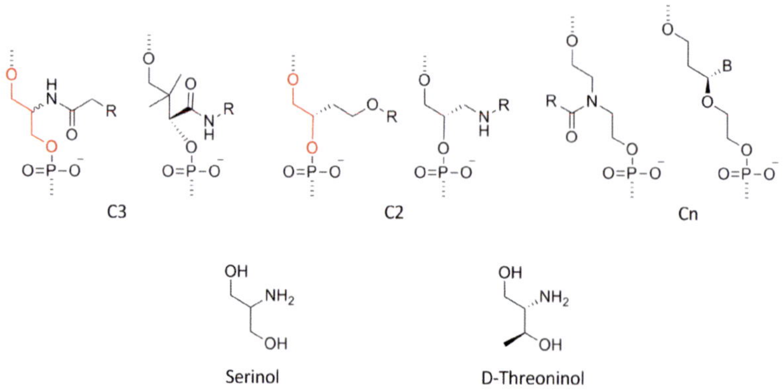

Abb. 16: Darstellung der Diol-Verbindungen, die als azyklisches Gerüst bei der Modifikation der Oligonukleotide verwendet werden können. C2, C3 und Cn (n>3)beschreiben die Anzahl der Kohlenstoffatome des Diols, die zwischen den verknupfenden Phospodiestern lokalisiert sind (R: Rest, B: Nukleobase).

Auch wenn die azyklischen Rückgratmodifikationen zu einem gewissen Grad die Rückgradstruktur des Oligonukleotids verändern, bietet diese Methode einige Vorteile für die Ligation von funktionalen Molekülen:

1. Das modifizierte, azyklische Gerüst kann an jeder Position innerhalb der Oligonukleotid-Sequenz angebracht werden. Eine aufwendige Synthese aller vier Monomere ist somit nicht notwendig. Außerdem ist es möglich mehrere modifizierte Gerüst-Moleküle innerhalb eines Oligonukleotids einzubauen.
2. Der synthetische Aufwand ist stark reduziert. Angefangen bei der Anknüpfung der Modifikation an das Gerüst, sind meist nur drei Syntheseschritte notwendig um das Phosphoramidit-Monomer zu synthetisieren.
3. Nukleobasen-Surrogate, die mit einem azyklischen Gerüst verknüpft sind, ermöglichen eine Vielzahl an Sequenz-Designs und Insertionsmethoden, wie der *wedge-type*-Insertion, des Paarung des Surrogaten (Platzhalter) mit einer natürlichen Nukleobase oder der Paarung zweier Surrogate (Abb. 17).[111–113]

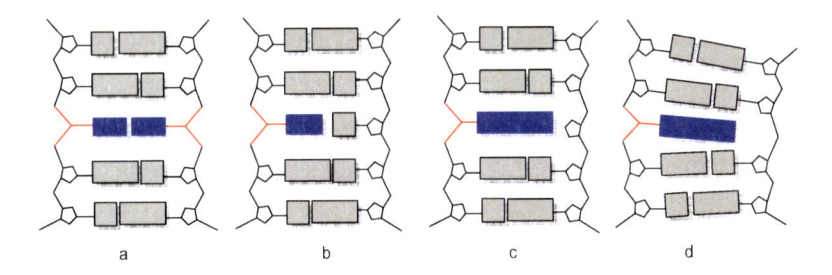

Abb. 17: Schematische Darstellung der Insertionsmoglichkeiten von azyklischen modifizierten Gerüsten. a) Zwei modifizierte Ersatznukleobasen die miteinander interagieren, b) natürliche Nukleobase mit einer Ersatznukleobase, c) modifizierte Ersatznukleobase und eine abasische Stelle, d) wedge-type-Insertion.

Entgegen der Erwartung, dass azyklische Rückgratmodifikationen sich stark negativ auf die Stabilität des Oligonukleotids auswirken, werden bei den meisten Modifikationen planare, aromatische Systeme verwendet, die durch Stapelwechselwirkungen die Destabilisierung kompensieren und in einigen Fällen sogar überkompensieren. *H. Kashida et al.* haben in vielen ihrer Untersuchungen gezeigt, dass eine geeignete Orientierung des integrierten Interkalators essentiell für die Stabilisierung der Duplexes ist.[114]

Neben der Art der Insertion spielen Faktoren wie die Anzahl und die Größe der integrierten Modifikationen sowie die sterische Beschaffenheit eine wichtige Rolle (Abb. 17). Ein lokal beschränkter Einfluss auf die Gerüststruktur kann dabei durch die Stapelwechselwirkungen ausgeglichen werden. Bei mehreren Modifikationen innerhalb eines Stranges ist die Destabilisierung wesentlich höher und kann nicht mehr kompensiert werden. Der Platzbedarf eines Watson-Crick-Basenpaares innerhalb der Duplexes entspricht etwa 11 Å. Interkalatoren, die einer Größe von 9-11 Å entsprechen und eine planare, sterisch wenig anspruchsvolle Struktur aufweisen, stabilisieren den Oligonukleotid-Doppelstrang. Durch die stereochemische Orientierung des azyklischen Gerüstmoleküls kann der Interkalator gezielt in Richtung des Interaktionsbereiches der Nukleobasen gerichtet werden, so dass abhängig von der Art der Modifikation auch die Duplexstabilität vorhersagbar wird. Anhand dieser Erkenntnisse kann durch strategische Nutzung der Variablen ein Kompromiss zwischen Funktionalität und Stabilität gefunden werden, ohne die natürliche Struktur der DNA zu sehr zu manipulieren.

5 Synthese des azyklischen Thiol-modifizierten Rückgrat-Bausteins

Wie im Absatz zuvor beschrieben entspricht D-Threoninol ((2S,3S)-2-Amino-1,3-butandiol) in vielerlei Hinsicht den zuvor beschriebenen Voraussetzungen und hat sich in vielen Oligonukleotid bezogenen Untersuchungen und Anwendungen als eine geeignete Basis für ein azyklisches Gerüst erwiesen.[84,108,110,115] Das Threoninol ist die reduzierte Form der natürlichen Aminosäure Threonin. Im Gegensatz zu anderen C3-Gerüsten wie Serinol weist Threoninol zwei stereogene Zentren auf und ist in enantiomerenreiner Form kommerziell erhältlich. Des Weiteren ermöglicht die Methylgruppe des Threoninols eine selektive Schutzgruppenstrategie, wobei der primäre Alkohol mit 4,4'-Dimethoxytrityl (DMT) geschützt und der sekundäre Alkohol zum Phosphoramidit umgewandelt werden kann. Die D-Konfiguration ist überaus wichtig, da diese im Gegensatz zur L-Konfiguration der natürlichen Drehrichtung des Oligonukleotid-Stranges in der Duplex entspricht und somit keinen negativen Einfluss auf die Chiralität ausübt sowie die Duplex nicht zusätzlich destabilisiert.[106,116] Aus diesen Gründen wurden unsere Studien an der Struktur von D-Threoninol ausgerichtet, um modifizierte monomere Phosphoramidit-Bausteine zu synthetisieren, die in der automatisierten Oligonukleotid-Synthese an fester Phase eingesetzt werden können. Unsere Synthesestrategie geht dabei von der leicht zugänglichen und kommerziell günstigen natürlichen Aminosäure L-Threonin aus, die in wenigen Schritten in das Thiol modifizierte Threoninol-Gerüst umgewandelt wurde (Abb. 18). Abbildung 18 veranschaulicht die für die Synthese des Thiol-Bausteins gewählte Syntheseroute. Angesichts der zuvor beschriebenen Eigenschaften von D-Threoninol ist die Synthese so aufgebaut, dass ausgehend von L-Threonin möglichst alle Eigenschaften beibehalten werden.

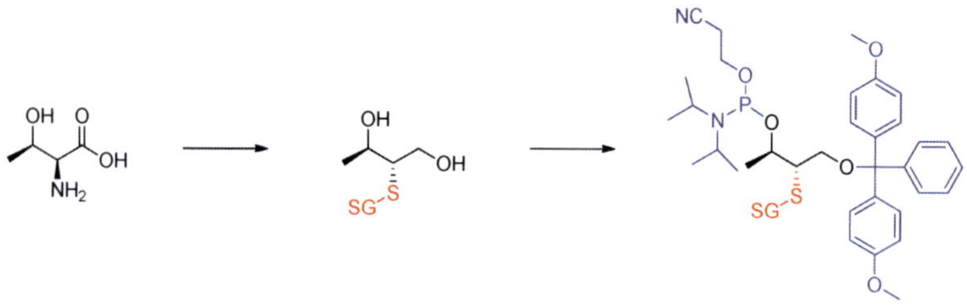

Synthese des azyklischen Thiol-modifizierten Rückgrat-Bausteins

Abb. 18: Synthesestrategie für den Thiol modifizierten azyklischen Rückgrat-Baustein auf Threonin-Basis zur Verwendung in der automatisierten Oligonukleotid-Festphasensynthese (SG: Schutzgruppe).

Hierbei sind drei wichtige Aspekte zu berücksichtigen und umzusetzen:

1. Generierung des 1,3-Diols, um die für die Festphasensynthese notwendige selektive Funktionalisierung des Bausteins zu ermöglichen.
2. Die Umwandlung der Amin-Funktion zum Thiol. Ausgehend von einer Aminosäure muss ein Weg gefunden werden, um das für die dynamischen kombinatorische Chemie notwendige Thiol zu synthetisieren.
3. Selektive Schützung des Thiols. Die orthogonale Schutzgruppenstrategie ist in diesem Fall sehr wichtig, um einerseits die Kompatibilität mit der Festphasensynthese zu ermöglichen und andererseits das Thiol selektiv und quantitativ freisetzen zu können.

Der erste Punkt kann ausgehend von der leicht zugänglichen Aminosäure Threonin einfach und effizient verwirklicht werden. Durch Reduktion der Carbonsäure zum Alkohol wird ein 1,3-Diol erhalten, welches eine primäre und eine sekundäre Hydroxygruppe aufweist und somit selektiv funktionalisiert werden kann. Bei der Verwendung von azyklischen Rückgratmodifikationen ist das Diol von großer Bedeutung, da es die Verknüpfung zwischen dem Baustein und den Phosphodiestern der Nukleoside ermöglicht. Hierbei entspricht die primäre Hydroxygruppe dem 5´-OH und die sekundäre Hydroxygruppe dem 3´-OH der in der Natur vorkommenden Ribose. Um eine effektive Integration in den Synthesezyklus des Oligonukleotid-Synthesizers zu gewährleisten, muss der primäre Alkohol mit der säurelabilen 4,4`-Dimethoxytrityl-Schutzgruppe geschützt werden. Diese ist orthogonal zu den weiteren Nukleosid-Schutzgruppen und wird zur Detektion der Kupplungseffizienz benötigt. Der sekundäre Alkohol kann somit zum P$^{(III)}$ Phosphodiester funktionalisiert werden. Auf diese Weise kann das azyklische modifizierte Gerüst in beliebiger Position in das Oligonukleotid integriert werden.

Der zweite Punkt ist das Einfügen der Thiolgruppe in die Aminosäure Threonin. Thiol-Funktionalitäten werden meist in bereits geschützter Form integriert. Dies kann entweder durch radikalische Addition oder durch nukleophile Substitution des Thiolatanions an Alkylhalogenid-Derivaten erfolgen. Die sich hier bietende Möglichkeit ist die von *J. Kang et al.* beschriebene Umwandlung der α-Aminogruppe durch Diazotierung mit der darauf folgenden Substitution zum Bromid, das anschließend nukleophil zum-geschützten Thiol substituiert werden kann.[117,118] Dabei verläuft die Substitution unter Inversion der Konfiguration und hat somit Auswirkungen auf das stereogene Zentrum am C2. Dies muss bei der Syntheseplanung berücksichtigt werden, so dass beim fertigen Produkt die D-Threoninol-Konfiguration (2S, 3S) möglichst erhalten bleibt. Da die Substitution nur an C2 stattfindet, kann nur eines der stereogenen Zentren selektiv beeinflusst werden. Dabei ist es bei einer einfachen Inversion lediglich möglich, die beiden Diastereoisomere mit der Konfiguration (2R, 3S) oder (2S, 3R) aus den käuflich erwerblichen Derivaten D-Threonin (2R, 3S) und L-Threonin (2S, 3R) zu erhalten. Aufgrund der wichtigen Ausrichtung der Methylgruppe wurde bei der Synthese L-Threonin verwendet um die S-Konfiguration an C3 zu erhalten. Da die reaktive Thiolgruppe über einen flexiblen Linker mit dem funktionalen Molekül postsynthetisch ligiert werden kann, fällt die Ausrichtung am C2 weniger ins Gewicht.

Der dritte Punkt betrifft die Thiol-Schützung und die in Betracht kommenden Schutzgruppen des Thiols.[119,120] Das Thiol ist sehr nukleophil und muss geschützt werden, da es sonst mit dem Phosphoramidit-Synthese-Zyklus interferieren würde. Die Schutzgruppen müssen nicht nur mit dem Oligonukleotid-Synthesezyklus an der festen Phase kompatibel sein, sondern auch mit der Synthese des Bausteins. Das heißt, in erster Linie müssen diese Schutzgruppen säurestabil sein, um die Orthogonalität zu der DMT-Schutzgruppe zu wahren und in zweiter Instanz stabil gegenüber Diisopropylethylamin (DIPEA), Triethylamin und Pyridin sein. Dabei sind folgende Eigenschaften der Thiole beim Schützen zu beachten. Mit einer Bindungsstärke von 365 kJ mol^{-1} ist die S-H-Bindung des Thiols wesentlich azider (pK$_a$ 10-11) als die des entsprechenden Alkohols. Thiolatanionen sind weicher und somit wesentlich nukleophiler als das Alkoxid.[121] Die hohe Reaktivität führt jedoch dazu, dass Thiole sehr leicht zu Disulfiden oxidiert werden und die Thioether zu Sulfoxiden oder Sulfonen weiterreagieren. Während das Disulfid zurück zum Thiol reduziert werden kann, ist die Reduktion von Sulfonen zurück zu Thioestern fast unmöglich. Die Tatsache, dass Thioester wesentlich Hydrolyse anfälliger sind als die entsprechenden Sauerstoffderivate, erhöht die Anzahl an möglichen Nebenreaktionen, die eine effektive Schützung zunehmend erschweren. Trotz allem kann man heutzutage auf eine Vielzahl an Thiol-Schutzgruppen zurückgreifen, die eine Bandbreite an Anwendungen abdecken.[122,123] Hierbei gilt es erneut einen Kompromiss zwischen der Stabilität der Schutzgruppe und den Reaktionsbedingungen zu finden, denn viele der meistgenutzten Schutzgruppen werden unter stark basischen oder sauren Bedingungen eingeführt und unter stark basischen und reduktiven Bedingungen entschützt. Diese Faktoren können sich negativ auf die orthogonalen Bedingungen auswirken oder zu den zuvor beschriebenen Nebenreaktionen führen. In Anbetracht des chemischen Aufbaus des azyklischen Gerüstbausteins ist es schwierig, das Thiol im Beisein der beiden Hydroxygruppen selektiv zu schützen und zwischen den funktionellen Gruppen zu unterscheiden. Aus diesem Grund basiert der Ansatz für das gezielte Schützen des Thiols auf der Synthese von kompatiblen Schutzgruppen, die das Thiol bereits als funktionale Gruppe tragen.

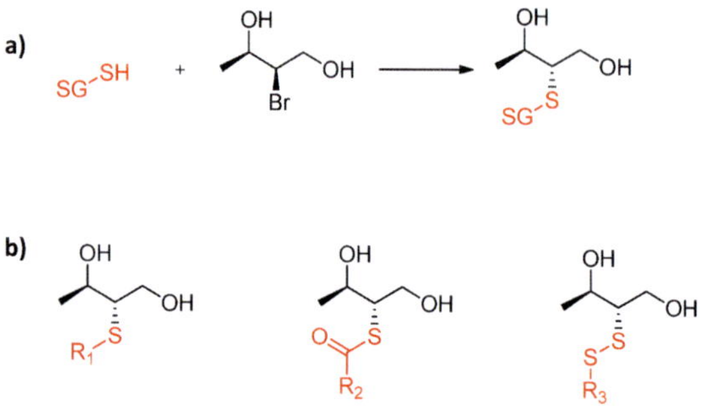

Abb. 19: a) Darstellung der Synthese des geschützten Thiol-Bausteins durch Integration des Schutzgruppe tragenden Thiols. b) Darstellung der Möglichkeiten das Thiol als Thioether, Thioester oder Disulfid zu schützen (SG: Schutzgruppe).

Auf diese Weise wird das 1,3-Bromdiol nukleophil von dem Schutzgruppe tragendem Thiol angegriffen und das Thiol-geschützte Diol generiert (Abb. 19a). Als mögliche

Thiol-Schutzgruppen wäre für den hier vorgestellten Ansatz eine große Bandbreite an Verbindungen denkbar.[119,120,123] Nach intensiver Literaturrecherche wurden gezielt geeignete Schutzgruppen ausgewählt, die für die entsprechenden Bedingungen geeignet sind und eine effektive Schwefel-Modifikation von Nukleotiden ermöglichen können. Je nach Anforderungen werden meist Vertreter der Thioether, Thioester und Disulfid Stoffklassen verwendet (Abb. 19b). Jede dieser Stoffklassen hat Vor- und Nachteile und muss auf ihre Eignung hin untersucht werden. Dabei muss neben den zuvor erwähnten Kriterien vor allem eine selektive und gezielte Entschützung des Thiols ermöglicht werden, die unter milden Bedingungen durchgeführt werden kann und das Oligonukleotid nicht schädigt. Die für diese Untersuchungen in Frage kommenden synthetisierten Verbindungen sind in Abbildung 20 zusammengefasst. Der Großteil der dargestellten Phosphoramidit-Bausteine beruht auf Thioether-Derivaten (**17-20**, **23**), die aufgrund ihrer Stabilität für den Synthesezyklus an der festen Phase geeignet sein sollten. Neben den Sulfid-verknüpften Schutzgruppen wurden auch ein Thioester (**21**) und ein Dithiocarbamat-Derivat (**22**) synthetisiert, da diese Stoffklassen für eine Abspaltung unter milden Reaktionsbedingungen prädestiniert sind und einen guten Kontrast zu den wesentlich stabileren Thioether-Derivaten darstellen.

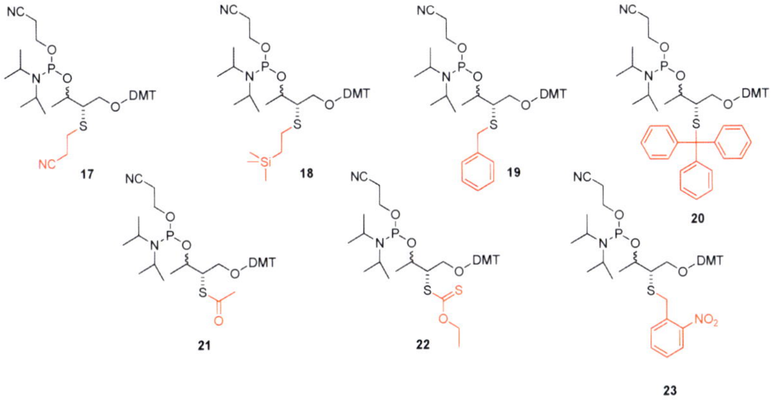

Abb. 20: Darstellung der bei diesen Untersuchungen durchgeführten Ansätze zur selektiven Schützung des azyklischen Thiol-Bausteins.

Eine vielversprechende Alternative zu den aufgrund der Orthogonalität meist basenlabilen Schutzgruppen bieten photolabile Schutzgruppen. Diese sind ideal für eine selektive und milde Entschützung, die keinerlei negativen Einfluss auf die Struktur und chemische Beschaffenheit des modifizierten Oligonukleotids haben. Aus diesem Grund wurde die Synthese eines Nitrobenzylthioethers (23) in Betracht gezogen.

5.1 Synthese der Phosphoramidit-Bausteine

Der folgende Abschnitt beschreibt die entwickelte Synthesestrategie der selektivgeschützten Phosphoramidit-Bausteine anhand der in Abschnitt 3.3 aufgeführten Richtlinien.

5.1.1 Das Acetat-geschützte Phosphoramidit

Der erste Ansatz basiert auf der Synthese eines Acetat-geschützten Thiols ausgehend von L-Threonin. Die Acetat-Gruppe ist eine der häufigsten Thiol-Schutzgruppen, da diese unter milden Bedingungen eingebracht und wieder entfernt werden kann. *Bornemann* und *Marx* beschrieben die Synthese eines 5-(Mercaptomethyl)-2′-deoxyuridins unter Verwendung der Acetat-Schutzgruppe und zeigten somit, dass diese Schutzgrupe für die reversible Schützung des Thiols unter den Bedingungen der Oligonukleotid-Festphasensynthese geeignet ist.[96] Die selektive Entschützung wurde mit 1,8-Diazabicyclo[5.4.0]undec-7-en (DBU) und einer konzentrierten Ammoniumhydroxid-Lösung in Gegenwart von 1,4-Dithiothreitol (DTT) durchgeführt. Die hier beschriebene Synthese des Acetat-geschützten azyklischen Gerüst-Bausteins 21 konnte in drei Schritten verwirklicht werden. Im ersten Schritt wurde das α-Amin des L-Threonins durch Diazotierung mit Natriumnitrit in Gegenwart von Kaliumbromid mit 90% Ausbeute in das α-Halogenid 25 unter Erhalt der Konfiguration überführt (Abb. 21a). Die Reaktion wurde in Schwefelsäure (2.5 M) über 16 h bei Raumtemperatur, in einem 30 g Ansatz mit 90% Ausbeute durchgeführt. In dem darauffolgenden Schritt wurde die Carbonsäure unter Verwendung von Boran-Dimethylsulfid-Komplex (BMS) (10 M) in trockenem THF zum Alkohol reduziert.

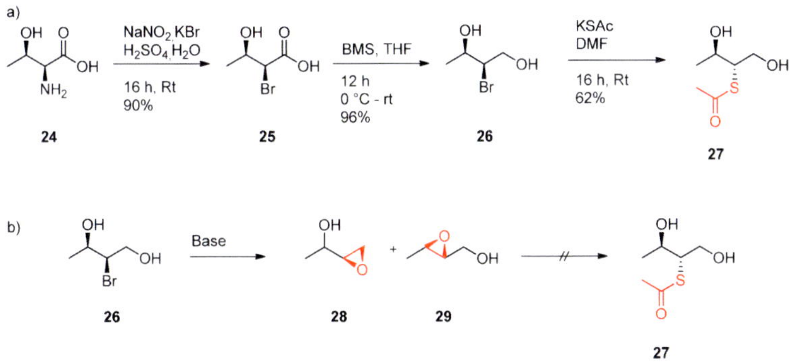

Abb. 21: a) Synthese des Acetat-geschützten Thiol-Bausteins **27**. b) Bei Verwendung von Basen kann das Bromid unter Epoxidierung substituiert werden, wobei die Reaktivität verloren geht.

Die hohe Stabilität des hochkonzentrierten Borankomplexes sowie die verbesserte Löslichkeit ermöglichen eine sehr effiziente Reduktion der Säuregruppe bei den gewählten Reaktionsbedingungen mit bis zu 96% Ausbeute. Das daraus resultierende (2*R*, 3*R*)-2-Brombutan-1,3-diol (**26**) ist unter stark basischen Bedingungen für eine intramolekulare S_N2-Reaktion unter Ausbildung eines Epoxids sehr anfällig. Dies führt zum Verlust des für die darauffolgende nukleophile Substitution notwendigen Halogens (Abb. 21b).[117,118] Selbst bei einer anschließenden nukleophilen Epoxid-Öffnung durch das Thioacetat wäre eine selektive Synthese des gewünschten Produktes schwierig, da mit einem Produktgemisch zu rechnen ist. Demzufolge wurde bei dem nächsten Syntheseschritt auf milde Reaktionsbedingungen geachtet und Kaliumthioacetat verwendet, das direkt zum Thiolat-Anion dissoziiert und keiner weiteren Base bedarf. Die Substitution verläuft in DMF über 16 Stunden bei Raumtemperatur unter Inversion der Konfiguration in zufriedenstellender Ausbeute. Das auf diese Weise generierte 1,3-Diol **27** mit dem Acetat-geschützten Thiol kann anschließend nach dem Standardprotokoll für die Oligonukleotid-Festphasensynthese mit DMT geschützt und zum Phosphoramidit phosphoryliert werden. Die selektive Schützung des primären Alkohols mit DMT in Pyridin mit Triethylamin als Base verlief allerdings in sehr geringer Ausbeute (Abb. 22). Da diese Reaktion unter Wasserausschluss ablaufen muss, ist es erforderlich, dass das Edukt mehrfach mit Pyridin coevaporiert wird um mögliche Wasserbestandteile zu entfernen. Unter diesen Bedingungen ist es jedoch möglich, dass die Acetat-Schutzgruppe abgespalten wird. Des Weiteren ist dieser Umstand auf lange Reaktionszeiten von bis zu 24 Stunden in Anwesenheit von Triethylamin zurückzuführen. Eine Reduzierung der Reaktionszeit bis auf 6 Stunden und der Austausch des Lösungsmittels zu DCM oder THF hatten lediglich eine geringe positive Auswirkung auf die Ausbeute des DMT-geschützten Alkohols 30. Das DMT geschützte Derivat konnte jedoch nur in einer recht geringen Ausbeute von maximal 18% erzielt werden. In dem darauf folgenden Syntheseschritt konnte das Phosphoramidit 21 in einer ähnlich schlechten Ausbeute von 15% generiert werden (Abb. 22).

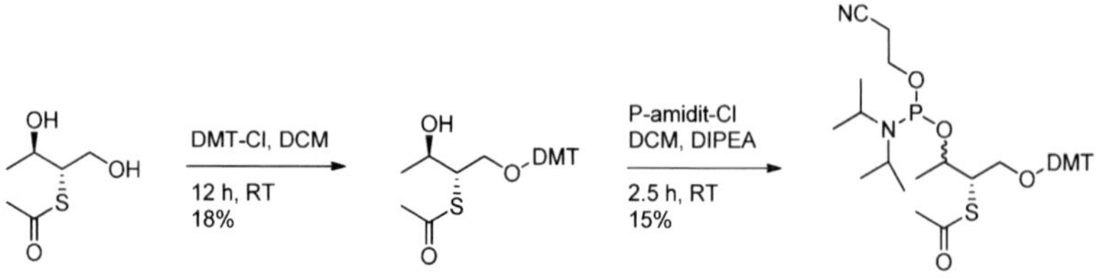

Abb. 22: Synthese des Phosphoramidit-Bausteins 21 für die Oligonukleotid Festphasensynthese.

Angesichts der beschriebenen Probleme mit der Stabilität der Acetat-Schutzgruppe wurde dieser Ansatz zurückgestellt, da es fraglich war, ob die Schutzgruppe den Synthesebedingungen der Festphasensynthese standhalten würde. Aus den erhaltenen Erkenntnissen konnten jedoch konkretere Kriterien für eine stabilere Thiol-Schutzgruppe bestimmt und weitere Schutzgruppen in Betracht gezogen werden. Hierbei kommen nur Schutzgruppen in Frage, die neben einer hohe Säure- und Hydrolyse-Stabilität auch oxidationsstabil sind und nicht unter schwach basischen Bedingungen abgespalten werden können. Eine Verbindungsklasse, die immer häufiger in der Oligonukleotid-Synthese als Thiol-Schutzgruppe Verwendung findet, sind die S-Alkylderivate.[122] Diese Thioether entsprechen größtenteils den gewählten Voraussetzungen und bieten eine gewisse Bandbreite an möglichen Schutzgruppen, die in der Festphasensynthese verwendet werden können.

5.1.2 Das Benzyl-geschützte Phosphoramidit

Der folgende Ansatz beschreibt die Synthese eines Benzyl-geschützten azyklischen Bausteins. Die Benzyl-Schutzgruppe war eine der ersten publizierten Cystein-Schutzgruppen in der Peptidsynthese.[124] Aufgrund der schlechten Abspaltung unter sauren

Bedingungen ist sie jedoch mittlerweile von anderen Derivaten abgelöst worden. Die Stabilität gegenüber Säuren ist für unsere Anwendungen ein wichtiges Kriterium, um die Orthogonalität der Schutzgruppe bei der Oligonukleotid-Festphasensynthese zu gewährleisten. Das Benzyl-geschützte Thiol sollte anschließend unter reduktiven Bedingungen selektiv freigesetzt werden können.[125] Die Synthese verläuft unter nukleophiler Substitution des Halogenids durch Benzylmercaptan (**31**) (Abb. 23). Die nukleophile Substitution unter Inversion der Konfiguration wurde in einer mit Argon entgasten Lösung des 1,3-Brombutandiols (**26**) in THF mit Kaliumkarbonat als Base über 14 Stunden bei 40 °C durchgeführt.

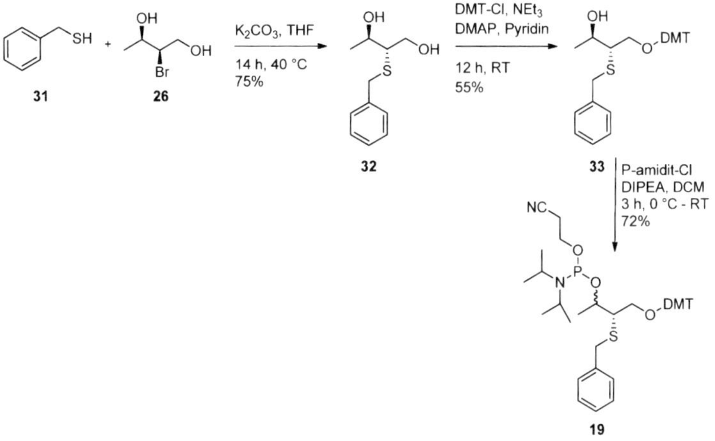

Abb. 23: Darstellung der Synthese des Benzyl-geschützten azyklischen Bausteins 19 für die Festphasensynthese.

Das nach der Aufreinigung in 75% Ausbeute erhaltene Produkt **32** konnte mit DMT-Cl in Gegenwart von katalytischen Mengen DMAP zu Verbindung **33** in einer Ausbeute von 55% umgesetzt werden. Die Ausbeute ist einerseits durch den sterischen Anspruch der Benzyl- und der DMT-Schutzgruppe und andererseits durch die schwierige Trennung mittels Säulenchromatographie zu erklären. Da die DMT-Schutzgruppe säurelabil ist, geht auf dem sauren Kieselgel trotz Zugabe von 0.1% Triethylamin zum Eluenten immer ein kleiner Prozentsatz der Schutzgruppe durch Abspaltung verloren. Der darauffolgende letzte Schritt beschreibt die Phosphorylierung unter trockenen Bedingungen in DCM mit DIPEA und 2-Cyanoethyl-*N*,*N*-diisopropylchlorphosporamidit. Die erfolgreiche Synthese wurde massenspektrometrisch und mittels Phosphor-NMR Spektroskopie bestätigt. Das auf diese Weise erhaltene Phosphoramidit **19** konnte unter Argon bei -20 °C ohne Anzeichen von Oxidation des Phosphors über einen längeren Zeitraum gelagert und später in der Oligonukleotid-Festphasensynthese verwendet werden. Bei den Untersuchungen des Benzyl-geschützten Bausteins galt es herauszufinden, ob die erforderlichen reduktiven Entschützungsbedingungen mit elementarem Natrium in Ammoniak mit dem modifizierten Oligonukleotid verträglich sind und wie effektiv diese Schutzgruppe entfernt werden kann. Dieser Sachverhalt sowie weitere Entschützungsmethoden, wie die Hydrogenolyse werden in Kapitel 3.6.5 im Detail beschrieben und diskutiert.

5.1.3 Das *O*-Ethyl-dithiocarbonat-geschützte Phosphoramidit

Ein weiterer Ansatz für das selektiv geschützte Thiol basiert auf der Einführung der *O*-Ethyl-dithiocarbonat-Schutzgruppe, die vorwiegend in der Polymersynthese als Schutzgruppe für Thiol-Anker Verwendung findet.[126,127] Diese Schutzgruppe ist ebenfalls säurestabil und kann separat von den Schutzgruppen der exozyklischen Amine durch eine stärkere Base entschützt werden.[128,129] Die Synthese entspricht der hier bereits mehrfach erfolgreich angewendeten Syntheseroute (Abb. 24). Das leicht zugängliche Kalium *O*-Ethyl-dithiocarbonat Salz (**34**) hat den Vorteil, dass bei der nukleophilen Substitution keine zusätzliche Base benötigt wird, da durch die Dissoziation im Lösungsmittel das Thiolat-Anion sofort zur Verfügung steht und das Bromdiol **26** nukleophil angreifen kann. Auf diese Weise konnte unter milden Bedingungen das Sulfid **35** mit 78% Ausbeute erhalten werden. Um die Ausbildung von Disulfiden zu vermeiden, empfiehlt es sich auch in diesem Fall, unter Sauerstoffausschluss in entgasten Lösungsmitteln zu arbeiten. Die für die Oligonukleotid-Festphasensynthese erforderliche DMT-Schützung wurde in einer vergleichbar guten Ausbeute von 65% in Pyridin mit der typischen Kombination aus Triethylamin und der katalytischen Menge an DMAP ohne Verlust der Dithiocarbonat-Schutzgruppe durchgeführt. Die Synthese des Phosphoramidits **22** mit DIPEA in DCM unter Standardbedingungen führte zu einer recht guten Ausbeute von 68%.

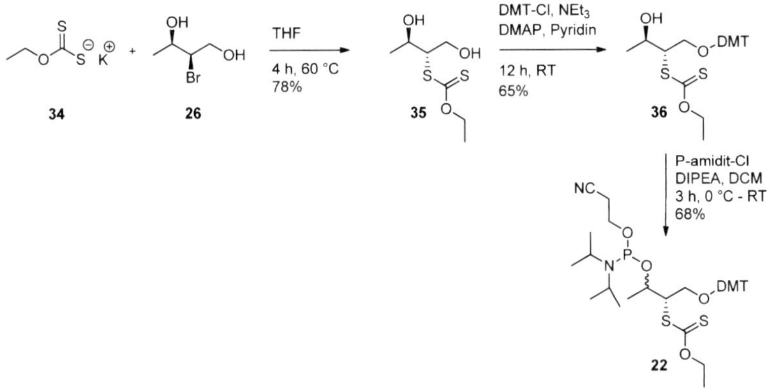

Synthese des azyklischen Thiol-modifizierten Rückgrat-Bausteins

Abb. 24: Darstellung der Synthese des Dithiocarbonat-geschützten azyklischen Bausteins 22 für die Festphasensynthese.

Das so erhaltene Produkt **22** wurde erfolgreich massenspektrometrisch nachgewiesen und lieferte das typische Phosphor-NMR-Spektrum. Auch diese Verbindung konnte unter Argon bei -20 °C über einen längeren Zeitraum ohne Anzeichen von Oxidation des Phosphors gelagert werden. Ebenso wie die zuvor beschriebenen Schutzgruppen soll auch diese auf ihre Eignung als selektive Thiol-Schutzgruppe hin untersucht werden. Da die Nutzung dieser Schutzgruppe unter den Bedingungen der Oligonukleotid-Festphasensynthese bisher unbekannt war, gilt es in erster Linie die Stabilität der Schutzgruppe zu untersuchen sowie die Entschützungsbedingungen zu bestimmen und zu optimieren. Interessant hierbei wäre eine Entschützungsstrategie, die in einem Schritt zusammen mit der Abspaltung vom Harz und der Abspaltung der exozyklischen Amin-Schutzgruppen durchgeführt werden kann. Eine postsynthetische Entschützung mit Natriumborhydrid (NaBH$_4$) wäre eine weitere Methode, die in Betracht gezogen werden kann.[130] Die erhaltenen Ergebnisse sind Bestandteil des Kapitels 3.6.4 und werden dort im Detail beschrieben und dargestellt.

5.1.4 Das Nitrobenzol-geschützte Phosphoramidit

Neben den zuvor beschriebenen Ansätzen, die sich überwiegend auf basenlabile Thiol-Schutzgruppen beziehen, ist die Verwendung einer photolabilen Schutzgruppe eine weitere vielversprechende Alternative zur selektiven Freisetzung des Thiols. Während bei den zuvor erwähnten Ansätzen meist Stärke der Base sowie harsche Reaktionsbedingungen für die Entschützung notwendig sind, ist der Vorteil der photolabilen Schutzgruppe, dass diese gezielt mit der entsprechenden Wellenlänge unter milden physiologischen Bedingungen entfernt werden kann. Die Nitrobenzol-Schutzgruppe wurde bereits mehrfach erfolgreich als Cystein-Schutzgruppe in der Peptidchemie verwendet.[131–133] *T. Takada et al.* verwendeten die Nitrobenzol-Gruppe zum ersten Mal in einer Templat-gestützten lichtinduzierten Ligation zweier Oligonukleotidstränge.[134] Dabei wurde die Schutzgruppe an der 5′-Position des entsprechenden Oligonukleotids integriert und selektiv mit einer Wellenlänge von 365 nm in einem Photolyse-Puffer abgespalten.[135] Das freigesetzte Thiol leitete darauffolgend die Ligation ein. Der von uns verfolgte Ansatz sollte klären, ob eine solche Schutzgruppen-Strategie auch innerhalb eines Oligonukleotidstranges angewendet werden kann. Eine derart selektive Freisetzung des Thiols wäre von großer Bedeutung für die Verwirklichung des dynamischen Ansatzes. Der verfolgte Syntheseansatz ging von dem Nitrobenzylchlorid (**37**) aus, das in DMF in Anwesenheit von Kaliumkarbonat und Thioessigsäure in das Thioacetat **38** überführt wurde (Abb. 25). Das in guter Ausbeute erhaltene Thioacetat **38** wurde durch Hydrolyse in einer Wasser-Methanol-Lösung in das Thiol **39** überführt. Hierbei konnte jedoch trotz Sauerstoffausschluss und entgastem Lösungsmittel nur ein Gemisch aus dem Produkt **41** und dem Disulfid **40** erhalten werden. Das separierte Disulfid konnte mit Hilfe von elementarem Zink und HCl (1 M) wieder zum Thiol reduziert werden und wurde zusammen mit dem Produkt **39** in DMF und DBU als organische nicht nukleophile Base innerhalb von acht Stunden zum Nitrobenzyl-geschützten Thiol umgesetzt.[136,137] Anschließend war es jedoch nicht möglich das erhaltene Produkt **41** unter den Standardbedingungen zum DMT-geschützten Derivat **42** zu funktionalisieren. Die massenspektrometrische Analyse sowie NMR-gestützte Untersuchungen konnten nur das entschützte Thiol oder das Edukt nachweisen. Alle Reaktionen verliefen in entgasten trockenen Lösungsmitteln unter Lichtausschluss, um eine eventuelle lichtinduzierte Dissoziation zu vermeiden und das Ausbilden des Disulfids zu unterdrücken. Jedoch konnte auch bei wiederholter Synthese kein Produkt nachgewiesen werden.

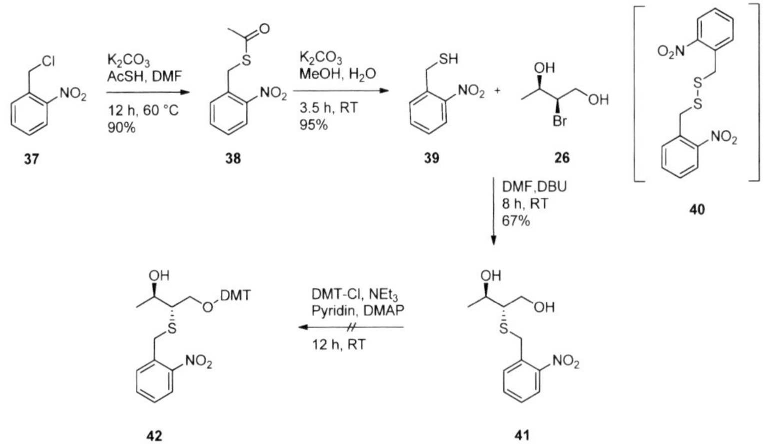

Abb. 25: Darstellung der versuchten Synthese des Nitrobenzyl-geschützten azyklischen Bausteins 42 für die Festphasensynthese.

Die Nitrobenzyl-Schutzgruppe scheint unter diesen Bedingungen nicht stabil zu sein und neigt zur Dissoziation. Der Versuch, die Reaktionsbedingungen durch Austausch des Lösungsmittels zu DCM und der Verzicht auf die Coevaporation mit Pyridin anzupassen, brachte keine nennenswerten Veränderungen in Bezug auf die Produktausbeute. Aus diesem Grund wurde die Synthese der photolabilen Schutzgruppe vorerst eingestellt. Auch wenn die hier beschriebene Synthese nicht erfolgreich war, so kann dieser Ansatz unter Verwendung anderer Nitrobenzyl-Derivate weiter untersucht werden. Das *photocaging* des Thiols bietet ein weites Feld an möglichen photolabilen Schutzgruppen, die für diese Art von Anwendung in Frage kommen und getestet werden können. Die selektive und lichtgesteuerte Induzierung von Reaktionen ist ein großer Vorteil, den die anderen Schutzgruppen nicht bieten. Bei einer Optimierung und Weiterentwicklung dieses Projektes sollte dieser Ansatz angepasst und weiterverfolgt werden.

5.1.5 Das Trityl geschützte Phosphoramidit

Eine Schutzgruppe, die bereits aus der Nukleotid-Synthese bekannt ist, ist die Trityl-Schutzgruppe. Diese wird zur Schützung von Thiol-modifizierten Linkern oder Ankern verwendet, die sich meist am 3´- oder 5´-Ende des Oligonukleotids befinden.[90,138]

Auch wenn die Trityl-Gruppe mit starken protonischen Säuren entschützt werden kann, so sollte diese der schwachen Trichloressigsäure (3%) während der DMT-Entschützung bei der Festphasensynthese standhalten können. Bei der selektiven Entschützung wird die Affinität des Schwefels zu Schwermetallen wie Silber ausgenutzt und die Schutzgruppe kann unter milden Bedingungen mit Silbernitrat (AgNO$_3$) effektiv entfernt werden.[139–142] Die Synthese des Phosphoramidits **20** geht von dem kommerziell erwerblichen Triphenylmethanthiol (**43**) aus, das mit einer organischen Base wie Triethylamin in Acetonitril über 24 Stunden erfolgreich mit einer Ausbeute von 84% in das geschützte Thiol **44** überführt werden kann (Abb. 26).

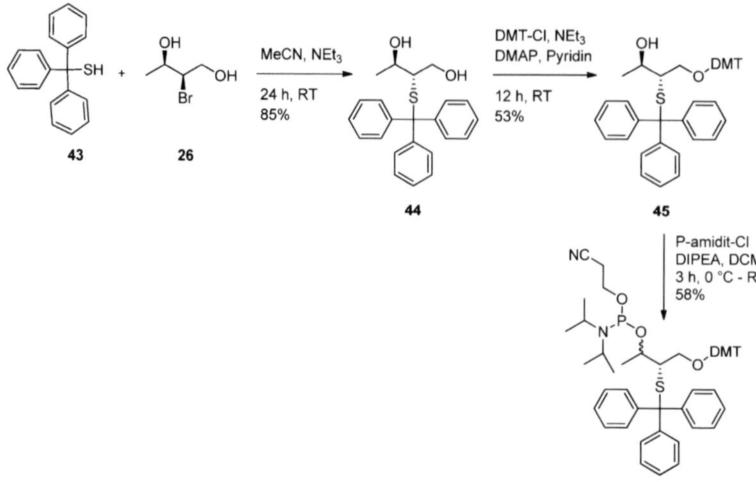

Abb. 26: Darstellung der Synthese des Trityl-geschützten azyklischen Bausteins **20** für die Festphasensynthese.

Das resultierende Diol **44** wird unter Standardbedingungen in Pyridin am primären Alkohol mit DMT geschützt. Die Ausbeute ist trotz der sterisch anspruchsvollen Thiol-Schutzgruppe mit 55% gut ausgefallen und das Produkt wurde erfolgreich weiter zum Phosphoramidit **20** umgesetzt und massenspektrometrisch und Phosphor-NMR-spektroskopisch nachgewiesen. Auch diese Verbindung konnte unter Argon bei -20 °C über einen längeren Zeitraum ohne Anzeichen von Oxidation des Phosphors gelagert werden. In diesem Fall blieb die Schutzgruppe innerhalb der Synthese des azyklischen

Baustein stabil, so dass der Baustein ohne weiteres in der Festphasensynthese verwendet werden kann. Anschließend sollte es möglich sein, die Schutzgruppe postsynthetisch mit einer Silbernitrat-Lösung selektiv zu entschützen und mittels HPLC aufzureinigen.

5.1.6 Das TMSE-geschützte Phosphoramidit

Eine weitere vielversprechende Alternative zu den zuvor getesteten Schutzgruppen stellt die 2-(Trimethylsilyl)ethyl (TMSE)-Schutzgruppe dar.[98,143–148] Diese Schutzgrupe kann als 2-(Trimethylsilyl)ethanthiol durch nukleophile Substitution des Bromids am 1,3-Diol **26** integriert und selektiv unter β-Eliminierung am Silizium abgespalten werden.[149] Die Schutzgruppe wurde unter anderem für Schwefel-Modifikationen an Nukleosiden wie Thymidin und Guanosin zur Generierung der Thiocarbonyl-Derivate verwendet und erwies sich dabei als oxidations- und basenstabil.[143] Somit ist diese Schutzgruppe für die Oligonukleotid-Festphasensynthese geeignet. Wie bei den meisten Silyl-Verbindungen wurde auch hier für die selektive Entschützung nach der Festphasensynthese Tetra-*N*-butylammoniumfluorid (TBAF) verwendet. Für die Verwendung der TMSE-Schutzgruppe mit dem azyklischen Gerüstbaustein wurde zunächst das 2-(Trimethylsilyl)ethanthiol synthetisiert.[150,151] Die Synthese konnte in zwei Schritten ausgehend von Vinyltrimethylsilan in sehr guter Ausbeute hergestellt werden. Dabei findet im ersten Schritt eine radikalische Addition der Thioessigsäure an das ungesättigte Vinylsilan in Anwesenheit von Azo-bis-(isobutyro-nitril) AIBN statt. Das gebildete Radikal wird durch das Silizium stabilisiert. Die Reaktion verläuft chemoselektiv, wobei das 2-(Trimethylsilyl)ethyl-thioacetat im Verhältnis 9:1 zum 1-(Trimethylsilyl)-ethyl-thioacetat gebildet wird (Abb. 27).[152]

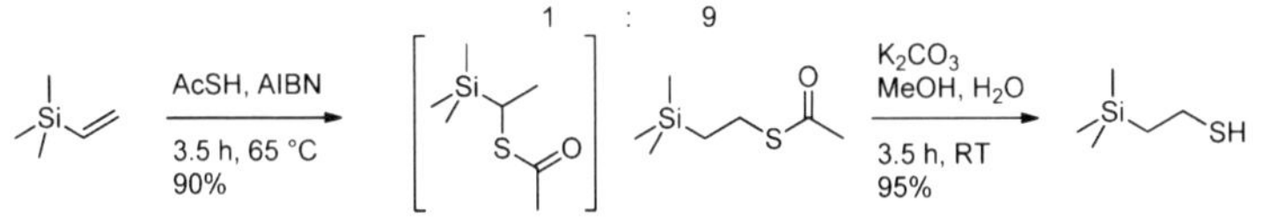

Abb. 27: Darstellung der Synthese des 2-(Trimethylsilyl)ethantiols (TMSE).

Das entstehende Nebenprodukt wird anschließend destillativ entfernt. Die darauffolgende Methanolyse des Thioacetats mit Kaliumkarbonat (K_2CO_3) in einer Methanol-

Wasser-Mischung führte zum erwünschten 2-(Trimethylsilyl)ethanthiol in sehr guter Ausbeute.

Das so erhaltene Thiol konnte anschließend mit dem Diol **26** umgesetzt werden. Dabei ist zu beachten, dass Thiole gerade in der Gegenwart von Basen dazu neigen, zu Disulfiden oxidiert zu werden. Daher ist es erforderlich, unter Sauerstoffausschluss und mit entgasten Lösungsmitteln zu arbeiten. Die verwendeten Thiole konnten ohne weitere Probleme unter Argon bei -20 °C im Gefrierschrank über mehrere Wochen gelagert werden. Wie in Abbildung 28 dargestellt kann unter bestimmten Reaktionsbedingungen auch das Disulfid **49** verwendet werden. Hierbei wird das Thiol *in situ* durch einen Thiol-Disulfid-Austausch in Anwesenheit von DBU und Ethanthiol generiert und steht nach anschließender Deprotonierung als Nukleophil zur Verfügung.[44,153–155] Die verwendeten Bedingungen führten bei der Synthese des-geschützten azyklischen Thiol-Bausteins zu guten Ausbeuten innerhalb kurzer Zeit.

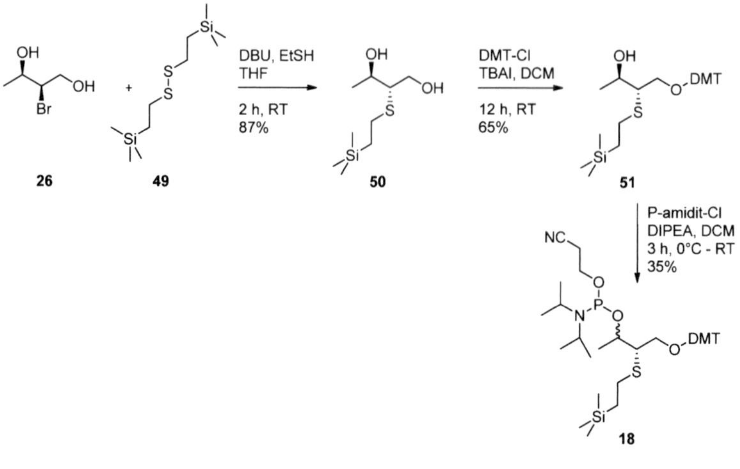

Abb. 28: Darstellung der Synthese des TMSE-geschützten Phosphoramidit-Bausteins 18.

Die darauf folgende Synthese zum DMT-geschützten Baustein **51** wurde mit Tetrabutylammoniumiodid (TBAI) in DCM bei Raumtemperatur mit einer Ausbeute von 65% durchgeführt. Das Phosphoramidit **18** konnte ohne Verlust der Schutzgruppe und nennenswerte Abweichungen von Standardprotokoll erfolgreich synthetisiert werden. Das Produkt der erfolgreichen Synthese konnte massenspektrometrisch und Phosphor-

NMR-spektroskopisch nachgewiesen werden. Auch diese Verbindung konnte unter Argon bei -20 °C über einen längeren Zeitraum ohne Anzeichen von Oxidation des Phosphors gelagert werden. Aufbauen auf der von M. Hamm et al. publizierten Methode sollte es möglich sein die TMSE-Schutzgruppe selektiv und quantitativ mit TBAF zu entschützen.[143] Die Verwendung des Bausteins **18** in der Oligonukleotid-Festphasensynthese sowie die Entschützung werden in Abschnitt 3.6.1 ausführlich beschrieben und diskutiert.

5.1.7 Das Cyanoethyl-geschützte Phosphoramidit

Bei der Auswahl einer geeigneten Thiol-Schutzgruppe müssen neben den Synthesebedingungen beim Design des Bausteins und den Voraussetzungen der Oligonukleotid-Festpasen-Synthese auch die Entschützungsbedingungen beachtet werden. Viele aus der Peptidchemie bekannte Schutzgruppen sind meist unter stark sauren oder sehr harschen Bedingungen abspaltbar und sind für Oligonukleotide nicht geeignet. Eine selektive Entschützung unter milden Bedingungen, die im Idealfall simultan zur Abspaltung des Oligonukleotids vom Harz ablaufen kann ist von großem Vorteil. Eine weitere mögliche Schutzgruppe, die diese Kriterien erfüllen sollte, ist die Cyanoethyl-Gruppe. Diese wird meist bei der Schützung von Carbon- und Phosphorsäuren verwendet, ist aber als Schutzgruppe für andere funktionelle Gruppen eher unbekannt.[120,156,157] Es gibt jedoch einige publizierte Beispiele, in denen es gelang, Thiol-modifizierte Nukleotide zu synthetisieren und die Cyanoethyl-Gruppe als eine stabile und leicht zu entfernende Schutzgruppe für die Festphasensynthese zu etablieren.[85,158–162] *Coleman et al.* gelang es, die Schutzgruppe mit einer konzentrierten Ammoniumhydroxid-Lösung im Beisein von DBU simultan zur Abspaltung des Oligomers von Harz zu entfernen und den Schwefel postsynthetisch weiter zu funktionalisieren.[162,163] Durch Zusatz des reduzierenden Dithiothreitols (DTT) wird dabei die Ausbildung von Disulfidbrücken unterbunden und das Thiol generiert. Dies und die Stabilität der Schutzgruppe gegenüber Iod, Pyridin, DIPEA und wässriger Essigsäure prädestinieren diese Schutzgruppe als einen möglichen Kandidaten für die Synthese und Integration des modifizierten Bausteins.

Die Integration der Schutzgruppe ist dabei unproblematisch und kann effektiv durchgeführt werden, indem das notwendige 3-Mercaptopropannitril (**55**) erst synthetisiert und anschließend durch Substitution des Bromids an dem 2-Brombutan-1,3-diol (**26**) in das geschützte Thiol **56** überführt wird. Die obligatorische Schützung des primären Alkohols und die Modifikation zum Phosphoramidit **17** sollten eine gute Integration des azyklischen Bausteins in den Synthesezyklus gewährleisten. Das Syntheseschema in Abbildung 29 zeigt die erfolgreich durchgeführte Synthese des Cyanoethyl-geschützten Bausteins **17**.

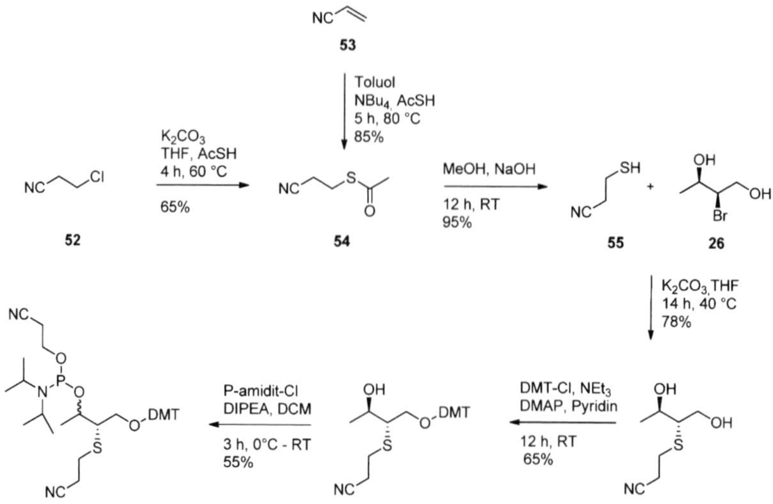

Abb. 29: Darstellung des Syntheseschemas des 2-Cyanoethyl-geschützten Bausteins **17**.

Das 3-Mercaptopropannitril kann auf dreierlei Arten synthetisiert werden, wobei jede der Methoden ihre Vor- und Nachteile hat. Einerseits kann ausgehend von 3-Chlorpropannitril (**52**) unter Kondensation mit Thioharnstoff und anschließender Hydrolyse des Thiouroniumsalzes das 3-Mercaptopropannitril in zwei Schritten hergestellt werden.[164] Diese Reaktion erwies sich jedoch als schwer zu handhaben. Bei der Hydrolyse unter sehr harschen Bedingungen (11 M NaOH, 90 °C) konnte größtenteils nur das Disulfid erhalten werden. Dies hat unnötige Maßnahmen zur Generierung des Thiols zur Folge, die mit aufwendiger Aufreinigung verbunden sind. Eine einfachere und zuverlässigere Möglichkeit bieten die von uns hier beschriebenen Methoden unter Verwendung von Thioessigsäure, die über das 2-Cyanoethylethanthioat (**54**) unter milden Bedingungen sehr effektiv in das Thiol **55** überführt werden kann. Für die Synthese des 2-Cyanoethylethanthioates wurden zwei Ansätze verfolgt. Im ersten Ansatz wurde ausgehend von Acrylnitril, das mit Thioessigsäure in Beisein einer katalytischen Menge an Tributylamin versetzt und das Zwischenprodukt **54** generiert.[165] Der zweite Ansatz verlief unter Verwendung von 3-Chlorpropannitril, das mit Thioessigsäure in THF und K_2CO_3 als Base umgesetzt wurde. Nach einer sauren Aufarbeitung konnte in beiden Fällen das Thiol **55** erhalten werden, das für mehrere Wochen unter Argon bei -20 °C ohne signifikante Anzeichen des Disulfids gelagert werden konnte. Der Ansatz mit Acrylnitril lieferte zwar eine höhere Ausbeute des 2-Cyanoethylethanthioates (85%), die Chemikalie ist jedoch sehr giftig und karzinogen. Des Weiteren polymerisiert das Acrylnitril explosionsartig bei falscher und unsachgemäßer Handhabung. Um eine übermäßige Exposition zu vermeiden wurde überwiegend der zweite Thioessigsäure-Ansatz verfolgt. Diese Methode eignet sich sehr gut zur Synthese von Thiolen, denn alle in diesen Untersuchungen verwendete Alkylhalogenide konnten auf diese Weise in zwei Schritten unter milden Bedingungen in das entsprechende Thiol umgewandelt und in das azyklische Gerüst integriert werden. Hierbei wurde das 2-Chlorpropannitril in einer entgasten Lösung aus Kaliumkarbonat in THF gegeben, bei 60 °C die Thioessigsäure zugetropft und für vier Stunden gerührt. Nach der Aufreinigung konnte das erhaltene Thioester-Substrat mit Natriumhydroxid in einer guten Ausbeute (95%) zum Thiol verseift werden. Das so erhaltene Thiol **55** wurde anschließend mit dem Bromdiol **26** nach der zuvor beschriebenen Methode erfolgreich zu Verbindung **56** umgesetzt (Abb. 29). Die anschließende Schützung des primären Alkohols mit DMT-Cl verlief vergleichbar zu den anderen Ansätzen ohne nennenswerte Einschränkungen in 65% Ausbeute. Ähnlich verhielt es sich mit der Funktionalisierung zum Phosphoramidit, wobei hier die Ausbeute aufgrund der besseren chromatographischen Trennung auf 55% erhöht werden konnte. Während der gesamten Synthese erwies sich die Cyanoethyl-Schutzgruppe als stabil und einfach zu handhaben. Die erfolgreiche Synthese konnte massenspektrometrisch und Phosphor-NMR-spektroskopisch nachgewiesen werden. Auch diese Verbindung konnte unter Argon bei -20 °C über einen längeren Zeitraum ohne Anzeichen einer Oxidation des Phosphors gelagert werden.

Aus den hier vorgestellten sieben möglichen Schutzgruppen für den azyklischen Gerüstbaustein konnten fünf Bausteine erfolgreich synthetisiert und charakterisiert werden (Abb. 30). Es wurden effektive Syntheserouten entwickelt, die es erlaubten, ein Schutzgruppe-tragendes Thiophil durch nukleophile Substitution in ein azyklisches Gerüst in guten Ausbeuten zu integrieren. Die große Bandbreite an verfügbaren Thiol-Verbindungen ermöglicht somit eine Vielzahl an Ansätzen, die durch diese Synthesestrategie umgesetzt werden können. Ein wichtiger Aspekt, der stets zu berücksichtigen ist, ist die Reaktivität der Thiole und ihre leichte Oxidierbarkeit. Synthetisches Arbeiten unter Sauerstoffausschluss ist hierbei immer erforderlich. Ein häufig auftretendes Problem stellte die Epoxidierung des Bromdiols **26** dar, dieser kann aber durch eine gezielte Wahl der Synthesebedingungen und Reaktanden entgegengewirkt werden.

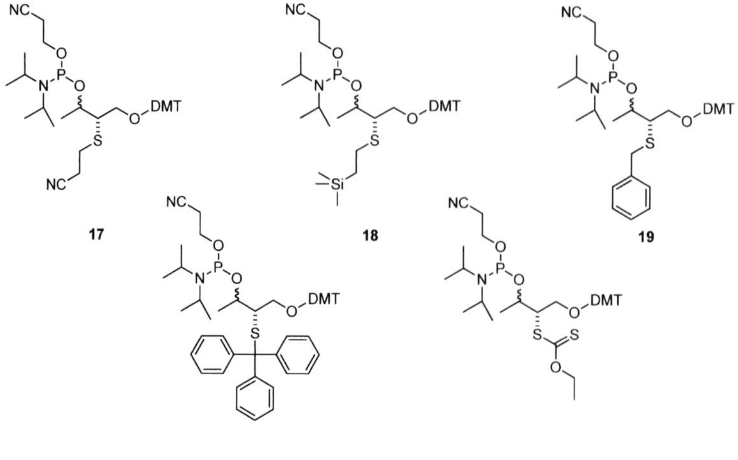

Abb. 30: Erfolgreich synthetisierte Bausteine **17-20**, **22** für die Verwendung bei der Oligonukleotid-Festphasensynthese.

Die Standardsynthese zum Phosphoramidit konnte in den meisten Fällen in nahezu identischen Ausbeuten verwirklicht werden und stellt somit eine zuverlässige Methode zur gezielten Synthese modifizierter Phosphoramidite dar. In Abschnitt 3.6 werden sowohl ihre Verwendung in der Oligonukleotid Festphasensynthese, als auch Untersuchungen hinsichtlich ihrer Stabilität und der selektiven Freisetzung des Thiols beschrieben.

5.2 Synthese der Thioester-funktionalisierten Nukleobasen

Die dem hier angestrebten Versuch der Untersuchung eines dynamischen Thiol-Thioester-Austausches zugrunde liegende reversible Reaktion benötigt funktionalisierte Nukleobasen-Derivate. Die unter physiologischen Bedingungen ablaufende reversible Reaktion basiert in unserem Fall auf der selektiven Wechselwirkung des Thiol-modifizierten Oligonukleotidrückgrats mit der entsprechenden an N^9 (Purin) oder N^1 (Pyrimidin) Thioester-funktionalisierten Nukleobase. Bei der Synthese der einzelnen Nukleobasen wurde analog zu der von M. Ghadiri et al. publizierten Methode verfahren.[166–169] Hier soll jeweils eine Syntheseroute für ein Purin- und ein Pyrimidin-Derivat sowie für eine Guanin-Fluoreszenzsonde dargestellt werden.

5.2.1 Thioester funktionalisiertes Guanin-Derivat G$_{TE}$

Die Synthese des Thioester-funktionalisierten Guanin-Derivates fand ausgehend von 2-Amino-6-chlorpurin statt, das im Gegensatz zum Guanin eine Präferenz für die Alkylierung an N^9 aufweist, wodurch einem Gemisch aus N^7- und N^9- alkylierten Produkten entgegengewirkt wird. Die Reaktion verlief in trockenem DMF mit Natriumhydrid als Base wobei das Purin durch Zugabe von Bromessigsäuremethylester zu dem entsprechenden Purinmethylester **59** in einer Ausbeute von 85% umgesetzt wurde (Abb. 31).

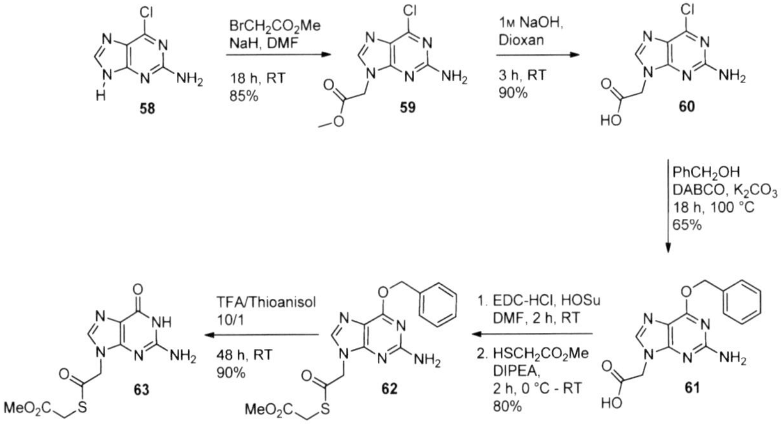

Abb. 31: Darstellung der Synthese des Thioester-funktionalisierten Guanin-Derivates 63 (G$_{TE}$)für die selektive dynamische Ligation.

Die darauffolgende Verseifung mit Natriumhydroxid-Lösung (1 M) in Dioxan lieferte die Säure **60**, die anschließend durch die Substitution des Chlorids an Position 6 in das Benzyl-geschützte Guanin-Derivat **61** überführt wurde. Die Substitution fand in Benzylalkohol mit einer katalytischen Menge an 1,4-Diazabizyklo[2.2.2]oktan (DABCO) und Kaliumkarbonat als Base statt. Nach 18 Stunden bei 100 °C konnte die Verbindung **61** in einer moderaten Ausbeute von 65% erhalten werden. Dieser Schritt ist notwendig, um zum einen das für die Ausbildung der Wasserstoffbrückenbindungen notwendige Keton des Guanins zu generieren und zum anderen um die Löslichkeit in organischen Lösungsmitteln durch die Benzylgruppe zu verbessern. Als Alternative könnte durch den Einsatz einer Ionentauscher-Säule das Chlor-Derivat in das Keton überführt werden. Das erhaltene Produkt **61** wurde anschließend in den Thioester **62** überführt, indem die Carbonsäurefunktion zunächst mit einer Mischung aus 1-Ethyl-3-(3-dimethylaminopropyl)carbodiimid Hydrochlorid (EDC·HCl) und *N*-Hydroxysuccinimid (HOSu) in DMF über zwei Stunden aktiviert und anschließend durch Zugabe des Methylmerkaptoacetats zum Thioester umgesetzt wurde. Das Thioesterfunktionalisierte Guanin-Derivat **63** wurde nach der Abspaltung der Benzyl-Schutzgruppe durch ein Gemisch aus Trifluoressigsäure (TFA) und Thioanisol im Verhältnis 10:1 über zwei Tage bei Raumtemperatur in einer Ausbeute von 90% erhalten. Die hier dargestellte Synthese des Thioester-funktionalisierten Guanins ist auch auf das Adenin-Derivat übertragbar. Das Adenin bedarf jedoch einer zusätzlichen Schützung des exozyklischen Amins durch die Benzyloxycarbonyl-Schutzgruppe und kann abgesehen davon analog zu dieser Syntheseroute in fünf Schritten ausgehend vom kommerziell erhältlichen Adenin synthetisiert werden.

5.2.2 Thioester-funktionalisiertes Vinyl-Guanin-Derivat $^V G_{TE}$

Aufbauend auf der in unserem Arbeitskreis entwickelten und publizierten Methode zur Synthese des Vinyl-Guanosins war es möglich, das Thioester-funktionalisierte Guanin-Derivat zu einer Fluoreszenzsonde zu modifizieren.[170–172] Mit Hilfe dieser sollte es ohne weiteres möglich sein, die Templat-gesteuerte selektive Ligation des Thiol-modifizierten Oligonukleotidrückgrats anhand der Fluoreszenz-Varianz zu verfolgen und nachzuweisen. Anhand der geringfügigen Modifikation des Guanin-Gerüstes durch Vinylierung an C^8 wird das konjugierte π-System des Heteroaromaten ausgeweitet und eine Fluoreszenzemission mit einem Maximum bei 405 nm durch eine effiziente Anregung bei 290 nm messbar. Diese Emission ist sehr umgebungssensitiv und wird durch benachbarte Gruppen oder der Ausbildung einer Doppelhelix merkbar beeinflusst. Durch den geringen sterischen Einfluss der Vinyl-Gruppe bleiben die strukturellen und funktionalen Eigenschaften des Guanins erhalten.

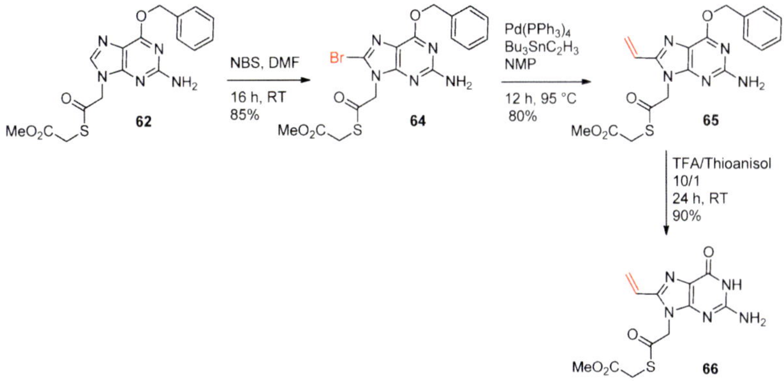

Abb. 32: Darstellung der Synthese des Thioester-funktionalisierten Vinyl-Guanin-Derivates 66 (^{V}G$_{\text{th}}$) für die photochemisch detektierbare selektive dynamische Ligation.

Durch die hohe Umgebungssensitivität der Fluoreszenz sollte sich das Thioester-funktionalisierte Vinyl-Guanin-Derivat als eine ideale Sonde für unsere Untersuchungen auszeichnen. Unter Ausnutzung des Templateffektes des komplementären Gegenstranges sollte eine erfolgreiche Ligation durch eine Abnahme der Fluoreszenz nachweisbar sein. Die Synthese des Vinyl-Derivats **66** geht von dem im Abschnitt zuvor beschriebenen Benzyl-geschützten Guaninthioester **62** aus, der aufgrund der besseren Löslichkeit geeigneter war als das ungeschützte Produkt **63** (Abb. 32). Der Thioester wurde mit *N*-Brom-succinimid (NBS) in DMF über 16 Stunden bei Raumtemperatur an der C^8-Position mit einer Ausbeute von 85% bromiert. Die Einführung der Vinyl-Gruppe erfolgte unter *Stille*-Bedingungen in Toluol bei 95 °C über 12 Stunden. Die Palladium-katalysierte Reaktion unter Verwendung des Tributyl(vinyl)stannans als Vinyl-Quelle verlief erfolgreich mit einer Ausbeute von 80%. Im darauf folgenden Schritt wurde die Benzyl-Schutzgruppe entfernt. Die Thioester funktionalisierte Vinyl-Guanin-Derivat **66** konnte auf diesem Wege in nur zwei zusätzlichen Schritten in guter Ausbeute (90%)

synthetisiert werden und ermöglicht somit einen Fluoreszenz-gestützten Nachweis der Templat-gesteuerten selektiven Ligation des rückgratmodifizierten Oligonukleotids.

5.2.3 Thioester-funktionalisiertes Cytosin-Derivat C_{TE}

Die Synthese des Thioester-modifizierten Cytosin-Derivates wurde in fünf Schritten ausgehend von dem kommerziell erhältlichen Cytosin durchgeführt (Abb. 33).

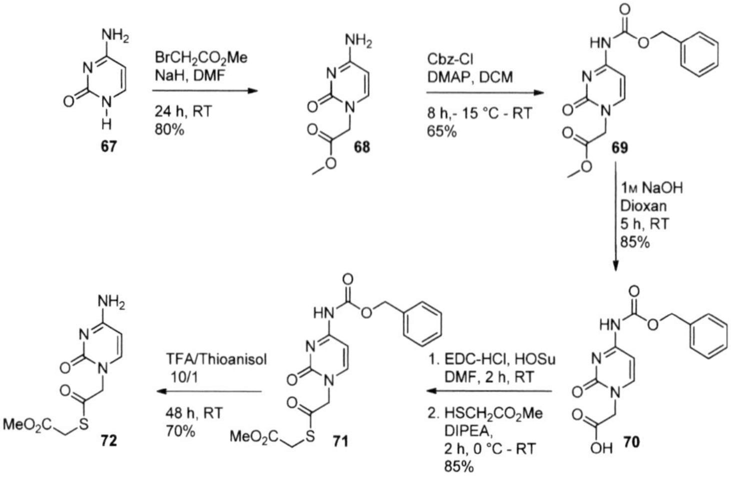

Abb. 33: Darstellung der Synthese des Thioester-funktionalisierten Cytosin-Derivats 72 (C_{TE})für die selektive dynamische Ligation.

Im ersten Schritt fand die Alkylierung des Cytosins an N^1 mit Bromessigsäuremethylester in trockenem DMF statt. Bei der Verwendung von Natriumhydrid als Base konnte diese Synthese mit einer Ausbeute von 80% verwirklicht werden. Die darauffolgende Benzyloxycarbonyl (Cbz)-Schützung des exozyklischen Amins verlief unter Generierung einer reaktiven Spezies aus DMAP und Cbz-Cl in DCM bei -15 °C und der anschließenden Zugabe des Cytosin-Derivats 68. Nach acht Stunden bei Raumtemperatur konnte das Cbz geschützte Cytosin-Derivat 69 weiter zu der Carbonsäure mit einer Natriumhydroxid-Lösung (1 M) in Dioxan verseift werden. Das in einer Ausbeute von 85% erhaltene Produkt 70 wurde anschließend in den Thioester 71 überführt, indem die Carbonsäurefunktion zunächst mit einer Mischung aus EDC-HCl und HOSu in DMF über zwei Stunden aktiviert und anschließend durch Zugabe des Methyl-merkaptoacetats zum Thioester umgesetzt wurde. Das Thioester-funktionalisierte Cbz-geschützte Cytosin-Derivat wurde zur Abspaltung der Benzyl-schutzgruppe in einem Gemisch aus TFA und Thioanisol im Verhältnis 10:1 über zwei Tage bei Raumtemperatur behandelt und das Produkt **72** in einer Ausbeute von 70% erhalten. Die hier dargestellte Synthese des Thioester-funktionalisierten Cytosins ist auch auf das Thymin-Derivat übertragbar. Das Thymin bedarf jedoch keiner zusätzlichen Schützung und kann parallel zu dieser Syntheseroute in vier Schritten ausgehend von Thymin synthetisiert werden.

Anhand der hier dargestellten Synthesestrategien konnten die Thioester-funktionalisierten Derivate der natürlichen kanonischen Nukleobasen (**63**, **66** und **72-74**) erfolgreich synthetisiert werden (Abb. 34). Mit Hilfe dieser Komponenten ist es nun möglich, anhand der reversiblen kovalenten Thiol-Thioester-Austauschreaktion die dynamische Templat-gesteuerte Ligation eines Thiol-modifizierten Oligonukleotids zu untersuchen.

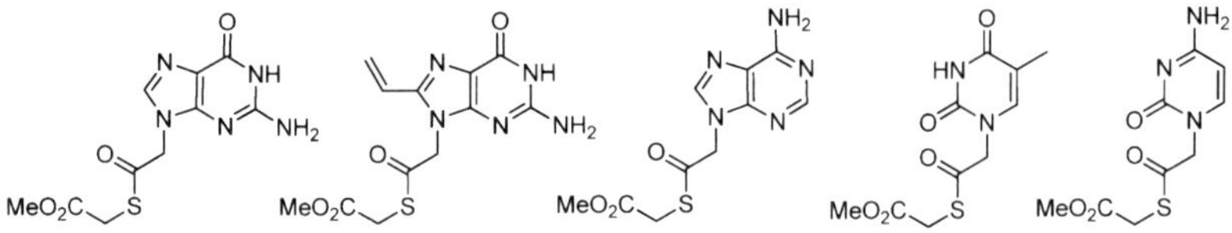

Abb. 34: Darstellung der synthetisierten Thioester-funktionalisierten kanonischen Nukleobasen 63 (G$_{TE}$) und 72-74, (C$_{TE}$, A$_{TE}$, T$_{TE}$) sowie der Vinyl-modifizierten Guanin-Derivats 66 (^{V}G$_{TE}$)das als Fluoreszenzsonde dient.

5.3 Festphasensynthese modifizierter Oligonukleotide

Durch gezieltes Design kleiner, vereinfachter Bausteine und dank der automatisierten Oligonukleotid-Festphasensynthese ist es möglich, komplexe und funktionale oligomere Strukturen aufzubauen. Auf diese Weise wird basierend auf den Vorteilen der natürlichen DNA-Struktur ein multifunktionales und universell einsetzbares Gerüst geschaffen, das in den Bereichen der Bio- und Nanotechnologie neue Anwendungsbereiche ermöglicht. Durch die im Abschnitt 3.5 beschriebenen Syntheserouten können unzählige funktionale Moleküle an den Oligonukleotid-Synthesezyklus an fester Phase angepasst und gezielt integriert werden. In diesem Abschnitt wird die Integration der synthetisierten selektiv-geschützten Thiol-Phosphoramidite in ein Oligonukleotid beschrieben. Außerdem erfolgt eine Beschreibung der Untersuchungen bezüglich der selektiv-geschützten Thiolfunktionen. Mit Hilfe dieser Bausteine soll ein modifiziertes Oligonukleotid generiert werden, das an vorbestimmten Positionen im Rückgrat gezielt und reversibel funktionalisiert werden kann.

Für die Synthese der modifizierten Oligonukleotide wurden mehrere nicht selbstkomplementäre Sequenzen mit einer Länge von 13 Nukleotiden gewählt. Die Position der Modifikation wurde in erster Linie auf die Mitte des Oligonukleotids beschränkt und nur im Falle einer effektiven und effizienten Kupplung des Bausteins auch zum Vergleich an Position 3 im Strang untersucht (Tabelle 2). Die Platzierung des modifizierten azyklischen Bausteins soll bei der Templat-gesteuerten, reversiblen Modifikation gewährleisten, dass der Gegenstrang den Selektionsprozess dirigiert und die Modifikation sich an einer Position mit der höchsten Hybridisierungswahrscheinlichkeit befindet. Auf Grund dessen wurden die modifizierten Bausteine in der Mitte des Oligonukleotids platziert (Oligo1, Oligo2, Oligo4-Oligo7). Eine Mehrfachmodifikation (Oligo3) und eine Modifikation an einer anderen Position (Oligo1[3]) sollten zum Vergleich ebenfalls untersucht werden.

Name	Sequenzabfolge
Oligo1	5´-GCGATA-X-ATAGCG-3´
Oligo1[3]	5´-GCGATACATA-X-CG-3´
Oligo2	5´-CGCTAT-X-TATCGC-3´
Oligo3	5´-CGCTAT-X-TAT-X-GC-3´
Oligo4	5´-CGCATT-X-TTACGC-3´
Oligo5	5´-CGCGCC-X-CCGCGC-3´
Oligo6	5´-TACGTT-X-TTGCAT-3´
Oligo7	5´-TCGATC-X-CTAGCT-3´

Tabelle 2: Darstellung aller synthetisierten Oligonukleotid-Sequenzen mit der Positionierung der modifizierten Bausteine (Kennzeichnung mit **X**).

Die meisten Sequenzen wurden so gewählt, dass an den Enden die stärker paarenden Nukleobasen Guanin und Cytosin den Duplex stabilisieren und in dem Interaktionsbereich die schwächer bindenden Nukleobasen Thymin und Adenin die Ligation an der modifizierten Position ermöglichen sollten. Die Variation der nicht selbstkomplementären Sequenzen diente außerdem der Untersuchung des Einflusses der benachbarten Nukleotide auf die Kupplungseffizienz um eine bestmögliche Einbettung der azyklischen Modifikation zu gewährleisten (Oligo1-Oligo7).

Die Synthese wurde unter Standardbedingungen für modifizierte Oligonukleotide durchgeführt (Kapitel 5.3). Dabei ist die Kupplungszeit der modifizierten Bausteine auf 3 min verlängert worden. Für eine effiziente und bessere Kupplung wurde eine 5-Benzylmerkaptotetrazol-Lösung (0.25 M) als Aktivator verwendet, um eine bestmögliche Reaktivität der Bausteine zu garantieren. Die Detektion und Quantifizierung des freigesetzten Tritylkations der DMT-Schutzgruppe nach jedem Kupplungsschritt ermöglichte eine Autoanalyse der Syntheseeffizienz und zeigte auf, wie gut der Baustein integriert wurde. Zur besseren Trennung und Identifizierung mittels HPLC wurde die letzte DMT-Schutzgruppe am Oligonukleotid belassen. Durch den daraus resultierenden stärkeren hydrophoben Charakter des Oligomers wird bei Verwendung einer RP-C18-Säule das Produkt bei einer höheren Retentionszeit (t_R) von der Säule eluiert und erlaubt somit eine wesentlich bessere Differenzierung zwischen den Abbruchsequenzen und dem modifizierten Volllängenprodukt. Die Trennung wurde an einer Umkehrphasen-C18 Säule mit einem Puffersystem durchgeführt. Die synthetisierten Oligonukleotide wurden mit einer konzentrierten Ammoniumhydroxid-Lösung vom Harz abgespalten und zugleich von den Schutzgruppen der exozyklischen Amine befreit. Falls notwendig, wurde eine postsynthetische selektive Entschützung der Thiolgruppe unter den entsprechenden Bedingungen durchgeführt und das Produkt erneut mittels HPLC aufgereinigt.

5.3.1 Synthese und Entschützung des TMSE-geschützten Oligonukleotids

Der erhaltene TMSE-geschützte Baustein wurde in die nicht selbstkomplementäre Abfolge der Sequenz Oligo1 (5´-GCGATA-X-ATAGCG-3´) eingebracht, die den modifizierten Baustein in der Mitte trägt. Bei der Integration des modifizierten azyklischen Bausteins zeigte die DMT-Kontrolle einen eindeutigen Einbruch der Kupplungseffizienz um etwa 25% nach der erfolgten Kupplung auf Position 7 (Abb. 35a). Die darauffolgenden Kupplungen verliefen wieder stetig und ohne weitere Einbußen der Effizienz. Ein ähnlicher Verlauf der Kupplungseffizienz wurde bei allen durchgeführten Oligomer-Synthesen mit diesem Baustein beobachtet. Dabei ist der Abfall der Effizienz unterschiedlich stark ausgeprägt und liegt im Bereich von 18-35% im Bezug auf die zuvor durchgeführte Kupplung. Die Kupplungseffizienz ist dabei von Faktoren wie der Reinheit des Bausteins und dessen Reaktivität abhängig, aber auch dessen Stabilität und die auftretenden Nebenreaktionen spielen eine wichtige Rolle. Faktoren, welche die Reinheit des Bausteins und der verwendeten Chemikalien betreffen, sind leicht zu vermeiden und zu kontrollieren. Die Auswirkungen der Kupplung werden auch in dem HPLC Spektrum des Produktes nach der Abspaltung von der festen Phase wieder sichtbar. Die weniger hydrophoben und kürzeren Abbruchsequenzen werden in dem gewählten Puffersystem weit vor (t_R = 11-13 min) dem DMT tragende Volllängenprodukt (t_R = 21-22 min) eluiert (Abb. 35b). Die Verhältnisse der Peakintensitäten entsprechen der beobachteten Tendenz der DMT-Kontrolle und zeigen einen großen Anteil an Abbruchsequenzen, die auf eine verminderte Kupplung des azyklischen Bausteins hinweisen. Der Hauptpeak bei t_R = 11 min weist mehrere Abbruchsequenzen auf, die den Massen des halben Stranges mit und ohne den azyklischen Baustein entsprechen. Eine Variation innerhalb der Kupplungseffizienz ist keinesfalls verwunderlich, denn aufgrund der unterschiedlichen chemischen Beschaffenheit der einzelnen Bausteine ist es nicht anders zu erwarten. Selbst die kommerziell erworbenen Phosphoramidit-Bausteine weisen eine unterschiedliche Kupplungseffizienz (T > G > C > A) auf, die sich in jeder DMT-Kontrolle äußert und für einen geringfügigen Abfall der Kupplungseffizienz über den Gesamtverlauf der Synthese sorgt.[173,174] Jedoch ist der Abfall der Kupplungseffizienz des modifizierten Bausteins überdurchschnittlich stark ausgeprägt, wie der Vergleich der Synthese eines nichtmodifizierten Oligonukleotids mit der des an Position 7 modifizierten Oligonukleotids in Abbildung 34a darstellt. Bei einer Oligonukleotidlänge von 13 Nukleotiden ist im Idealfall bei einer Kupplungseffizienz von 99% pro Synthesezyklus nur noch eine Maximalausbeute von 88% möglich. Somit ist eine gute Reaktivität des modifizierten Bausteins für eine hohe Ausbeute unerlässlich. Der chemische Aufbau und die räumliche Ausrichtung der reaktiven Gruppen innerhalb des azyklischen, flexiblen Rückgrat-Bausteins sind Faktoren, die sich auf die

Reaktionsfähigkeit des Bausteines auswirken können. Da die Synthese auf einem CPG-Harz stattfindet, das Poren mit 1000 Å Durchmesser und eine Beladungsdichte von 200 nmol, 20-30 µmol/g hat, ist die Diffusion durch die Poren und die Zugänglichkeit der reaktiven Gruppe von großer Bedeutung. Aufgrund der Größe der azyklischen Bausteine ist die Diffusion zwar gewährleistet, jedoch kann die Ausrichtung der Schutzgruppe die Kupplung sterisch negativ beeinflussen. Die TMSE-Schutzgruppe, die über eine flexible Ethyl-Einheit direkt an das Gerüst gebunden ist und über eine Silyl-Gruppe mit drei Methyl-Einheiten verfügt, könnte die Kupplungseffizienz durch Hinderung des Zugangs der reaktiven Gruppe nachteilig beeinflussen. In der kurzen Zeit des optimierten Kupplungsschrittes kann eine effiziente quantitative Kupplung nicht ermöglicht werden. Eine konsequente Verdopplung der Kupplungszeit des azyklischen Bausteins auf 6 min brachte jedoch keine nennenswerte Verbesserung der Kupplung. Ein Ansatz zur besseren Kupplung des Bausteins wäre eine Doppelkupplung, wobei der Kupplungsschritt zweimal hintereinander durchgeführt wird. Um die Reaktivität und die Kupplungseffizienz der einzelnen Bausteine besser vergleichen zu können, wurde bei allen Ansätzen die Standard-Methode für modifizierte Oligonukleotide verwendet.

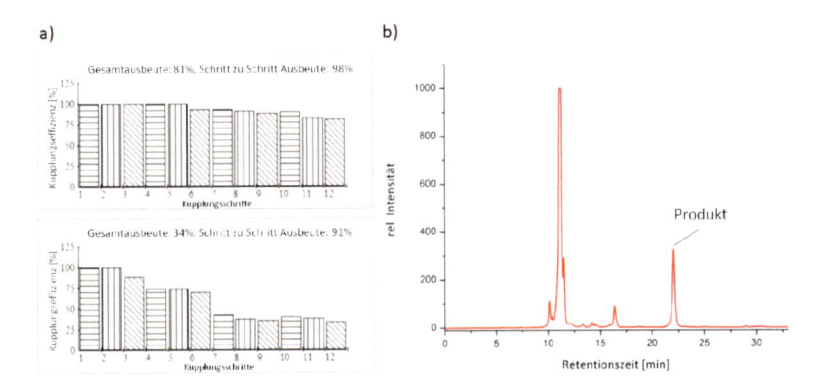

Abb. 35: a) Darstellung der Ergebnisse der DMT-Kontrolle für eine Standardkupplung (oben) und für die Kupplung mit dem modifizierten azyklischen Baustein (unten). b) HPLC-Spektrum (260 nm) des DMT-geschützten, modifizierten Oligonukleotids nach der Festphasensynthese.

Nach HPLC-Aufreinigung wurde die DMT-Schutzgruppe mit einer Essigsäurelösung (80%) innerhalb einer Stunde entfernt und das Produkt massenspektrometrisch analysiert. Die Analyse bestätigte das Vorliegen des modifizierten Produktes ohne Verlust der Thiol-Schutzgruppe oder der Oxidation des Thiols unter den Synthesebedingungen an der festen Phase. Angesichts des erzielten Ergebnisses wird einerseits deutlich, dass der verwendete azyklische Baustein erfolgreich in das Oligonukleotid eingebaut werden konnte und für die Synthese an fester Phase geeignet ist, andererseits jedoch zu einem Einbruch der Kupplungseffizienz führt. In Anbetracht der bereits erwähnten Faktoren, die sich negativ auf die Kupplung auswirken können, ist die chemische Beschaffenheit des Bausteins ebenfalls von großer Bedeutung. Dies könnte eine mögliche Erklärung für die geringe Kupplungseffizienz des Trimethylsilylethan-geschützten Bausteins im Vergleich zu den Standard-Oligonukleotid-Bausteinen sein. Aus diesem Grund werden die Kupplungseffizienzen aller getesteten Bausteine unter dem Aspekt des sterischen Anspruches miteinander verglichen, um gewisse Tendenzen und Auswirkungen bestimmen zu können. Nach der erfolgreichen Synthese des modifizierten Oligonukleotids ist eines der Kriterien für eine effektive Thiolschützung erfüllt. Die TMSE-Schutzgruppe ist stabil unter den Synthesebedingungen an der festen Phase und kann nun selektiv entschützt werden, um die reaktive Spezies des modifizierten Oligonukleotids für die Verwendung in dynamisch reversiblen Prozessen zu generieren. Die TMSE-Schutzgruppe soll durch β-Eliminierung der Silylgruppe mit Hilfe von Tetrabutylammoniumfluorid (TBAF) entschützt werden. *M. Hamm et al.* beschreiben die Spaltung des 2-(Trimethylsilyl)ethylsulfids von Schwefel-modifizierten Adenosin- und Guanosin-Derivaten mit einer TBAF-Lösung (1 M). Bei der beschriebenen Entschützung wurde nach dem Abspalten des Oligonukleotids von dem CPG-Substrat und der Entschützung der exozyklischen Aminogruppen der Nukleobasen das Oligonukleotid mittels HPLC aufgereinigt und mit einer TBAF-Lösung (1 M) in trockenem THF für 30 min bei Raumtemperatur unter Argonatmosphäre inkubiert. Nach erneuter HPLC-Trennung wurde eine Ausbeute von bis zu 92% des entschützten Oligonukleotids beschrieben.[140,143] In unserem Fall führte diese Verfahrensweise jedoch nicht zum gewünschten Ergebnis, da nach durchgeführter Entschützung über 30 min und erneuter HPLC-Aufreinigung nur das geschützte Oligonukleotid massenspektrometrisch nachgewiesen werden konnte. Eine schrittweise Erhöhung der Reaktionszeit bis auf 24 Stunden bei Raumtemperatur hatte keinen signifikanten Einfluss auf das Abspalten der Schutzgruppe. Die erhaltenen HPLC-Spektren zeigten keine Änderung im Verhalten der eluierten Substanzen und die massenspektrometrische Untersuchung der isolierten Verbindungen wies erneut lediglich das geschützte Oligonukleotid nach (Tabelle 3). Als Konsequenz wurde auf andere literaturbekannte Methoden zurückgegriffen, indem eine Erhöhung der Temperatur in Betracht gezogen und die Reaktionszeit auf 2.5-5 Stunden beschränkt wurde.[144] Hierbei wurde das modifizierte Oligonukleotid über den entsprechenden Zeitraum bei einer konstanten Temperatur von 50 °C in einem Thermoschüttler inkubiert, das Lösungsmittel entfernt und das Gemisch anschließend mittels HPLC untersucht. Die resultierenden Spektren wiesen ein sehr unterschiedliches Peak-Muster mit einer verringerten Intensität des geschützten Ausgangsproduktes auf (Abb. 36a). Das entschützte Oligonukleotid konnte jedoch nur in Spuren nachgewiesen werden. Es wurde zusammen mit einem Oligonukleotid-Fragment (t_R = 13-14 min) mit einer Masse-zu-Ladungs-Differenz von m/z = +46 (± 2) coeluiert. Berechnungen zu einer Fragmentierung des Oligonukleotids brachten keinen nachvollziehbaren Ansatz und legten die Vermutung nahe, dass es sich eventuell um das zur Sulfonsäure oxidierte Thiol handeln könnte. Theoretisch entspricht die gefundene Zunahme der Hauptmasse der Summe dreier Sauerstoffatome (ESIMS, M berechnet: 3925.58; M gefunden: 3824.61). Hierbei stellt sich jedoch die Frage, ob die Reaktionsbedingungen wirklich dafür ausreichend sind, das Thiol direkt zur Sulfonsäure zu oxidieren. Dies ist normalerweise nur mit starken Oxidationsmitteln wie H_2O_2 oder Iodid in Anwesenheit von Wasser und Sauerstoff möglich.[175] Des Weiteren muss für diese Art der Oxidation das entschützte Thiol vorliegen, das sofort weiter oxidiert werden kann. Eine Deutung, bei der das geschützte Oligonukleotid unter den gewählten Reaktionsbedingungen entschützt wird und anschließend sofort weiter oxidiert wird, könnte auch erklären, warum das entschützte Produkt nur in Spuren nachgewiesen werden konnte. Außerdem führen die harschen Entschützungsbedingungen zu einer Fragmentierung des Oligomers in wesentlich kleinere und nicht genau identifizierbare Fragmente im Bereich von 1300-1800 g/mol, die bei einer Retentionszeit von t_R = 11-12 min eluiert wurden und auf eine Fragmentierung an der modifizierten Position hindeuten. Die geringe Ausbeute des entschützten Oligomers und die hohe Fragmentierung bei erhöhter Temperatur machen eine selektive und quantitative Entschützung der TMSE-Schutzgruppe nahezu unmöglich.

Aufgrund der ungenügenden Ergebnisse wurde als Alternative das aus der RNA-Synthese bekannte und sehr effiziente Triethylamin Trihydrofluorid (NEt$_3$(HF)$_3$) für die

Synthese des azyklischen Thiol-modifizierten Rückgrat-Bausteins

Entschützung der Silyl-Schutzgruppe unter den beschriebenen Bedingungen getestet.[176,177]

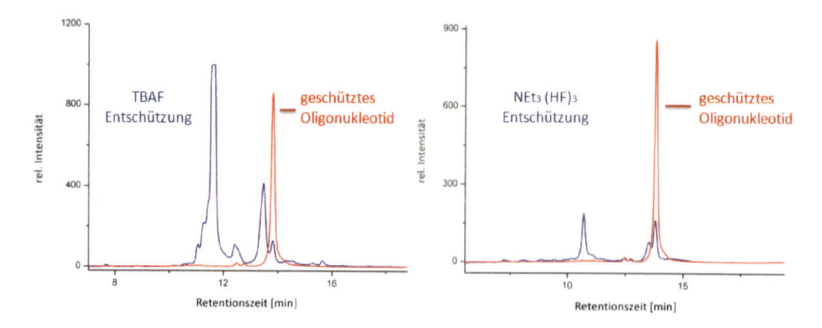

Abb. 36: Darstellung der HPLC-Spektren (260 nm) nach versuchter Entschützung des modifizierten Oligonukleotids mit TBAF und NEt$_3$(HF)$_3$ bei 50 °C. Es sind die Spektren vor (rot) und nach (blau) der Entschützung dargestellt.

Auch in diesem Fall konnte, unabhängig von der Reaktionszeit das Thiol bei Raumtemperatur unter milden Reaktionsbedingungen nicht entschützt werden. Die massenspektrometrische Analyse zeigte hauptsächlich das geschützte Oligonukleotid mit geringfügigen Anteilen kleinerer Fragmente. Die Anwendung von NEt$_3$(HF)$_3$ bei höherer Temperatur (50 °C) führte ebenfalls zur Fragmentierung (Abb. 36b). Die resultierenden Fragmente wiesen zum Teil das nicht-entschützte Oligomer (t_R = 14 min), das möglicherweise oxidierte Oligomer (t_R = 13.8 min) sowie Masse-zu-Ladung-Differenzen auf, die auf eine mehrfach Depurinierung des Oligomers hindeuten könnten (t_R = 11 min).

Bedingungen	1 M TBAF	NEt$_3$(HF)$_3$
30 min RT	keine Reaktion	keine Reaktion
3 h RT	keine Reaktion	keine Reaktion
24 h RT	keine Reaktion	keine Reaktion
2.5 h 50 °C	Fragmentierung/teilentschützt	Fragmentierung/teilentschützt
5 h 50 °C	Fragmentierung/teilentschützt	Fragmentierung

Tabelle 3: Zusammenfassung der getesteten Entschützungsbedingungen mit TBAF und NEt$_3$(HF)$_3$.

Im Vergleich zu der TBAF-Entschützung sind in den separierten Peaks wesentlich mehr Fragmente präsent, die auf eine verstärkte Degradation des modifizierten Oligonukleotids hindeuten. Eine selektive Entschützung des Oligonukleotids ist bei diesen Bedingungen somit ebenfalls nicht möglich.

Um zu untersuchen, ob der Aspekt der Positionierung und der nächsten Nachbarn einen Einfluss auf die selektive Entschützung des azyklischen TMSE-geschützten Bausteins hat, wurde dieser Baustein in vier weitere Oligonukleotid-Sequenzen integriert. Die Oligo1^3-Sequenz beinhaltete die Modifikation an Position 3 und sollte klären, ob die Positionierung des Bausteins weiter entfernt von der Mitte die Schutzgruppe besser zugänglich macht. Da das Oligonukleotid in Lösung in einer zufällig gewundenen Anordnung vorliegt, wäre eine Abschirmung der mittleren Position denkbar. Eine Positionierung der Modifikation an einer früheren Position im Synthesezyklus des 13mers hatte einen geringeren Einfluss auf die Kupplungseffizienz als die Positionierung in der Mitte. Der Einbruch der Kupplungseffizienz erfolgte etwas stärker bei der darauffolgenden Kupplung, blieb jedoch über den Rest der Synthese konstant (Abb. 37a). Das erhaltene HPLC-Spektrum des DMT-geschützten Produktes wies einen im Verhältnis wesentlich intensiveren Produkt-Peak bei t_R = 21 min auf als es bei der Positionierung in der Mitte des Stranges der Fall war (Abb. 37b). Dies spiegelte sich auch in der Ausbeute des modifizierten Oligonukleotids wider, die mit 45% eine eindeutige Verbesserung darstellt.

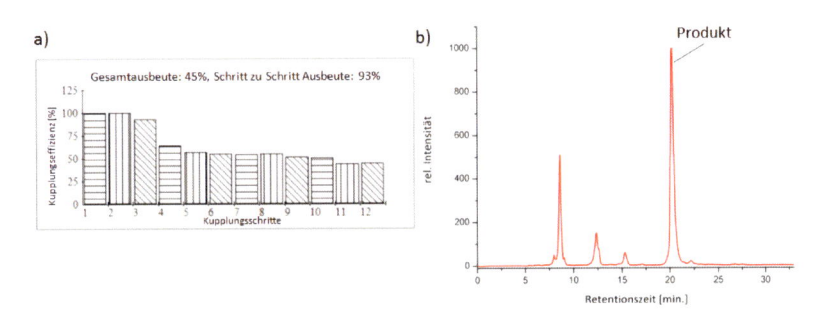

Abb. 37: a) Darstellung der DMT-Kontrolle der Oligo1^3 Synthese, b) Darstellung des HPLC-Spektrums von Oligo1^3 (260 nm).

Trotz der verbesserten Ausbeute und der für die Kupplungseffizienz günstigeren Platzierung des Bausteins näher am 3´-Ende des Oligonukleotids, blieben auch in diesem Fall die Entschützungs-Ansätze erfolglos. Bei den milden Bedingungen konnte immer noch keine eindeutige Entschützung beobachtet werden und es lag vorwiegend das geschützte Produkt vor.

Die Integration des TMSE-geschützten Bausteins in die Oligonukleotide Oligo2 und Oligo4 bis Oligo7 (Tabelle 2) mit einer variablen Sequenz und der unterschiedlichen direkten Nukleotid-Nachbarn (T-X-T; A-X-A; C-X-C usw.) zeigte keine signifikante Änderung der Kupplungseffizienz. Die Unterschiede in den Kupplungen an die Purin- und Pyrimidin-Nukleotide waren zu gering, als dass eine bevorzugte Kupplungsabfolge bestimmen werden konnte. Bei jeder Kupplung des modifizierten azyklischen Bausteins in der Mitte des Oligonukleotids, kam es zu einem signifikanten Effizienz-Einbruch.

Beide getesteten Methoden haben sich für eine selektive Entschützung als ungeeignet erwiesen, da bei milden Bedingungen keine Entschützung zu beobachten war und die erhöhte Temperatur zu einer Fragmentierung führte (Tabelle 3). Die Anteile an dem entschützten Oligomer waren zudem sehr gering und schwer von dem geschützten Edukt zu separieren. Auch wenn die TMSE-Schutzgruppe sich während der Festphasensynthese als stabil erwiesen hat, so sind die Schwierigkeiten bei der selektiven Entschützung unverkennbar und deklarieren diese Schutzgruppe als ungeeignet für den von uns verfolgten Ansatz.

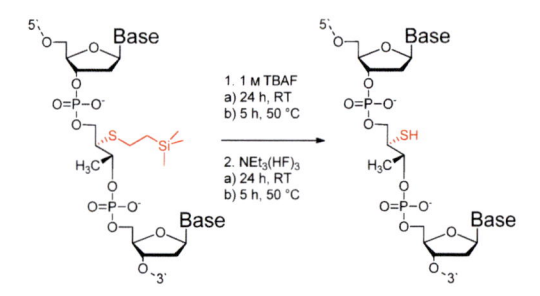

Abb. 38: Darstellung der versuchten selektiven Entschützung der TMSE-Schutzgruppe mit TBAF und NEt$_3$(HF)$_3$.

Diese Ergebnisse könnten darin begründet sein, dass die β-Eliminierung an Sulfiden weniger bevorzugt abläuft als bei den entsprechenden Sauerstoffverbindungen. Die Elektronegativität des Schwefels ist ähnlich der des Kohlenstoffs und somit resultiert für die C-S Bindung eine wesentlich niedrigere Polarisation als für die C-O Bindung. Dadurch kann selbst unter harschen Bedingungen die Spaltung des 2-(Trimethylsilyl)ethylthioethers mit TBAF und $NEt_3(HF)_3$ nicht effizient durchgeführt werden (Abb.38). Bei den, in der Literatur beschriebenen Beispielen handelt es sich außerdem um Purin-Nukleobasen, die durch Resonanzwechselwirkungen des freien Elektronenpaars des Schwefels mit den π-Elektronen des Aromaten die β-Eliminierung ermöglichen. In unserem Fall liegt jedoch ein azyklisches Gerüst vor, das keinerlei Polarisierung auf das Sulfid ausübt. Diese Problematik wurde auch von *Chambert et al.* und *Fuchs et al.* beschrieben, die in ihren Untersuchungen die Verwendung der TMSE-Schutzgruppe in der Synthese von modifizierten Nukleo-siden.[144,148,178] Ein daraus resultierender möglicher Ansatz ist die Entschützung in zwei Schritten, wobei das Sulfid erst in ein Disulfid überführt wird, um anschließend das Disulfid reduktiv zum Thiol zu spalten. Diese Verfahrensweise ist jedoch aufwendig, da zwei zusätzliche Schritte postsynthetisch am Oligonukleotid durchgeführt werden müssen und die Löslichkeit der Komponenten sowie geeignete Reaktionsbedingungen gewährleistet sein müssen. Abgesehen von den möglichen Nebenreaktionen ist mit Verlusten des Oligonukleotid-Produktes bei der Aufreinigung zu rechnen. Der damit verbundene Aufwand und die geringe Erfolgsaussicht auf das entschützte modifizierte Oligonukleotid sprechen gegen die Verwendung der TMSE-Schutzgruppe für das azyklische Thiol. Auch wenn die Schutzgruppe aufgrund ihrer Stabilität gegenüber Basen und Säuren ideal für eine Oligonukleotid-Festphasensynthese zu sein scheint, so konnte das selektive Freisetzten der Funktionalität des Schwefels leider nicht erzielt werden. Die notwendigen Bedingungen sind zu hart und für die Verwendung mit Oligonukleotiden nicht geeignet. Eine effiziente Nutzung des modifizierten Oligonukleotids unter diesen Bedingungen kann somit nicht garantiert werden.

5.3.2 Synthese und Entschützung des Cyanoethyl-geschützten Oligonukleotids

Der erhaltene Cyanoethyl-geschützte Baustein **17** wurde in der Festphasensynthese des Oligo1 Oligonukleotids verwendet und auf seine Eignung hin untersucht. Wie zuvor beschrieben, wurde der azyklische Baustein vorerst in die Mitte der 5´-GCGATA-X-ATAGCG-3´ Sequenz integriert. Im Gegensatz zur TMSE-Schutzgruppe zeigte die DMT-Kontrolle keinen signifikanten Einbruch in der Kupplungseffizienz direkt nach der Kupplung des modifizierten Bausteins (Abb. 39a). Die höhere Kupplungseffizienz äußerte sich in einer fast doppelt so hohen theoretischen Ausbeute im Vergleich zu dem TMSE-geschützten Baustein und unterstreicht die effektive Kupplung bei den gewählten Synthesebedingungen. Die Synthese des Oligonukleotids verlief ohne signifikante Beeinträchtigung der Kupplungseffizienz, mit einer erfolgreichen Integration des azyklischen Bausteins. Im Vergleich zu den anderen getesteten Schutzgruppen ist der Cyanoethyl-Rest aufgrund der freien Rotation um die C-C-Einfachbindungen ähnlich flexibel wie die TMSE-Schutzgruppe, jedoch sterisch weniger anspruchsvoll. Die bessere Kupplungseffizienz gegenüber dem sterisch wesentlich anspruchsvolleren Trimethylsilylethan-Rest ist ein Indiz dafür, dass die sterische Beschaffenheit der Schutzgruppe einen nicht vernachlässigbaren Einfluss auf die Kupplungseffizienz haben kann. Dieser Einfluss könnte signifikante Auswirkungen haben, zumal der azyklische Baustein wesentlich flexibler ist als das starre Gerüst des Ribose-Zuckers mit seiner definierten Ausrichtung der funktionalen Gruppen. Um zu klären, in wie weit dieser Umstand wirklich zur besseren oder schlechteren Kupplungseffizienz beiträgt, wird in weiteren Untersuchungen auf den Zusammenhang zwischen dem sterischen Anspruch der Schutzgruppe und der Kupplungseffizienz verstärkt Bezug genommen.

Die basenlabile Cyanoethyl-Schutzgruppe ist ein vielversprechender Kandidat, da die Abspaltung des synthetisierten Oligonukleotids vom CPG-Harz am Ende einer automatisierten Oligonukleotid-Synthese unter basischen Bedingungen verläuft. Aufgrund dessen wurde versucht, das Cyanoethyl-geschützte Thiol direkt nach der Synthese simultan zur Abspaltung von Harz zu entfernen. Eine Schutzgruppenstrategie, bei der sowohl die exozyklischen Amin- als auch die Phosphat- und Thiol-Schutzgruppen in einem Schritt unter gleichen Bedingungen entfernt werden können, ist von großem Vorteil und würde den Arbeitsaufwand minimieren. *M. S. Christophersen et al.* beschreiben eine effiziente Entschützung eines 6-Thioguanosin-Derivates direkt nach der Festphasensynthese in einer konzentrierten Ammoniumhydroxid-Lösung bereits in vier Stunden bei Raumtemperatur.[159] In unserem Fall wurde das Oligonukleotid-tragende Harz bei Standardbedingungen in einer konzentrierten Ammoniumhydroxid Lösung

(33%) für 14 h bei 60 °C inkubiert. Auf diese Weise sollte sichergestellt werden, dass nicht nur die Cyanoethyl-Schutzgruppe entfernt wird, sondern auch alle weiteren Schutzgruppen restlos abgespalten werden. Der Rückstand wurde anschließend im TEAA Puffer aufgenommen und mittels HPLC untersucht. Das HPLC Spektrum zeigte das DMT geschützte Produkt bei einer Retentionszeit von t_R = 21 min (Abb. 39b). Die Intensität des Produktes spiegelt die bessere Ausbeute und Kupplungseffizienz des Bausteins wider, da der Produkt-Peak intensiver als die auftretenden Abbruchsequenzen bei t_R = 11-14 min und wesentlich intensiver als der zuvor diskutierte TMSE-Produkt-Peak ist.

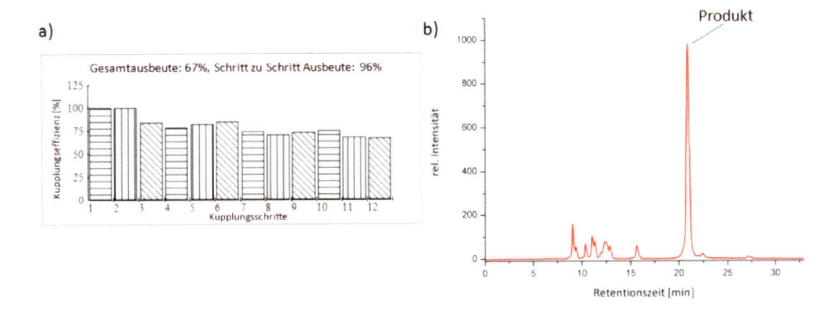

Abb. 39: a) Kupplungseffizienz des EtCN-geschützten Bausteins, b) HPLC Spektrum (260 nm) des DMT-geschützten Oligomers nach der Festphasensynthese.

Nach erfolgter DMT-Entschützung wurde das erhaltene Oligonukleotid massenspektrometrisch untersucht, jedoch konnte keine Entschützung des Thiol-modifizierten Bausteins nachgewiesen werden. Das Massenspektrum zeigte ausschließlich das geschützte Oligonukleotid ohne Anzeichen einer Fraktionierung oder Oxidation, geschweige denn des Vorliegens eines Disulfid-verbrückten Oligomers. Somit konnte die Entschützung der Cyanoethyl-Gruppe unter Standardbedingungen beim Abspalten vom Harz nicht verwirklicht werden. Das erneute Behandeln des modifizierten nochgeschützten Oligonukleotids in einer konzentrierten Ammoniaklösung für weitere 3-14 Stunden bei 60 °C hatte keine Entschützung des Oligonukleotids zur Folge (Abb. 40a). Einen Erklärungsansatz bietet die Möglichkeit, dass der durch die β-Eliminierung entstehende Michael-Akzeptor Acrylnitril unter den stark basischen Bedingungen mit dem freigesetzten stark nukleophilen Thiol wieder zurück zum Thioether reagiert (Abb.

40b). Gerade bei der simultanen Abspaltung der Thiol-Schutzgruppe mit der Entschützung und Abspaltung des Oligonukleotids vom Harz enthält die Lösung einen sehr hohen Anteil an Acrylnitril, das durch die Entschützung des Phosphodiesters frei wird. Dadurch wird eine erneute Reaktion des reaktiven Thiolatanions zum Teil unvermeidbar. Unter diesen Bedingungen wird die Entschützung zu einer nicht kontrollierbaren reversiblen Reaktion.

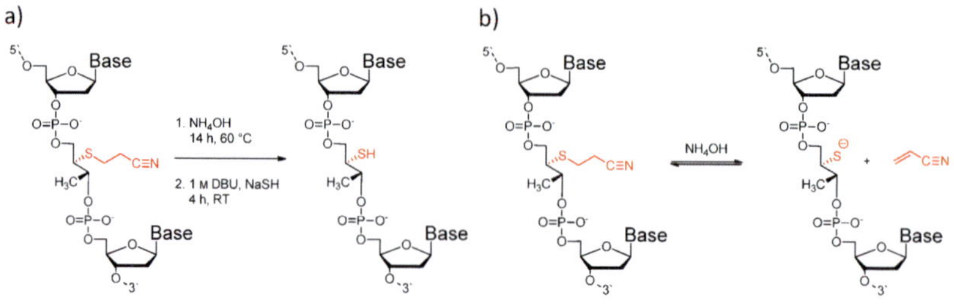

Abb. 40: a) Darstellung der durchgeführten Entschützungsansätze für die Cyanoethyl-Schutzgruppe b) Darstellung der möglichen reversiblen Abspaltung der Cyanoethyl-Schutzgruppe.

Folglich muss das Acrylnitril entweder selektiv aus der Lösung entfernt oder ein zusätzliches Nukleophil als *Scavenger* genutzt werden, das in einer Konkurrenzreaktion mit dem Acrylnitril abreagiert. R. S. Coleman et al. konnten bei ihren Untersuchungen zur Synthese von 4-Thiouridin-Derivaten die Cyanoethyl-Schutzgruppe in einem Zweischrittverfahren effektiv entfernen.[162,163] Bei dieser Methode wurde das modifizierte Oligonukleotid noch am Harz mit einer DBU Lösung (1 M) in trockenem Acetonitril drei Stunden bei 25 °C behandelt. Das Harz wurde mehrmals mit Acetonitril gespült und im darauffolgenden zweiten Schritt wurde nach der Standard-Ammoniumhydroxid-Methode verfahren. R. Raz und J. Rademann beschreiben einen ähnlichen Ansatz, in dem sie Natriumhydrogensulfid als nukleophilen *Scavenger* verwendeten, um das freigesetzte Acrylnitril zu neutralisieren.[162,179] Aufbauend auf diesen Ergebnissen wurde im nächsten Ansatz die Entschützung in zwei Schritten durchgeführt. Dabei wurde das modifizierte Oligonukleotid am Harz in einer DBU Lösung in trockenem Acetonitril in Anwesenheit von Natriumhydrogensulfid NaSH für drei Stunden bei Raumtemperatur inkubiert und anschließend das Harz dreimal mit Acetonitril gespült. Dabei wird durch das DBU die β-Eliminierung selektiv am Cyanoethyl-geschützten Baustein eingeleitet und das entstehende Acrylnitril reagiert sofort mit dem Natriumhydrogensulfid zum entsprechenden Thiol. Auf diese Weise wird eine Rückreaktion unterbunden und das Thiol des azyklischen Bausteins entschützt. Durch das Waschen wurden alle sich in Lösung befindlichen Bestandteile entfernt und das Harz im zweiten Schritt in einer konzentrierten Ammoniumhydroxid-Lösung aufgenommen und 14 Stunden bei 60 °C behandelt, um das Oligonukleotid vom Harz zu spalten und die Amin-Schutzgruppen zu entfernen. Anschließend wurde das Produkt mittels HPLC untersucht (Abb. 41b).

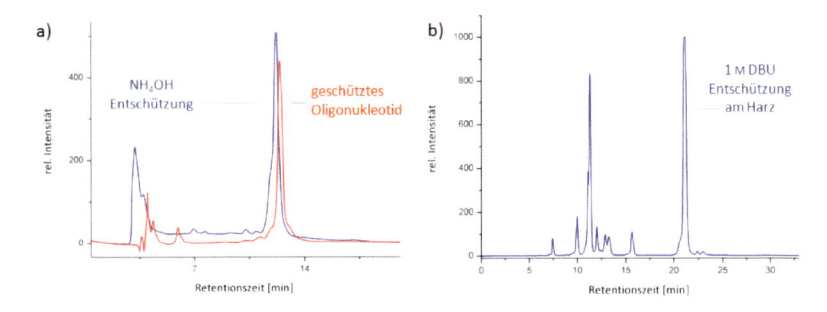

Abb. 41: Darstellung der HPLC-Spektren (260 nm) vor (rote) und nach (blaue)der versuchten Entschützung mit a) einer konzentrierten Ammoniumhydroxid-Lösung und b) in zwei Schritten mit 1 M DBU in Anwesenheit von NaSH und anschließender Abspaltung von Harz mit einer Ammoniumhydroxid-Lösung.

Das dargestellte HPLC-Spektrum zeigt den Hauptpeak des DMT-geschützten Oligonukleotids bei einer Retentionszeit von 21 min, wobei die Intensität der Abbruchsequenzen (t_R = 10-14 min) wesentlich stärker ausgeprägt war als ohne Entschützung am Harz (Abb. 39b). Nach der chromatographischen Aufreinigung wurde das Oligonukleotid DMT-entschützt und massenspektrometrisch untersucht. Der Hauptanteil der aufgelösten Massen-zu-Ladung-Verhältnisse entsprachen dem-geschützten Oligomer und nur ein geringer Anteil wies die Masse des entschützten Oligonukleotids auf. Dies konnte auch bei wiederholten Durchführungen beobachtet werden, so dass eine quantitative Entschützung in keinem der Fälle verwirklicht werden konnte. Weiterhin gelang es nicht, das entschützte Produkt von dem Großteil des-geschützten Oligomers mittels HPLC zu trennen, da beide bei einer ähnlichen Retentionszeit eluiert wurden. Der Versuch durch einen optimierten Gradienten die chromatographische Trennung zu erreichen blieb ohne Erfolg.

Auch in diesem Fall wurde versucht, den Cyanoethyl-geschützten Baustein in weitere Sequenzen einzubauen, um die Entschützung in Abhängigkeit von der Position zu untersuchen. Aufbauend auf den Ergebnissen der TMSE-geschützten Bausteine wurde die Oligo1[3] Oligonukleotid-Sequenz gewählt, welche die Modifikation an Position 3 trägt und sich als effizient bei der Kupplung erwiesen hatte.

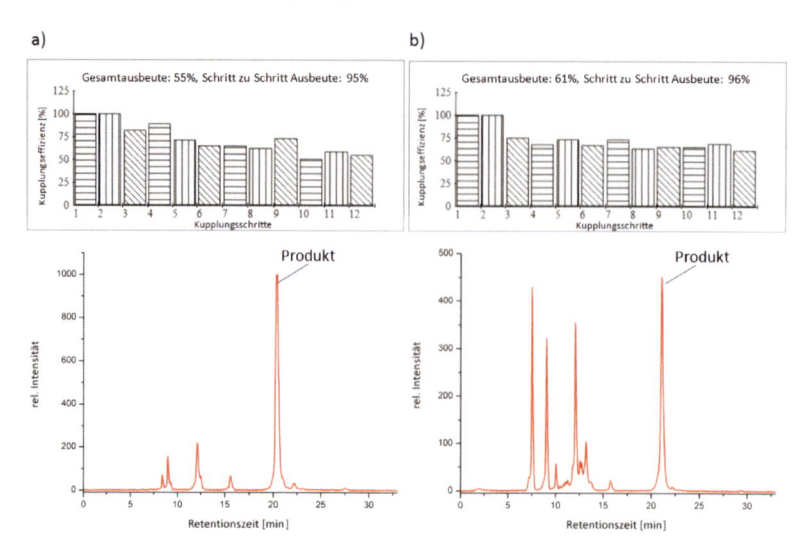

Abb. 42: a) Darstellung der Kupplungseffizienz und des HPLC-Spektrums (260 nm) der Oligo1[3]-Synthese mit dem Cyanoethyl-geschützten Baustein. b) Darstellung der Kupplungseffizienz und des HPLC-Spektrums der Oligo3-Synthese mit der zweifachen Modifikation des Cyanoethyl-geschützten Bausteins.

Im Falle der Cyanoethyl-Schutzgruppe wurde zudem versucht, die Schutzgruppe mehrmals in einen Oligonukleotidstrang zu integrieren, um ein mehrfach funktionalisiertes Oligonukleotid zu synthetisieren und die Auswirkungen auf die Kupplungsintensität zu untersuchen. Dazu wurde die Oligo3-Sequenz gewählt, welche die Modifikation an Positionen 3 und 7 trug (Tabelle 2). In beiden Fällen verlief die Synthese gut und es gelang, beide Oligonukleotide zu synthetisieren (Abb. 42). Das Entscheidende hierbei ist, dass die EtCN-Schutzgruppe, wie auch bei der Festphasensynthese des Oligo1-Oligonukleotids, keine signifikante Veränderung der Kupplungseffizienz aufwies. Selbst bei der mehrfachen Kupplung des modifizierten Bausteins innerhalb eines Oligonukleotids kann eine theoretische Ausbeute von 61% erzielt werden (Abb. 42b). Die HPLC-Spektren zeigen lediglich einen größeren Anteil an Abbruchsequenzen bei dem Oligo3-Oligomer, was bei einer mehrfachen Modifikation zu erwarten ist. Die Modifikation an Position 3 ist vergleichbar mit der an Position 7 und ist mit einer theoretischen Ausbeute von 55% effizienter als die vergleichbaren Ausbeuten der TMSE-geschützten Bausteine (Abb. 42a). Diese Ergebnisse unterstreichen die gute Kupplungseffizienz der Cyanoethyl-Schutzgruppe und zeigen, dass sie sich gut in die Festphasensynthese integrieren lässt.

Beide Oligonukleotide wurden unter den zuvor beschriebenen Bedingungen sowohl am Harz in zwei Schritten als auch postsynthetisch entschützt. Die Entschützung mit Ammoniumhydroxid war in beiden Fällen ineffektiv. Die massenspektrometrische Analyse wies nur das geschützte Oligonukleotid nach und selbst im Fall des Oligo3 Oligomers wurde keine Fraktionierung beobachtet. Die Entschützung am Harz in zwei Stufen führte zu einer teilwesen Entschützung des Oligo1[3] Oligonukleotids mit großen Bestandteilen des geschützten Eduktes. Der Oligomer Oligo3 wies kein entschütztes Produkt auf, hatte jedoch einen wesentlich größeren Anteil an kleineren Fragmenten, die neben dem-geschützten Edukt massenspektrometrisch nachgewiesen wurden. Auch in diesen beiden Fällen traten die zuvor beschriebenen Probleme bei der Trennung der Produkte auf und es sind dieselben Gründe für die ineffiziente Entschützung verantwortlich.

Der Cyanoethyl-geschützte azyklische Baustein konnte sehr effizient in die Oligonukleotide integriert werden. Selbst eine mehrfache Modifikation innerhalb eines Oligonukleotids hatte keinen Einfluss auf die Kupplungseffizienz und die Gesamtausbeute. Eine Entschützung des Thiols konnte jedoch nur teilweise in einem zweistufigen Verfahren am Harz verwirklicht werden. Die Schwierigkeit der selektiven Trennung des Produktes mittels HPLC erschwert die Anwendung des modifizierten Oligonukleotids bei der Untersuchung der dynamischen Rückgrat-Modifikation. Die effiziente und quantitative Entschützung des Thiols konnte, wie bereits im Fall der TMSE-Schutzgruppe, nicht verwirklicht werden.

5.3.3 Synthese und Entschützung des Trityl-geschützten Oligonukleotids

Der erfolgreich synthetisierte Trityl geschützte Baustein wurde anschließend in der Festphasensynthese des Oligo1 Oligonukleotids verwendet. Die zuvor getesteten Sequenzen Oligo1^3 und Oligo3 zeigten keine nennenswerte Verbesserung der Entschützung und wurden aus diesem Grund bei dieser Synthese nicht weiter berücksichtigt. Wie zuvor beschrieben, wurde der azyklische Baustein in die Mitte der 5´-GCGATA-X-ATAGCG-3´ Sequenz integriert. Die DMT-Kontrolle zeigte im Gegensatz zu der Cyanoethyl-Schutzgruppe einen signifikanten Einbruch in der Kupplungseffizienz, selbst im Vergleich mit der TMSE-Schutzgruppe war die Kupplungseffizienz gering (Abb. 43a). Direkt nach der Kupplung des modifizierten Bausteins war ein eindeutiger Einbruch von fast 50% zu beobachten, der repräsentativ für den Großteil der durchgeführten Kupplungen war. Die geringe Kupplungseffizienz äußerte sich in einer theoretischen Ausbeute von lediglich 28% und gehört somit zu den niedrigsten Ausbeuten aller getesteten azyklischen Bausteine. Schließt man die Einflüsse der verwendeten Reagenzien aus, so ist dieser Umstand durch den sterischen Anspruch, der aus drei Phenylgruppen bestehenden Schutzgruppe zu erklären. Es ist durchaus denkbar, dass zwei sterisch anspruchsvollen Schutzgruppen, wie die DMT- und die Trityl-Gruppe die reaktive Gruppe stärker abschirmen und schlechter zugänglich machen. Insbesondere am Harz könnten durch die hohe Beladungsdichte sterisch anspruchsvolle Komponenten die Reaktivität hemmen. In Anbetracht der optimierten, sehr kurzen Kupplungszeiten könnte sich dieser Umstand zum Nachteil entwickeln, denn eine effektive Kupplung bräuchte wesentlich mehr Zeit.

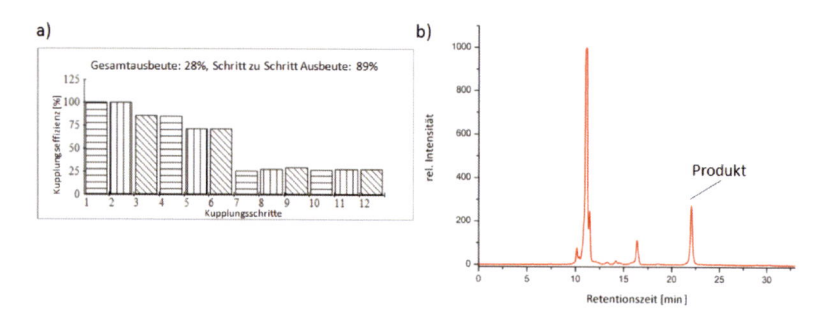

Abb. 43: a) Darstellung der Kupplungseffizienz des Trityl-geschützten Bausteins. b) HPLC Spektrum (260 nm) des DMT-geschützten Produktes nach der Festphasensynthese.

Nach der Abspaltung vom Harz wurde das Produkt chromatographisch untersucht. Das HPLC-Spektrum zeigte das DMT-geschützte Produkt bei einer Retentionszeit von t_R = 22 min (Abb. 43b). Die Intensität des Peaks des Produktes spiegelt die schlechte Ausbeute und die geringe Kupplungseffizienz des Bausteins wider, da der DMT-geschützte Produkt-Peak in seiner Intensität wesentlich kleiner ausfällt als die auftretenden Abbruchsequenzen bei t_R = 10-12 min. Der Trityl-geschützte Baustein weist somit eine der schlechtesten Kupplungseffizienzen aller zuvor getesteten azyklischen Bausteine auf. Nach erfolgter DMT-Entschützung wurde das erhaltene Oligonukleotid massenspektrometrisch untersucht. Die Analyse lieferte einen eindeutigen Nachweis der erfolgreichen Synthese des modifizierten Oligonukleotids ohne Anzeichen einer Fraktionierung oder Oxidation.

Die Trityl-Schutzgruppe wird meist durch starke protonische Säuren entschützt, es besteht jedoch die Möglichkeit die hohe Affinität des Schwefels gegenüber Schwermetallen wie Silber oder Quecksilber auszunutzen und eine mildere Alternative der selektiven Entschützung ohne Schädigung des Oligonukleotids anzuwenden. Bei der Verwendung starker Säuren besteht die Gefahr der Depurinierung durch Säure katalysierte Hydrolyse der glykosidisch gebundenen Nukleobase und der darauffolgenden Phosphodiester-Spaltung. Dies würde zu einer starken Fragmentierung des Oligonukleotids führen. Die von *W. J. Leanza* und *R. A. Volkmann et al.* beschriebene wesentlich mildere Entschützungsstrategie basiert auf der Behandlung des geschützten Thiols mit Silbernitrat (AgNO$_3$) unter Ausbildung des Silber(I)-Derivats.[129,139,140] Das gebildete Silber(I)-Derivat kann anschließend weiter funktionalisiert werden oder unter Verwendung von Hydrogensulfid in das entsprechende Thiol überführt werden. *L. Michele et al.* verwenden die Trityl-Schutzgruppe bei der Synthese des 2´-Deoxy-2´merkapto-cytidin. Das sich an der 2´-Position befindliche Trityl-geschützte Thiol kann sehr effektiv postsynthetisch unter Verwendung von AgNO$_3$ erst in den Ag$^+$-Komplex und anschließend mit DTT in das 2´-Merkapto-Derivat überführt werden.[140] Das DTT überführt nicht nur das Thiolatanion in das Thiol, sondern fällt auch als schwerlöslicher Ag$^+$/DTT Komplex aus, der auf diese Weise recht einfach von dem sich in Lösung befindlichen Oligonukleotid entfernt werden kann. Aufbauend auf diesen Erkenntnissen wurde das modifizierte Oligonukleotid ohne Verlust der Trityl-Schutzgruppe in einer Essigsäurelösung (80%) über eine Stunde bei Raumtemperatur DMT-entschützt. Anschließend wurde das Oligonukleotid in einer Lösung aus AgNO₃ in einem TEAA-Puffer (pH 7) aufgenommen und für 30 min bei Raumtemperatur inkubiert. Darauffolgend wurde eine wässrige Lösung aus DTT zugegeben und das erhaltene Gemisch für weitere 10 min inkubiert. Dadurch sollte mittels AgNO₃ der Ag⁺-Komplex gebildet und dieser mit DTT unter Bildung des Ag⁺/DTT-Koplexes aufgelöst werden.

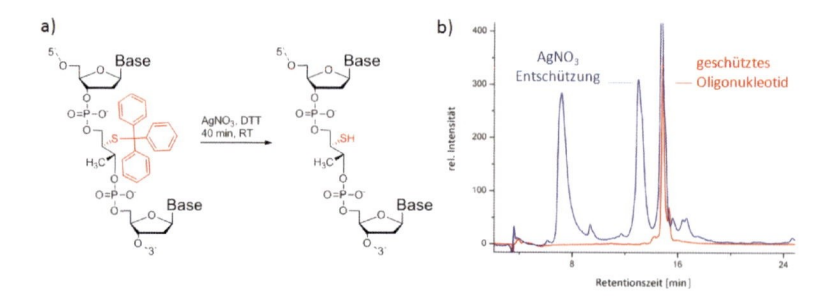

Abb. 44: a) Darstellung der Trityl-Entschützung des modifizierten Oligonukleotids mit AgNO₃/DTT, b) Darstellung des HPLC-Spektrums vor (rot) und nach (blau) der Entschützung.

Nach Abtrennung des Ag⁺/DTT-Komplexes durch mehrmaliges Zentrifugieren wurde der Oligonukleotid tragende Rückstand mittels HPLC untersucht (Abb. 44b). Das erhaltene HPLC-Spektrum zeigt im Vergleich zum Spektrum des reinen geschützten Produktes zwei zusätzliche Peaks, bei Retentionszeiten von t_R = 7 und 12 min. Die massenspektrometrische Untersuchung zeigte für den Peak bei t_R = 7 min keinerlei Massen, die auf ein Oligonukleotid oder kleinere Fragmente dessen hindeuteten. Die Substanz bei der Retentionszeit von t_R = 12 min konnte ausschließlich dem entschützten Produkt, ohne weitere Fragmente zugeordnet werden. Neben dem entschützten Produkt wurde hauptsächlich das geschützte Edukt gefunden, das bei einer Retentionszeit von t_R = 15 min eluiert wurde (Abb. 44b). Diese Methode zeigt, dass der azyklische Thiol-modifizierte Baustein ansatzweise selektiv entschützt werden kann. Eine Erhöhung der Inkubationszeit mit der AgNO₃-Lösung auf eine Stunde brachte keine signifikante Veränderung des Verhältnisses zwischen dem entschützten und dem geschützten Oligonukleotid. Die Ausbeute an entschütztem Produkt wurde zudem durch die Tatsache, dass bei der Fällung des Ag⁺/DTT-Komplexes ein Großteil des Oligonukleotids an dem Komplex haften bleibt, verringert. Selbst bei wiederholtem Spülen konnte das Produkt nicht in Lösung gebracht werden. Die für die effektive Fällung notwendige Zentrifugation sorgt zusätzlich dafür, dass sich ein Teil des Oligonukleotids am Boden absetzt und nicht vom gefällten Komplex getrennt werden kann. Das vorsichtige Dekantieren oder Abpipettieren ist wenig aussichtsreich. Gepaart mit der zu Beginn erwähnten schlechten Kupplungseffizienz des Bausteins ist diese Methode trotz der teilweise erfolgreich durchgeführten Entschützung aus ökonomischen Aspekten nicht praktikabel und nicht vielversprechend.

5.3.4 Synthese und Entschützung des O-Ethyl-dithiocarbonyl-geschützten Oligonukleotids

Nach der erfolgreichen Festphasensynthese der zuvor beschriebenen Bausteine wurde auch der synthetisierte O-Ethyl-dithiocarbonyl-geschützte Baustein in der Festphasensynthese des Oligo1-Oligonukleotids verwendet und auf seine Eignung hin untersucht. Wie zuvor beschrieben, wurde der azyklische Baustein in die Mitte der 5´-GCGATA-X-ATAGCG-3´-Sequenz integriert. Hierbei ging es in erster Linie darum, zu überprüfen, ob diese in der Oligonukleotid-Chemie bisher unbekannte Schutzgruppe den Bedingungen der Synthese an fester Phase stabil ist. Die DMT-Kontrolle zeigte eine sehr gute Kupplungseffizienz, die vergleichbar mit dem Cyanoethyl-geschützten Baustein ist (Abb. 45a). Direkt nach der Kupplung des modifizierten Bausteins war lediglich ein minimaler Abfall der Kupplungseffizienz von unter 10% zu beobachten und selbst dieser ist in dem fortgeschrittenen Zyklus normal. In Anbetracht der zuvor beschriebenen Cyanoethyl-Schutzgruppe sind die Kupplungseffizienzen der beiden funktionalisierten Bausteine sehr ähnlich. Der chemische Aufbau und die daraus resultierende räumliche Orientierung beeinflussen in beiden Fällen die Kupplungseffizienz nicht nachteilig. Die hohe Kupplungseffizienz führt zu einer hohen theoretischen Ausbeute von 62% und war eine der besten unter den getesteten Bausteinen. Direkt nach der Synthese wurde die Abspaltung vom Harz durchgeführt und das Produkt mittels HPLC untersucht. Hierbei wurde untersucht, ob die Schutzgruppe unter diesen Bedingungen stabil ist und zusammen mit dem Rest der Schutzgruppen entfernt werden kann. Es besteht die Möglichkeit, dass Xanthogenate durch Aminolyse gespalten und dabei das Thiol freigesetzt werden kann.[180] Das resultierende HPLC-Spektrum zeigte das DMT-geschützte Produkt bei einer Retentionszeit von t_R = 22.5 min als einen intensiven Peak, der im Vergleich zu den TMSE- und Trityl-geschützten Bausteinen stärker ausgeprägt war

(Abb. 45b). Die Intensität des Produkt-Peaks spiegelt die gute Ausbeute und die hohe Kupplungseffizienz des Bausteins wider. Der Peak des DMT-geschützte Produktes war in seiner Intensität vergleichbar mit den Peaks der Abbruchsequenzen bei t_R = 9-14 min. Dies deutet immer noch auf eine signifikante Fehlerrate der Kupplung hin.

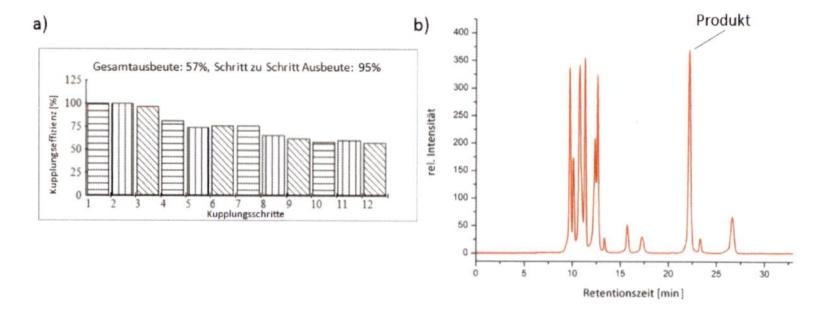

Abb. 45: a) Kupplungseffizienz des O-Ethyl-dithiocarbonyl-geschützten Bausteins. b) HPLC-Spektrum (260 nm) des DMT-geschützten Produktes nach der Synthese an fester Phase.

Nach erfolgter Trennung der Peaks wurde das erhaltene Oligonukleotid massenspektrometrisch auf das Vorliegen des O-Ethyl-dithiocarbonyl-geschützten Produktes untersucht. Die Analyse lieferte keinen eindeutigen Nachweis für die gelungene Synthese des modifizierten Oligonukleotids. Das Massenspektrum zeigte nur Spuren desgeschützten Oligonukleotids. Der Großteil der gefundenen Masse-zu-Ladung-Verhältnisse ist kleiner und entspricht etwa der berechneten Masse des oxidierten Nebenproduktes. Die auftretende Masse-zu-Ladung-Differenz entspricht erneut dem zuvor beschriebenen Betrag von m/z = +46 (± 2) ausgehend von dem entschützten Produkt. Die beschriebene geringfügige Abweichung der Oligonukleotid-Masse weist darauf hin, dass die Schutzgruppe nicht stabil war, denn jeglicher Defekt des Oligonukleotid-Stranges hätte größere Masse-Differenzen zur Folge. Die einzige Möglichkeit zur Oxidation des Thiols zur Sulfonsäure im Synthesezyklus ist bei der Oxidation des Phosphors gegeben.[175] Wie bereits in Abschnitt 3.2.1 beschrieben, wird dabei der Phosphor(P^{III})-Phosphittriester zu der stabileren Phosphor (P^V)-Spezies mit Hilfe von Iod in einer Wasser-Pyridin-Mischung oxidiert. Unter der Voraussetzung, dass die Schutzgruppe im Verlauf der Synthese an fester Phase abgespalten wurde, ist das resultierende Thiol sehr instabil und kann unter den oxidativen Bedingungen der Phosphoroxidation ebenfalls oxidiert werden. Aufgrund der Tatsache, dass sich die Modifikation in der Mitte des Oligonukleotids befindet, muss die Thiol-Gruppe sechs weitere Synthesezyklen überstehen und ist dadurch mehrmals den oxidativen Bedingungen ausgesetzt. Diese Problematik wird in der Literatur oft beschrieben und ist einer der Hauptgründe für das Versagen vieler Schutzgruppen. Jedoch stellt sich hier die Frage, ob die Dithiocarbonyl-Schutzgruppe unter den Synthesebedingungen bestehen kann. Aus der Literatur ist bekannt, dass diese Verbindungsklasse durch Aminolyse in das entsprechende Thiol und ein Thioamid gespalten wird.[180] Unter Umständen wäre es möglich, dass der bei dem Aktivierungs- und Kupplungs-Schritt verwendete Aktivator Benzyl-mercaptotetrazol auch an der Spaltung der Dithiocarbonyl-Schutzgruppe beteiligt ist. Dabei darf jedoch nicht außer Acht gelassen werden, dass jeder Zyklus durch einen *Capping*-Schritt abgesichert wird. Im Falle eines vorliegenden freien Thiols wäre dieser durch Acetylierung neutralisiert worden. Somit ist dieser Ansatz zwar nicht unmöglich, jedoch unwahrscheinlich und die mögliche Oxidation auf die Instabilität der Schutzgruppe gegenüber den oxidativen Bedingungen zurückzuführen.

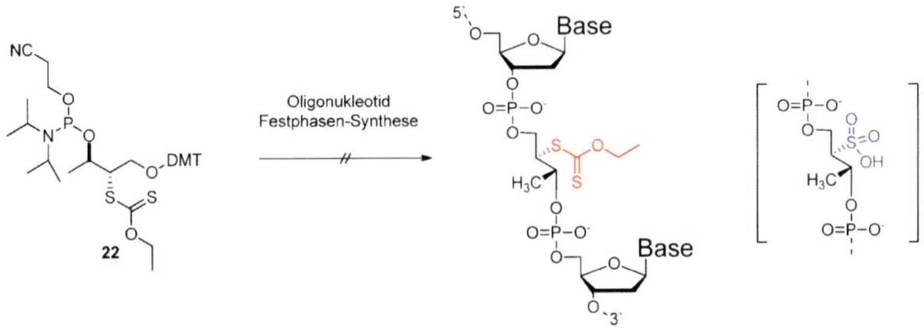

Abb. 46: Darstellung der versuchten Integration des Dithiocarbonyl-geschützten Bausteins 22 und des oxidierten Nebenproduktes.

Dieser Umstand spielt bei der postsynthetischen Modifikation von meist an Position 5´ und 3´-funktionalisierten Oligomeren keine wichtige Rolle, da die Schutzgruppen und die funktionalen Gruppen nicht den Reaktionsbedingungen der Festphasensynthese ausgesetzt sind. Bei Modifikationen innerhalb des Oligomers ist es umso wichtiger Schutzgruppen zu finden, die den Bedingungen standhalten. Die *O*-Ethyldithiocarbonyl-Schutzgruppe erwies sich in unseren Untersuchungen als nicht geeignet, da trotz mehrerer Ansätze selbst das geschützte Oligomer nicht synthetisiert werden konnte (Abb. 46). In Anbetracht der noch folgenden Untersuchungen und der Verwendung des modifizierten Oligonukleotids in dynamischer Chemie ist eine selektive und kontrollierte Freisetzung der Thiol-Funktion von großer Bedeutung und stellt auch in diesem Fall die größte Herausforderung dar.

5.3.5 Synthese und Entschützung des Benzyl-geschützten Oligonukleotids

Ein weiterer Ansatz zur Synthese des Thiol-modifizierten Oligonukleotids war die Verwendung des Benzyl-geschützten azyklischen Bausteins **19**. Der Benzyl-geschützte Baustein wurde wie auch die Bausteine zuvor zur besseren Vergleichbarkeit in das Oligonukleotid Oligo-1 integriert. Die Benzyl-Gruppe erwies sich als stabil gegenüber den verwendeten organischen Basen Pyridin, Tetrazol und Imidazol sowie gegenüber den oxidativen Bedingungen unter Verwendung von Iod. In Hinsicht auf die selektive Entschützung sollte untersucht werden, ob das modifizierte Oligonukleotid unter den notwendigen reduktiven Birch-Bedingungen stabil ist.[119,120] Die resultierende DMT-Kontrolle zeigte eine sehr gute Kupplungseffizienz mit einer geringen Variation (< 5%) der Effizienz über den gesamten Verlauf der Synthese (Abb. 47a). Der Benzyl-geschützte Baustein zeigt somit den besten Syntheseverlauf in Bezug auf die getesteten azyklischen Bausteine in den durchgeführten Untersuchungen. Die Benzyl-Gruppe ist aufgrund des planaren aromatischen Ringes in ihrer Ausrichtung definierter als die TMSE- und die Cyanoethyl-Gruppe sowie sterisch weniger anspruchsvoll als die Trityl-Gruppe. Die zusätzliche CH_2-Gruppe zwischen dem Schwefel und dem Benzol verleiht der Funktion einen gewissen Grad an Flexibilität, der es der Gruppe ermöglicht, sich ideal auszurichten. Die Kupplungseffizienz veranschaulicht deutlich, dass die Benzyl-Gruppe keinen großen Einfluss auf die Reaktivität des azyklischen Bausteins hat.

Synthese des azyklischen Thiol-modifizierten Rückgrat-Bausteins

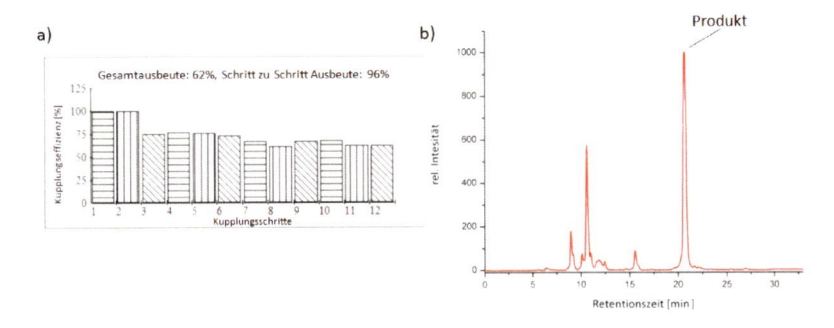

Abb. 47: a) Darstellung der Kupplungseffizienz des Benzyl-geschützten Bausteins. b) HPLC-Spektrum (260 nm) des DMT-geschützten Produktes nach der Synthese an der festen Phase.

Nach der Abspaltung von Harz wurde das Oligonukleotid mit Hilfe der HPLC untersucht. Das HPLC-Spektrum zeigte das DMT-geschützte Produkt bei einer Retentionszeit von t_R = 20.5 min als intensivsten Peak (Abb. 47b). Die Intensität des Produktpeaks spiegelt die gute Ausbeute und die hohe Kupplungseffizienz des Bausteins wider. Der Peak des DMT-geschützte Produktes ist in seiner Intensität wesentlich intensiver als die Abbruchsequenzen bei t_R = 9-12 min und stellt das Hauptprodukt der Synthese dar. Nach erfolgter DMT Entschützung wurde das erhaltene Oligonukleotid massenspektrometrisch untersucht. Die Analyse lieferte einen eindeutigen Nachweis der erfolgreichen Synthese des modifizierten Oligonukleotids ohne Anzeichen von Oxidation oder einer Fragmentierung des Produktes. Das auf diese Weise erhaltene, geschützte Oligonukleotid sollte im ersten Ansatz unter reduktiven Bedingungen entschützt werden. Dazu wurde das Oligonukleotid in Ethanol aufgenommen und mit einer zuvor hergestellten tiefblauen Lösung aus Natrium im verflüssigten Ammoniak (-33 °C) überschichtet. Die erhaltene Lösung wurde für 30 min gerührt und der Ammoniak anschließend kontrolliert verblasen. Der erhaltene Rückstand wurde im TEAA-Puffer (pH 7) aufgenommen und durch eine *Sep-Pak*-C18-Säule voraufgereinigt und mittels HPLC untersucht (Abb. 48a).

Die HPLC Analyse zeigte nach der Entschützung des Produktes einen Peak mit gleicher Retentionszeit (t_R = 16,6 min) wie das geschützte Oligonukleotid. Dies konnte massenspektrometrisch bestätigt werden. Da bis heute keinerlei Anwendungen bekannt sind, die das Entschützen von Oligonukleotiden unter diesen Bedingungen beschreiben, gibt es keine Vergleichsmöglichkeiten für die erzielten Ergebnisse.

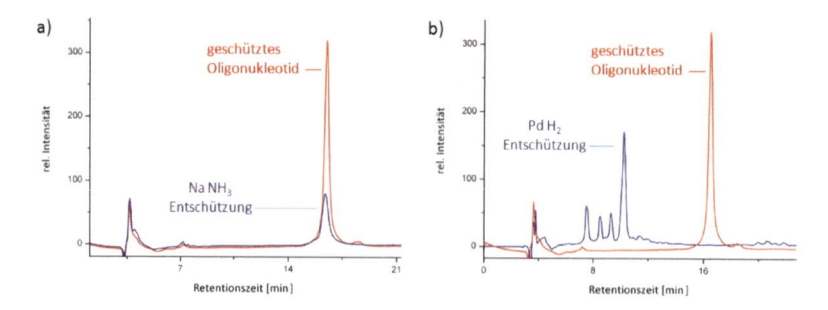

Abb. 48: Darstellung der HPLC-Spektren (260 nm) vor (rot) und nach (blau) der durchgeführten basischen Entschützung a) mit Natrium in flüssigem Ammoniak, b) mit Palladium auf Aktivkohle unter Wasserstoffatmosphäre.

U. G Nayak und *R. K. Brown* beschrieben 1965 eine erfolgreiche und selektive Spaltung der Benzylthio-C-S-Bindung in einem Pyranosid-Zucker-Derivat unter Verwendung von metallischem Natrium in flüssigem Ammoniak.[181] Es gelang ihnen, die C-S Bindung selektiv, selbst in Anwesenheit eine C-O-Bindung zu spalten. Dabei wurde festgestellt, dass die selektive Entschützung von der Stoffmenge des metallischen Natriums abhängt. Ein Äquivalent Natrium ist ausreichend, um den Benzylthioether zu spalten und zwei Äquivalente werden erforderlich, um die C-O Bindung selektiv zu trennen. Ein weiterer diskutierter Faktor ist die Löslichkeit der Komponenten die für die Effizienz und Dauer der Entschützung entscheidend ist. Bei dem von uns durchgeführten Versuch war es aufgrund des kleinen Ansatzes im nanomolaren Bereich schwierig die erforderliche Menge an benötigtem metallischem Natrium genau zu bestimmen. Somit wurde im Überschuss mit der kleinstmöglichen Menge Natrium gearbeitet. Des Weiteren sind die Auswirkungen der reduktiven Bedingungen auf das Oligonukleotid-Gerüst unklar. Aufgrund der heterozyklischen Nukleobasen und der weiteren funktionellen Gruppen des Oligonukleotids sind viele Nebenreaktionen denkbar, die parallel oder gar bevorzugt ablaufen können. Trotz dessen wurden keine kleineren Fragmente des Oligomers beobachtet. Es ist möglich, dass bei der *Sep-Pak*-Aufbereitung des Reaktionsgemisches die kürzeren, durch Fragmentierung entstandenen Sequenzen ausgewaschen wurden und nur das intakte Oligonukleotid mittels HPLC untersucht wurde.

Ein weiterer Erklärungsansatz bezieht sich auf das solvatisierte Elektron, welches entscheidend für die reduktive Spaltung der C-S-Bindung ist. Aus diesem Grund ist das gelöste metallische Natrium als Elektronenspender sehr wichtig. Reagiert dieses Natrium jedoch zuvor zu einem Alkalimetal-Amid, so wird es unreaktiv. Die hohe Anzahl an freien Aminfunktionen des Oligonukleotids könnte die reaktive Spezies zerstören und den reduktiven Bedingungen entgegenwirken. Viele der hier erwähnten Faktoren müssen aufeinander abgestimmt und wesentlich genauer untersucht werden. Dies macht das Verfahren der reduktiven Entschützung der Benzyl-Gruppe mit metallischem Natrium in flüssigem Ammoniak zu einer sehr aufwendigen und wenig praktikablen Methode. Aufgrund der vielversprechenden Integration des Benzyl-geschützten Bausteins an der festen Phase sollte zusätzlich eine weitere Methode der Entschützung getestet werden.

Der Versuch, die Benzyl-Schutzgruppe hydrogenolytisch zu entfernen, wurde mit Palladium auf Aktivkohle unter Wasserstoffatmosphäre in Ethanol durchgeführt.[182] Dabei wurde das lyophilisierte Oligonukleotid in Ethanol gelöst und in eine, mit Wasserstoff angereicherte Ethanol-Lösung von Palladium auf Aktivkohle gegeben. Die erhaltene Lösung wurde für 24 Stunden in Wasserstoffatmosphäre gerührt. Darauffolgend wurde die Aktivkohle durch einen Spritzenfilter entfernt und das überschüssige Ethanol entfernt. Der erhaltene Rückstand wurde mittels HPLC untersucht (Abb. 48b). Das resultierende Spektrum zeigte vier Peaks im Bereich von t_R = 7-12 min in unterschiedlicher Intensität. Die Trennung und massenspektrometrische Untersuchung der Substanzen zeigte eine hohes Fragment-Aufkommen des Oligomers ohne das entschützte Produkt zu beinhalten. Die resultierenden Fragmente lagen im Bereich von 800-3500 g/mol und ließen keine Regelmäßigkeiten erkennen. Dieses Ergebnis ist zum Teil nachvollziehbar, da eine postsynthetische Hydrogenolyse schwer zu kontrollieren ist und unter diesen Bedingungen viele Bestandteile des Oligonukleotides hydrolysiert werden können. Aufgrund der sehr harschen und nur schwer zu kontrollierenden Bedingungen ist die Benzyl-Schutzgruppe nicht für unsere Anwendungen geeignet. Viele in der Literatur beschrieben Versuche der Benzyl-Entschützung an Oligonukleotiden scheiterten an der selektiven Spaltung von funktionellen Gruppen unter hydrogenolytischen Bedingungen und beschreiben Verwendungen von vielen Palladium(0)-Komplexen, die dies ermöglichen sollen. *J. Winkler et al.* war es gelungen, Oligonukleotide mit einem Benzyl-geschützten 2'-Succinyl-Linker postsynthetisch selektiv hydrogenolytisch zu entschützen.[183,184] Sie verwendeten anfangs 10% Palladium auf Aktivkohle mit Cyclohexadien als Wasserstoffquelle in einer Phasentransferkatalyse. Jedoch verlief die Entschützung unter Verwendung von Aktivkohle unter hohen Verlusten des Oligonukleotids durch starke Absorption des Oligomers an der Aktivkohle. Erst unter Anwendung von PVP stabilisierten Palladium-Nanopartikeln und 1,4-Cyclohexadien über 16 Stunden konnte das gewünschte Produkt in einer moderaten Ausbeute erzielt werden. Dieses Beispiel zeigt, dass eine selektive Entschützung der Benzyl-Gruppe unter hydrogenolytischen Bedingungen durchaus möglich ist, jedoch wie schon die reduktive Spaltung wenig vielversprechend ist (Abb. 49).

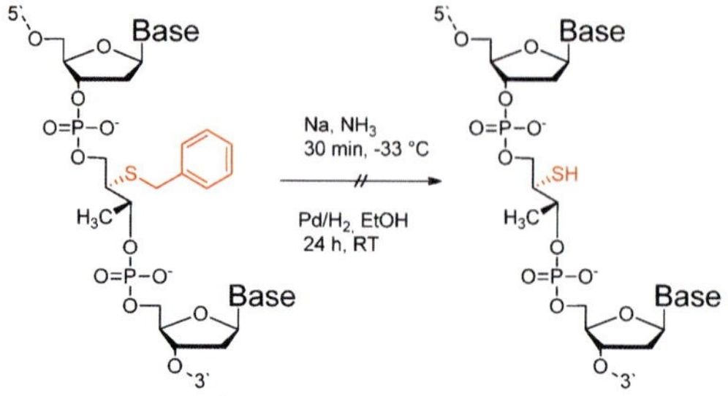

Abb. 49: Darstellung der durchgeführten Entschützungsansätze für den Benzyl-geschützten Baustein.

Die für unsere Zwecke notwendige Entschützung muss chemoselektiv und quantitativ verlaufen, um eine größtmögliche Freisetzung der Thiol-Funktion zu gewährleisten. Die chemische Struktur des Oligonukleotids verlangt außerdem nach milden Bedingungen, die die Struktur des Oligomer nicht schädigen. Diese Bedingungen werden von dem Benzyl-geschützten Baustein aufgrund der zuvor erwähnten Probleme nicht erfüllt und dieser Ansatz wurde nicht weiter verfolgt.

6 *N*-Methylierte Alanyl-PNA als Konformationsschalter

6.1 Funktion und Struktur von Proteinen

Proteine sind neben der DNA die wichtigsten Makromoleküle aller Lebewesen. Durch ihre Vielfalt und die Bandbreite an spezifischen Funktionen (Enzyme, Hormone, Co-Faktoren) sind sie für viele lebensnotwendige Prozesse unerlässlich.[1,185,186] Im Allgemeinen weisen Peptide aufgrund der niedrigen Rotationsbarriere der zur Peptidbindung benachbarten Einfachbindungen eine hohe Flexibilität auf. Sowohl ihre sterische Anordnung als auch jegliche konformationelle Einschränkung wird durch die Ausbildung von Sekundärstrukturen oder Zyklisierung maßgeblich bestimmt.[15] Die Sekundärstruktur der Proteine ist eine dreidimensionale Anordnung lokaler Segmente von Polypeptiden, die durch intra- und intermolekulare Wasserstoffbrückenbindungen der Amid-Gruppen ausgebildet werden. Zu den immer wieder auftretenden Motiven gehören die α-Helix und das β-Faltblatt.[4] Die erstgenannte ist eine rechtsgängige Helix mit durchschnittlich 3.6 Aminosäureseitenketten, pro Umdrehung. Pro Windung ergibt sich dabei eine Länge von 0.54 nm (Abb. 50a, rot).[187] Die Orientierung der Wasserstoffbrückenbindungen dirigiert die Aminosäurereste nach außen, senkrecht zu der Helix-Achse. Das β-Faltblatt bildet sich in Polypeptidregionen aus, in denen sich Peptidrückgrat-Fragmente von mindestens 5 bis 10 Aminosäuren parallel oder antiparallel gegenüber liegen. Die Stabilität der Struktur wird durch Wasserstoffbrückenbindungen bestimmt die in Zweierpaaren im Abstand von 0.7 nm auftreten (Abb. 50a, gelb).[5] Im Vergleich zur α-Helix (0.15 nm) ist der Abstand zwischen den vicinalen Aminosäuren beim β-Faltblatt mit 0.35 nm deutlich größer. Die Seitengruppen des β-Faltblattes liegen sehr dicht beieinander, sodass sperrige oder gleich geladene Reste die Anordnung stören können.[188]

Die dreidimensionale Anordnung und die Konfiguration der Sekundärstrukturen haben einen erheblichen Einfluss auf die Funktion und Eigenschaften eines Proteins. Eine konformationelle Änderung der Peptid-Struktur kann eine Veränderung der biologischen Aktivität und der Funktion des Proteins nach sich ziehen und auf diese Weise ein Protein deaktivieren. Viele ernsthafte Krankheitserscheinungen wie Alzheimer und die Creutzfeldt-Jakob-Krankheit basieren auf fehlgefalteten Proteinen (Abb. 50).[189]

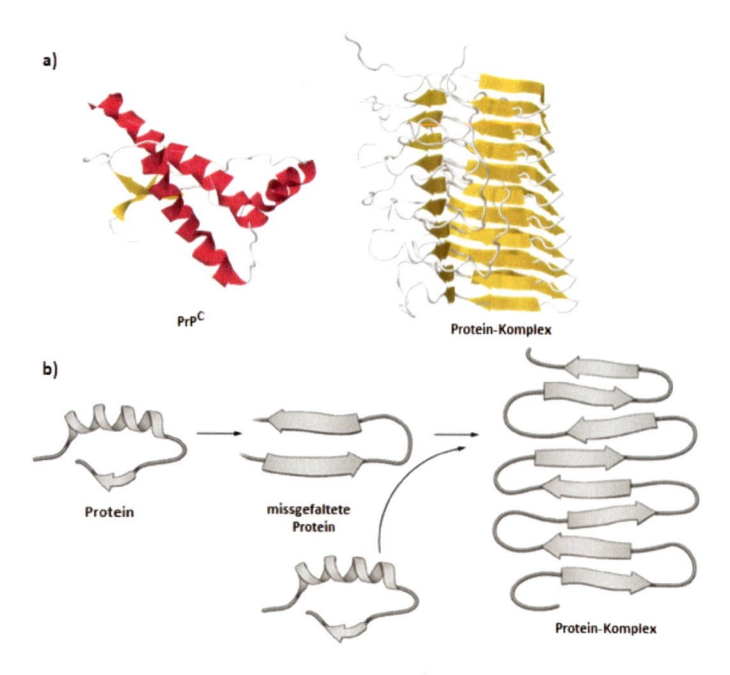

Abb. 50: a) Darstellung des natürlichen Prion-Proteins (PrP^C) und des Protein-Komplexes, der durch die Wechselwirkung mit dem fehlgefalteten Konformer entsteht und für die Alzheimer-Erkrankung verantwortlich gemacht wird. b) Darstellung des vorgeschlagenen Mechanismus, der auf der Wechselwirkung des natürlichen und des fehlgefalteten Prion-Proteins basiert.[189,190]

Durch die Wechselwirkung des natürlich vorkommenden Prion-Proteins PrP^C mit dessen fehlgefalteten Konformer (PrP^{SC}) kommt es zu einer irreversiblen Ausbildung eines Alzheimer-Plaques (Protein-Komplex), das die Kommunikation der Gehirnzellen stört und zum Tod der Nervenzellen führt. [189–191] Der enge Zusammenhang zwischen der Funktion und Konformation von Proteinen sollte einen synthetischen Ansatz zur kontrollierten Schaltung der Protein-Aktivität ermöglichen. Aufbauend auf kleinen funktionalisierten Peptid-Fragmenten, die in bestimmten Regionen eines Proteins integriert werden können, sollte es möglich sein, die räumliche Struktur des Proteins zu beeinflussen und seine Funktion zu schalten. Zu diesem Zweck sind modifizierte Peptide erforderlich, die eine Sekundärstruktur induzieren können.

6.2 PNA als funktionales Oligomer

Bei der Entwicklung von neuen bioaktiven, funktionalen Oligomeren wird einerseits, wie zuvor beschrieben, auf die in der Natur vorkommenden oligomeren Strukturen wie DNA und Peptide als Grundlage zurückgegriffen oder es werden andererseits artifizielle Gerüste generiert. Diese sind in der Lage die spezifischen Eigenschaften der biologischen Vorbilder zu imitieren (Abb. 51).

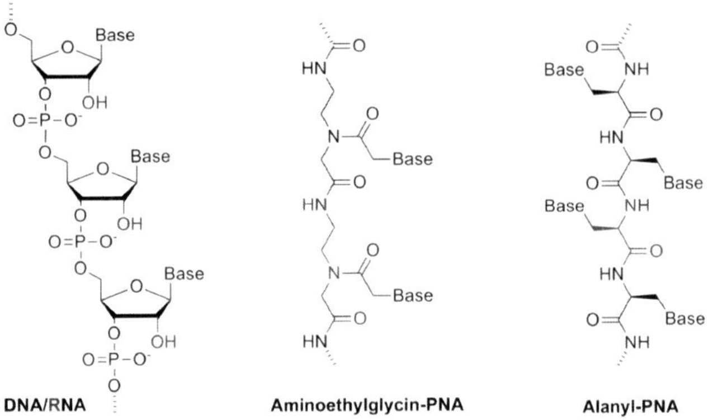

Abb. 51: Struktureller Aufbau von DNA/RNA und deren Analoga, der Aminoethylglycin-PNA (Nielsen-PNA) und der Alanyl-PNA.

Mit der rasanten Entwicklung in der organischen Synthesechemie ergeben sich immer mehr Möglichkeiten, aufbauend auf kleinen funktionalen Bausteinen komplexe oligomere Strukturen zu generieren, die auf bestimmte Funktionen und Anwendungsbereiche abgestimmt werden können. Ein auf dem Peptidrückgrat aufgebautes DNA-Ananlogon ist die PNA. Sie ist ein gutes Beispiel für den Einsatz von funktionalen Bausteinen wie modifizierten Aminosäuren zur Untersuchung von ausgewählten Funktionen und Wechselwirkungen in biologischen Systemen.

6.2.1 Aminoethylglycin-PNA

Eines der wichtigsten artifiziellen Oligomere ist die Peptid-Nukleinsäure (engl. *peptide nucleic acid*, PNA). Dabei werden hier nur zwei Arten des DNA-Analogons beschrieben, die von P. E. Nielsen 1991 entwickelten *Nielsen*-PNA, deren Rückgrat aus *N*-(2-Aminoethyl)glycin Einheiten aufgebaut ist und die Alanyl-PNA, die aus einem regulären Peptidrückgrat aus modifizierten Alanylmonomeren besteht (Abb. 51).[169]

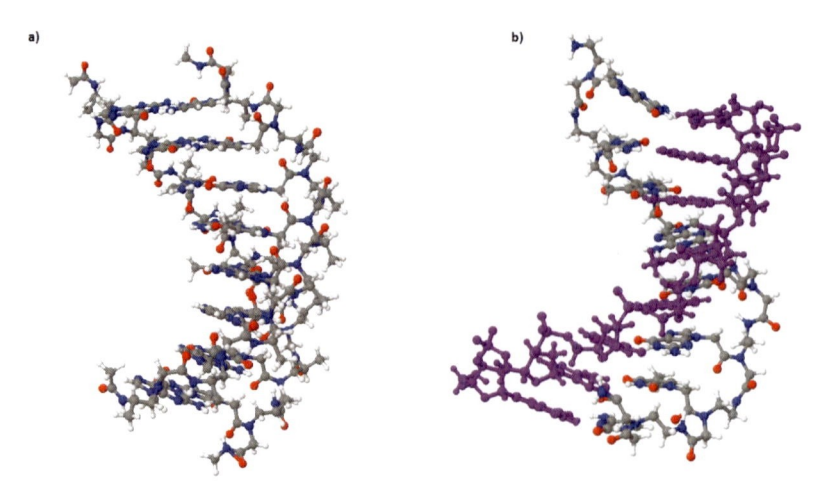

Abb. 52: Darstellung der helikalen Sekundärstrukturen der Aminoethylglycin-PNA (*Nielsen*-PNA), a) PNA/PNA Duplex, b) PNA/**DNA** Duplex.

Dabei ist der Name irreführend, da es sich in beiden Fällen nicht um Säuren handelt. Er bezieht sich hierbei auf das Vorbild der Nukleinsäuren, denn das PNA-Rückgrat ist mit den vier kanonischen Nukleobasen (A, T, G, C) funktionalisiert und dadurch im Stande die Eigenschaften der Nukleinsäuren zu imitieren. Die *Nielsen*-PNA ist in der Lage, einen stabilen Heteroduplex mit komplementären Nukleinsäuren (DNA, RNA) zu bilden (Abb. 52). Aufgrund des hydrophoben nichtgeladenen Rückgrats ist sie jedoch unter physiologischen Bedingungen schlecht löslich.[192,193] Die Fähigkeit zur sequenzspezifischen Erkennung von DNA und RNA sowie die hohen chemischen Stabilität gegenüber der hydrolytischen Spaltung durch Nukleasen und Proteasen macht die Aminoethylglycin-PNA zu einem vielversprechenden Kandidaten für Antigen- und Antisense-Therapeutika.[193]

6.2.2 Alanyl-PNA

Die Alanyl-PNA bindet nicht an DNA oder RNA, obwohl auch hier eine sequenzspezifische Erkennung möglich wäre. Dieser Umstand ist keinesfalls nachteilig, sondern erlaubt es, die *Nielsen*- und die Alanyl-PNA-Oligomere selektiv und orthogonal als funktionale Oligomere in biologischen und chemischen Systemen einzusetzen.[76] Das flexible Gerüst der Alanyl-PNA und die alternierende isomere Abfolge der (D, L)-Aminosäuren äußern sich in einer einseitigen Ausrichtung der Nukleobasen.[194,195] Alanyl-PNA-Hexamere sind somit in der Lage, stabile lineare Doppelstrang-Strukturen mit komplementären Oligomeren auszubilden (Abb. 53).[196–199] Im gepaarten Zustand liegt das Rückgrat des Hexamers in einer β-Faltblatt-Konformation vor, während der Einzelstrang in einer zufällig ausgebildeten Konformation vorliegt. Innerhalb der Doppelstrang-Struktur beträgt der Abstand der einzelnen Nukleobasen zueinander 0.35 nm. Dieses entspricht in etwa dem idealen Basenabstand von 0.34 nm einer B-DNA.

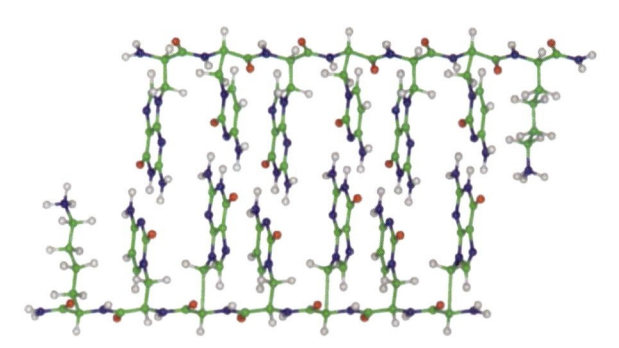

Abb. 53: Das von dem Alanyl-PNA-Hexamer ausgebildete β-Faltblatt mit der DNA-typischen Hybridisierung der Erkennungseinheiten.[200]

Die Stabilisierung des Doppelstranges und dessen hohe Rigidität beruhen auf Wasserstoffbrückenbindungen, Dipol-Dipol-Wechselwirkungen, Solvenseffekten und Stapelung der Nukleobasen. Dabei ist die Alanyl-PNA nicht nur auf die Watson-Crick-Basenpaarungen beschränkt, sondern ist auch in der Lage *reverse*-Watson-Crick-, Hoogsteen- und *reverse* Hoogsteen-Basenpaarungen einzugehen, wodurch eine Vielfalt an Interaktionen ermöglicht und die Ausbildung von höher geordneten Strukturen begünstigt wird.[201]

6.2.3 Der konformationsändernde Einfluss der Alanyl-PNA

Die beiden Konformationen (Random Coil und β-Faltblatt), die von der Alanyl-PNA eingenommen werden können, ermöglichen ein interaktionsgesteuertes, selektives Beeinflussen der Protein-Sekundärstruktur. Durch die Bereitstellung eines komplementären Alanyl-PNA-Stranges ist es möglich, zwischen der zufällig gewundenen Konformation (Random Coil) und dem β-Faltblatt zu schalten.

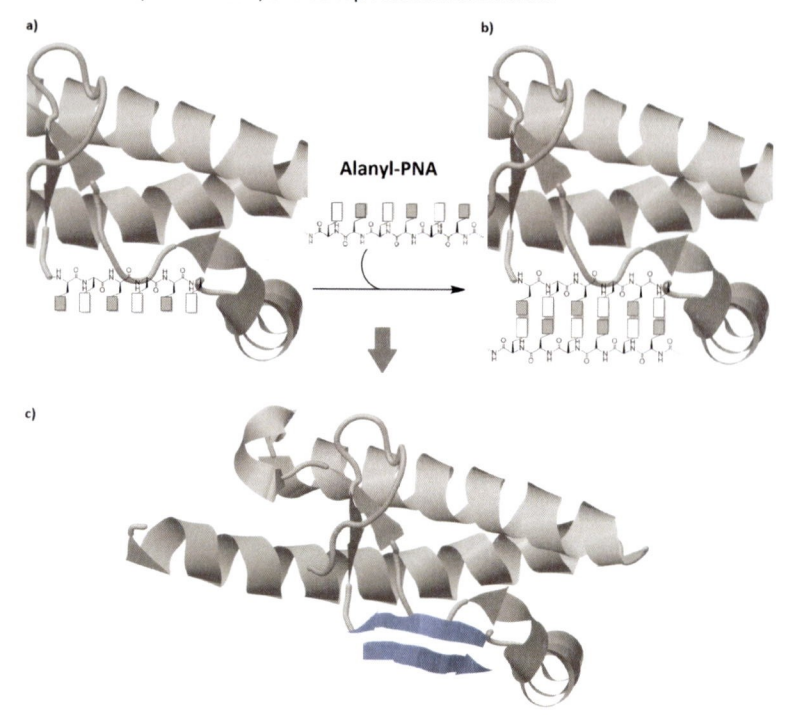

Abb. 54: Schematische Darstellung der möglichen Beeinflussung von Protein-Sekundärstrukturen (a), durch Insertion von Alanyl-PNA-Fragmenten (b) und der selektiven Ausbildung der β-Faltblattstruktur mit komplementären PNA-Oligomeren (c).

Somit kann durch das Einfügen von Alanyl-PNA-Fragmenten mit Hilfe der Ligation die Sekundärstruktur von Peptiden gezielt stabilisiert oder gestört werden sowie selektive Interaktionen zwischen zwei ligierten Proteinen ermöglicht werden (Abb. 57). Da die Funktion jedes Proteins von seiner Sekundärstruktur bestimmt ist, werden auch die Aktivität und Funktion eines Proteins schaltbar. Um das konformationelle Schalten bestmöglich untersuchen zu können, ist es notwendig, die auf Wasserstoffbrückenbindungen basierenden Wechselwirkungen der Rückgrataggregation zu unterbinden. Dadurch wird eine Strukturaufklärung mit Hilfe NMR-Spektroskopie und Röntgenstrukturanalyse möglich. Aufgrund dessen soll in dieser Arbeit eine Rückgrat-modifizierte Alanyl-PNA synthetisiert werden, die *N*-methylierte Nukleoaminosäuren enthält und die Rückgrataggregation verhindert ohne die Interaktion der Nukleobasen zu stören (Abb. 55).

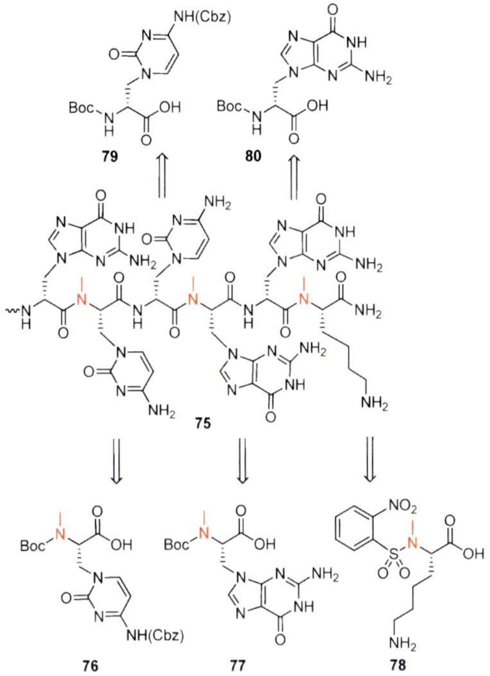

Abb. 55: Retrosynthetische Darstellung des *N*-methylierten Alanyl-PNA-Hexamers, bestehend aus drei alternierend eingebauten *N*-Methyl-Nukleoaminosäuren zur Reduktion der Rückgrataggregation.

6.2.4 *N*-Methylierung

Die *N*-Methylierung ist eine von vielen Proteinmodifikationen und wird durch die Methyltransferase in Mikroorganismen durchgeführt.[202] Seit der Entdeckung der *N*-methylierten Proteine 1976 von *Brosius* und *Chenin* in *Escherichia coli* und der damit zusammenhängenden Eigenschaften der Proteine sind das Interesse und die Erforschung dieser Verbindungen stetig gewachsen.[203,204] Die *N*-methylierten Aminosäuren verändern die Erkennungs- und Interaktionseigenschaften von Proteinen und weisen eine große Bandbreite an biologischen Aktivitäten wie antibiotische, antikarzinogene und antivirale Wirkungen auf.[205] Jedoch erweist sich die Synthese von *N*-methylierten Oligomeren als schwierig. Die zusätzliche sterische Hinderung, die Säureempfindlichkeit und die Racemisierung sind einige der Faktoren, die sich negativ auf die Ausbeute auswirken.[206] Dieser Umstand führte zu einer Vielzahl an Synthesestrategien, um die genannten Nachteile zu eliminieren. Es haben sich zwei Methoden zur racemisierungsfreien Methylierung etabliert; dazu gehört die von *Freidinger et al.* beschriebene reduktive Spaltung des 5-Oxazolidinons zur Generierung von enantiomerenreinen *N*-methylierten Aminosäuren (Abb. 56a).[207] Diese Methode ist jedoch nicht für alle Aminosäure-Seitenketten wie die von Tryptophan, Histidin oder Cystein geeignet. Die von *Kessler* verfeinerte basenkatalysierte *N*-Alkylierung von *o*-Nitrobenzen-sulfonamid (*o*-NBS)-geschützten α-Aminogruppen unter Verwendung von Dimethylsulfat erwies sich als die bessere Alternative, die unter Verwendung einer zusätzlichen *Mitsunobu*-Reaktion alle möglichen *N*-methylierten Aminosäuren in Lösung und an fester Phase generieren kann (Abb. 56b).[208,209]

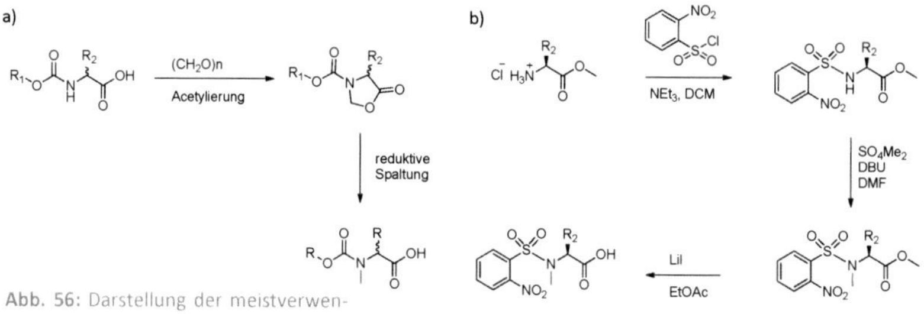

Abb. 56: Darstellung der meistverwendeten *N*-Methylierungs-Reaktionen: a) *Freidingers* reduktive Spaltung des 5-Oxazolidinons und b) *Kesslers o*-NBS-Aktivierung des Amins und Alkylierung mit Dimethylsulfat.

Auch wenn die genannten Methoden die *N*-Methylierung in ausreichender Reinheit und Ausbeute bewerkstelligen können, ist die größere Herausforderung diese *N*-methylierten Aminosäuren zu einem Peptid zu knüpfen. Die nachträgliche Kupplung an ein sterisch gehindertes *N*-Methylamin ist sehr schwierig und zum Teil erfolglos. Die Kupplungen werden meist von einer Vielzahl an Nebenreaktionen begleitet, wie der

Epimerisierung, der Ausbildung von Diketopiperazin nach Fmoc-Abspaltung oder dem Verlust von Peptidfragmenten nach der Abspaltung vom Harz, die allesamt zu einer sehr geringen Ausbeute des Zielpeptids führen.[210] Aus diesem Grund werden meist Doppel- oder Dreifachkupplungen mit reaktiven Kupplungsreagenzien wie HATU/HOAt, PyAOP oder PyBOP mit einem sehr großen Überschuss an Aminosäure und lange Kupplungszeiten benötigt.

Die N-Methylierung steigert die sterische Hinderung in der direkten Umgebung um die Peptidbindung und beeinflusst dadurch das *cis-trans*-Gleichgewicht der N-methylierten Amidbindung. Zusätzlich wird die Peptidkonformation auch von den sterischen Wechselwirkungen zwischen der Methylgruppe und der Aminosäureseitenkette bestimmt.

Des Weiteren unterbindet die Methylierung des Peptidrückgrats auch die stabilisierenden intermolekularen Wechselwirkungen über Wasserstoffbrückenbindungen und stört dadurch die Ausbildung von Sekundärstrukturelementen wie des β-Faltblatts (Abb. 57). Dabei reicht bereits eine N-methylierte Position am Rückgrat aus, um die Ausbildung des β-Faltblatts zu unterbinden.

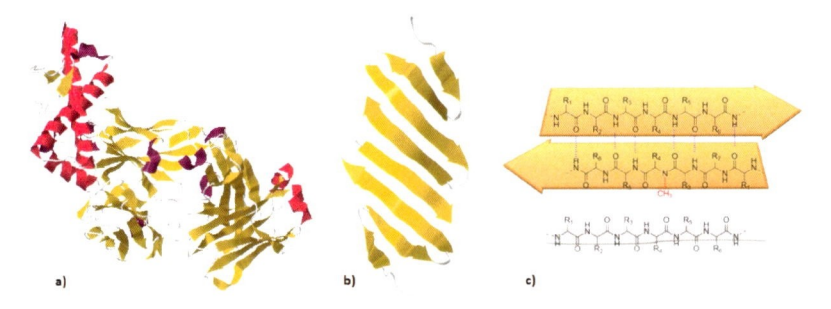

Abb. 57: Darstellung eines a) Prion-Proteins und seines b) β-Faltblatt-Sekundärstrukturfragments. c) Einfluss der N-Methylierung des Peptidrückgrats, der die Rückgrataggregation und die Ausbildung des β-Faltblatts unterbindet.

7 Synthese der *N*-methylierten Alanyl-PNA-Oligomere

Die zuvor beschriebenen Syntheseschwierigkeiten spiegeln sich auch in den bisher erzielten Ansätzen zur Synthese von Rückgrat-methylierter Alanyl-PNA wider. Vor allem die Synthese an fester Phase ist sehr aufwendig und von geringem Umsatz. Der sterische Effekt der Methylgruppe am α-*N*-Atom ist bei der Alanyl-PNA aufgrund der Nukleobasen-modifizierten Seitenketten wesentlich stärker ausgeprägt und wirkt sich negativ auf die Kupplungseffizienz aus. Um diesen Einfluss zu minimieren, wurden eine Vielzahl an Kupplungsreagenzien und Bedingungen untersucht. Dabei erwiesen sich BOP, Cl-BOP, PyAOP und PyBOP selbst bei Doppelkupplung über 12 Stunden am MBHA-Harz als ungeeignet und führten zu keinem nennenswerten Ergebnis. Erst bei dem Einsatz von PyClOP und der hoch reaktiven Kombination von HATU/HOAt mit Doppelkupplung konnten annehmbare Ausbeuten verwirklicht werden. Durch die Verwendung von Mikrowellen-unterstützter manueller Festphasen-Synthese konnte zwar die Reaktionszeit von 18 Stunden auf 30 min deutlich gesenkt werden, es ergab sich jedoch keine eindeutige Erhöhung der Ausbeute. Die in Abbildung 57 dargestellten PNA-Oligomere konnten in unserem Arbeitskreis von *Dr. Ruzica Ranevski* (**81**, **82**) und *Dipl.-Chem. Panupun Limpachayaporn* (**83**) im Rahmen ihrer Untersuchungen auf diese Weise hergestellt werden.[211,212] Das unter a) dargestellte Hexamer **81**, welches die *N*-methylierte Nukleoaminosäure am *N*-terminalen Ende trägt, ist verständlicherweise einfacher zu synthetisieren, da keine weitere Kupplung an der gehinderten Aminogruppe stattfindet. Für die angestrebten Untersuchungen ist diese Position jedoch wenig geeignet, da die Auswirkungen der Methylgruppe auf die Rückgrataggregation an dieser Position gering sind. Das an Position 5 methylierte Hexamer **82** kann einen höheren Einfluss auf die Aggregation ausüben (Abb. 58b). Die Kupplung des methylierten Bausteins war jedoch mit einem Einbruch der Ausbeute um 50% verbunden. Der Versuch eine alternierende Abfolge von *N*-methylierten und nicht methylierten Nukleoaminosäuren innerhalb eines Hexamers unterzubringen (**83**), erwies sich als schwierig, da selbst unter Verwendung von hoch reaktiven Kupplungsreagenzien wie HATU/HOAt unter Mikrowellenbedingungen spätestens nach der zweiten *N*-methylierten Nukleoaminosäure keine erfolgreiche Kupplung erzielt werden konnte.

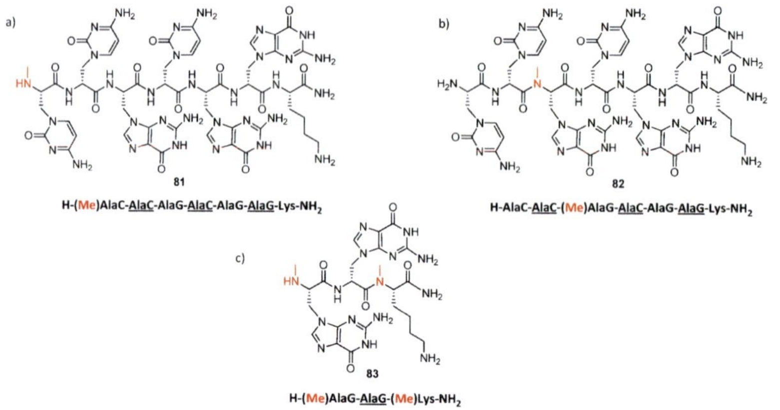

81 H-(Me)AlaC-AlaC-AlaG-AlaC-AlaG-AlaG-Lys-NH_2

82 H-AlaC-AlaC-(Me)AlaG-AlaC-AlaG-AlaG-Lys-NH_2

83 H-(Me)AlaG-AlaG-(Me)Lys-NH_2

Abb. 58: Darstellung der bisher verwirklichten und synthetisierten *N*-methylierten PNA-Oligomere innerhalb unserer Arbeitsgruppe. a) Das am *N*-terminalen Ende methylierte Hexamer H-(Me)AlaC-AlaC-AlaG-AlaC-AlaG-AlaG-Lys-NH_2, b) das an Position 5 methylierte Hexamer H-AlaC-AlaC-(Me)AlaG-AlaC-AlaG-AlaG-Lys-NH_2 Hexamer, c) das alternierend methylierte PNA-Fragment H-(Me)AlaG-AlaG-(Me)Lys-NH_2.

Diese Ergebnisse unterstreichen erneut deutlich die erwähnten Schwierigkeiten bei der Synthese und zeigen Grenzen für die mögliche *N*-Methylierung auf. Um effektiv die Selbstaggregation des Rückgrats zu unterdrücken und eine Röntgenstrukturanalyse sowie NMR-spektroskopische Untersuchung der Ausbildung von Sekundärstrukturen zu ermöglichen, ist ein mehrfach methyliertes Rückgrat notwendig. Da ein Alanyl-PNA-Hexamer bereits ausreicht, um eine stabile β-Faltblatt-Struktur auszubilden und die Synthese von größeren *N*-methylierten Oligomeren fast unmöglich erscheint, war der Ansatz dieser Arbeit, ein mehrfach methyliertes Alanyl-PNA-Rückgrat zu synthetisieren. Dabei sollen alternierende D/L-Dipeptid in Lösung synthetisiert werden, die aus einer *N*-methylierten Nukleoaminosäure und einer nicht methylierten Nukleoaminosäure bestehen. Diese Dipeptide haben einen nichtmethylierten *N*-Terminus und können so als monomere Einheiten für die Festphasen-Synthese verwendet werden ohne dass eine direkte Kupplung an das *N*-methylierte Amin stattfindet (Abb. 59). Auf diese Weise sollte es möglich sein, ein alternierend methyliertes Hexamer zu synthetisieren und die Kupplungseffizienz auf das normale Niveau zu heben.

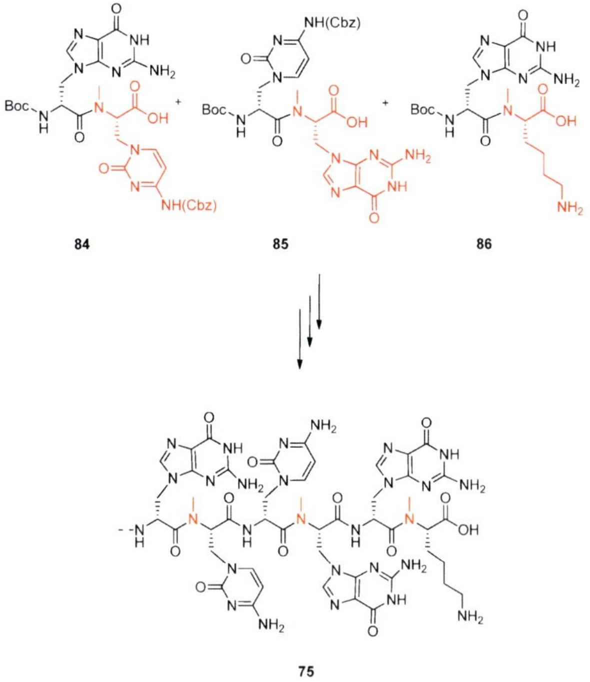

84 **85** **86**

75

Abb. 59: Schematische Darstellung der Synthesestrategie für das N-methylierte Alanyl-PNA-Hexamer bestehend aus den Dipeptid-Monomeren, die über das N-methylierte Amin verknüpft sind und ohne Einschränkungen in der Festphasen-Synthese verwendet werden können.

7.1.1 Synthese der *N*-methylierten Nukleoaminosäuren

Die zur Synthese der Dipeptide benötigten *N*-methylierten Nukleoaminosäuren wurden ausgehend vom *N*-methylierten Serin synthetisiert, da die direkte Methylierung von Nukleoaminosäuren aufgrund der mit Nukleobasen modifizierten Seitenketten mit geringer Effizienz verläuft. Das für die bessere Löslichkeit verwendete Lysin wird am *C*-terminalen Ende des Hexamers eingesetzt und durch die bereits vorgestellte direkte Methylierung nach *Kessler* synthetisiert. Um die zur Ausbildung des β-Faltblattes benötigte einseitige Ausrichtung der kanonischen Nukleobasen im Hexamer zu gewährleisten, wird auch bei den Dipeptiden eine D-Nukleoaminosäure mit einer L-Nukleoaminosäure verknüpft.

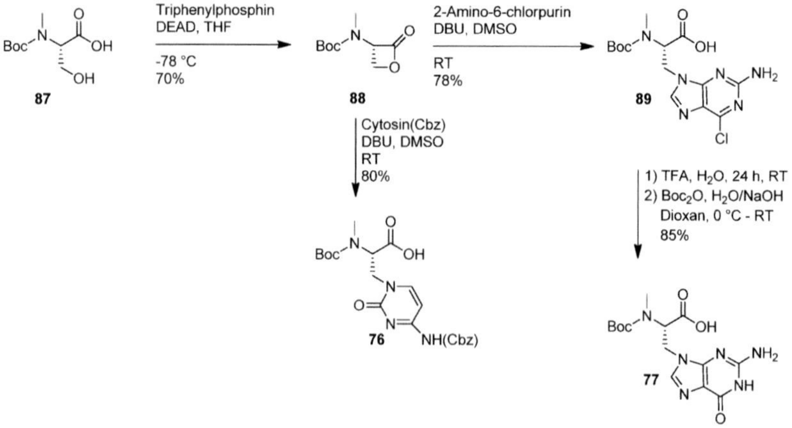

Abb. 60: Synthese der *N*-methylierten Guanin- und Cytosin-L-Nukleoaminosäuren **76** und **77**.

Die Synthese von *N*-Boc-*N*-Me-L-AlaG-OH (**77**) und *N*-Boc-*N*-Me-L-AlaC(Cbz)-OH (**76**) wurde nach *P. Lohse* durch eine nukleophile Ringöffnung eines β-Lactons erzielt.[213–215] Dabei wurden die Bausteine in zwei bzw. drei Schritten ausgehend vom *N*-Boc-*N*-Me-L-Serin-OH synthetisiert (Abb. 60). Im ersten Schritt wurde unter Mitsunobu-Bedingungen über eine intramolekulare Veresterung der Hydroxygruppe mit der C-terminalen Carbonsäure des Serins das Serinlacton **88** gebildet. Diese Reaktion wurde bei -78 °C mit trockenem Tetrahydrofuran und frisch destilliertem Diethylazodicarboxylat und DEAD als Base durchgeführt, um möglichst effektiv die reaktive Betain-Intermediat zu generieren. Die anschließende nukleophile β-Lacton Ringöffnung wurde in trockenem DMSO unter Verwendung von DBU im Beisein der entsprechenden Nukleobase bei Raumtemperatur durchgeführt. Für das Guanin-Derivat **77** wurde 2-Amino-6-chlorpurin verwendet, da die Nukleophilie des Guanins für die Ringöffnung nicht ausreicht. Verbindung **89** wurde anschließend durch eine wässrige Lösung von TFA und einer erneuten *tert*-Butyloxycarbonyl-Schützung in das Produkt **77** überführt.

Bei der Synthese des Cytosin-Derivats **76** musste die exozyklische Aminogruppe zusätzlich durch Benzyloxycarbonyl (Cbz) geschützt werden, um Nebenreaktionen bei der

Festphasen-Synthese auszuschließen. Die nukleophile β-Lacton-Ringöffnung mit dem Cbz-geschützten Cytosin verlief auch in diesem Fall aufgrund der gewählten Bedingungen racemisierungsfrei und mit guter Ausbeute.

Die effiziente und mit der Synthese an fester Phase kompatible *N*-Methylierung nach *Kessler* wurde zur Synthese des *N*-methylierten Lysins *N*-Me-*N*-(*o*-NBS)-L-Lys(Cbz)-OH verwendet. Die Synthese konnte in drei Schritten in sehr guter Ausbeute verwirklicht werden (Abb. 61). Im ersten Schritt wurde die α-Aminogruppe mit 2-Nitrobenzensulfonylchlorid (*o*-NBS-Cl) in trockenem Dichlormethan im Beisein von Triethylamin aktiviert. Durch die elektronenziehenden Eigenschaften der Nitrogruppe in *o*-NBS wird die Bindung zwischen dem Stickstoff und dem Wasserstoff geschwächt und eine Methylierung unter milden Reaktionsbedingungen ermöglicht. Die Methylierung erfolgte mit Dimethylsulfat in trockenem Dimethylformamid mit DBU als Base. Im letzten Schritt wurde die Esterhydrolyse mit Lithiumiodid in Ethylacetat (EtOAc) durchgeführt, um eine Racemisierung, die bei der Verwendung von Lithiumhydroxid auftrat, zu vermeiden. Die entsprechende Säure **78** konnte in einer sehr guten Ausbeute synthetisiert werden.

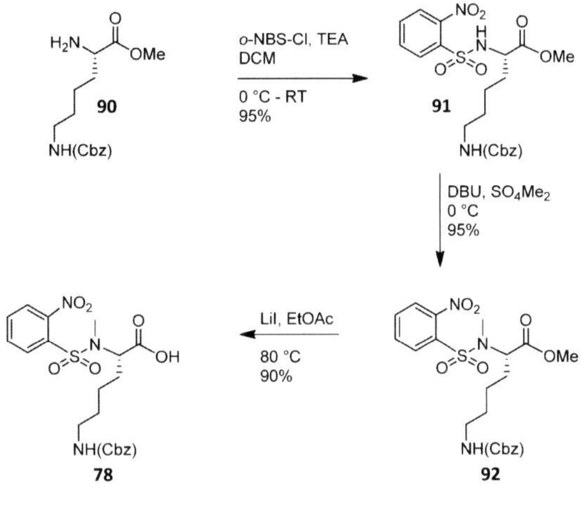

Abb. 61: Direkte *N*-Methylierung von Lysin nach *Kessler*.[209]

7.1.2 Synthese der nicht methylierten Alanyl-PNA-Bausteine

Die Synthesen der nicht methylierten D-Nukleoaminosäuren *N*-Boc-D-AlaG-OH und *N*-Boc-D-AlaC(Cbz)-OH wurden ebenfalls durch die nukleophile Ringöffnung eines β-Lactons erzielt (Abb. 62). Dabei wurden die Bausteine unter denselben racemisierungsfreien Bedingungen wie in Abschnitt 4.3.1 beschrieben in zwei bzw. drei Schritten ausgehend vom *N*-Boc-D-Serin-OH (**93**) synthetisiert. Im ersten Schritt wurde unter *Mitsunobu*-Bedingungen das Serinlacton **94** in nahezu identischer Ausbeute im Vergleich zum methylierten Derivat **88** gebildet. Diese Reaktion wurde bei -78 °C mit trockenem THF und frisch destilliertem DEAD durchgeführt. Die anschließende nukleophile β-Lacton-Ringöffnung durch die Nukleobase wurde in trockenem DMSO unter Verwendung von DBU bei Raumtemperatur im Beisein der entsprechenden Nukleobase durchgeführt. Für das Guanin-Derivat wurde erneut 2-Amino-6-chlorpurin verwendet, das anschließend durch eine wässrige Lösung von TFA und einer erneuten *tert*-Butyloxycarbonyl-Schützung in das Produkt **80** überführt wurde.

Die nucleophile β-Lacton-Ringöffnung mit dem Cbz-geschützten Cytosin **79** verlief auch in diesem Fall mit guter Ausbeute.

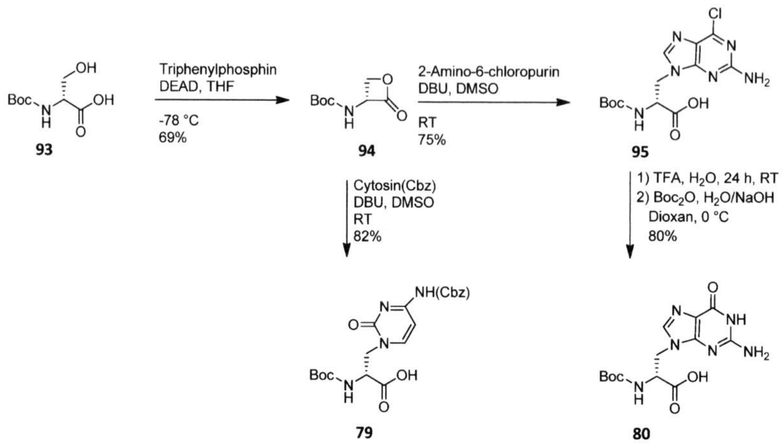

Abb. 62: Syntheseschema der nicht methylierten Guanin- und Cytosin-D-Nukleoaminosäuren **79** und **80**.

Die auf diesem Wege synthetisierten Bausteine konnten für die Dipeptidsynthese in Lösung verwendet werden. Hierbei wurde die für die Peptidsynthese typische orthogonale Schutzgruppenstrategie angewandt. Es wurden einerseits die säurelabile Boc-Schutzgruppe sowie die hydrogenolytisch spaltbaren Cbz- und Benzyl-Schutzgruppen verwendet. Für eine selektive und effektive Kupplung wurde zu Beginn die Carbonsäure der *N*-methylierten Nukleoaminosäure Benzyl-geschützt und die reaktive der Aminogruppe durch Boc-Entschützung freigesetzt. Die aktivierte Carbonsäure-Gruppe der nicht methylierten Nukleoaminosäure kann auf diesem Wege nukleophil angegriffen werden und die Peptidbindung ausbilden. Die Aminogruppe dieser Aminosäure bleibt hierbei Boc-geschützt.

7.1.3 Synthese der *N*-methylierten Dipeptide

Die Synthese des Dipeptids **85** wurde in Lösung in drei Schritten verwirklicht (Abb. 63). Hierbei wurde im ersten Schritt die Carboxygruppe des *N*-methylierten Guanin-Derivates **77** mit *O*-Benzyl-*N,N'*-diisopropylisoharnstoff über 48 Stunden in trockenem THF geschützt. Nach der Fällung konnte das geschützte Produkt **96** mit einer Ausbeute von 85% ohne weitere Aufreinigung erhalten werden. Die darauf folgende saure Boc-Entschützung des methylierten Amins **96** konnte fast quantitativ in einer Wasser/TFA-Mischung über 12 Stunden durchgeführt werden. Aufgrund der in unserem Arbeitskreis erzielten Ergebnisse wurde als Kupplungsreagenz die Kombination aus HATU/HOAt verwendet. Um den Einfluss der Methylgruppe zu minimieren, wurde das hochreaktive und für sterisch anspruchsvolle Seitenketten meistgenutzte HATU verwendet. Um den Grad der Racemisierung zu unterdrücken, wurde HOAt als Additiv verwendet. Die gewählten Reaktionsbedingungen in Bezug auf Reaktionszeit und Temperatur wurden so gewählt, dass die längere Reaktionszeit (18 Stunden) bei Raumtemperatur zugunsten der geringen Racemisierung bevorzugt wurde. Aus diesem Grund wurde auf die Mikrowellen-Unterstützung verzichtet und der letzte Schritt der Dipeptidsynthese mit HATU/HOAt in DMSO mit DIPEA als Base bei Raumtemperatur über 18 Stunden durchgeführt (Abb. 63). Die Verwendung von DMSO als Lösungsmittel konnte im Vergleich zu NMP eine gute Löslichkeit der Bausteine gewährleisten. Das Dipeptid **85** konnte auf diesem Wege nach chromatographischer Aufreinigung in einer Ausbeute von 13% hergestellt werden.

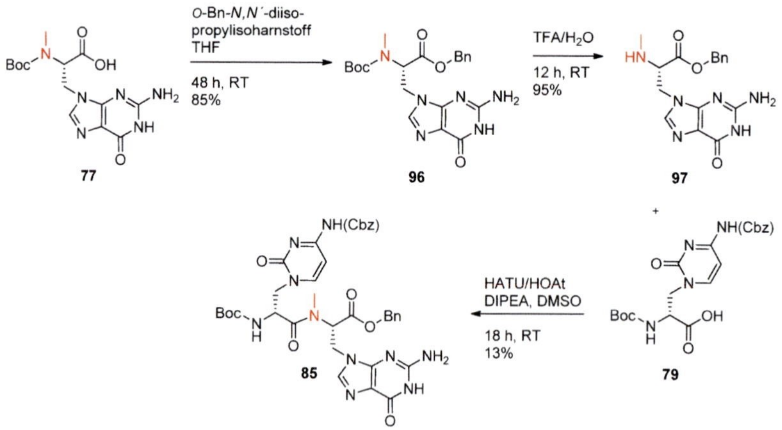

Synthese der N-methylierten Alanyl-PNA-Oligomere

Abb. 63: Syntheseschema des Dipeptid-Monomers **85** aus dem *N*-methylierten L-Guanin-Derivat **96** und der Cytosin D-Nukleoaminosäure **79**.

Diese Synthesestrategie wurde auch für die weiteren Dipeptide verwendet, um die so erhaltenen Bausteine als Monomere an der festen Phase einzusetzen.

Die *N*-methylierte Cytosin-Nukleoaminosäure **76** wurde auch in diesem Fall erfolgreich mit dem Benzyl-tragenden Diisopropylisoharnstoff in THF bei Raumtemperatur umgesetzt und die Benzylgruppe innerhalb von 48 Stunden mit einer guten Ausbeute auf die Säure übertragen (Abb. 64). Nach der sauren Boc-Entschützung des *N*-methylierten Amins mit einer wässrigen TFA-Lösung konnte im nächsten Schritt die Kupplung mit der bewährten Kombination aus HATU/HOAt durchgeführt werden. Als Lösungsmittel wurde jedoch NMP verwendet, da sich die Bestandteile ohne weitere Probleme lösen ließen. Nach chromatographischer Aufreinigung konnte das Dipeptid **84** in einer Ausbeute von 15% erhalten werden.

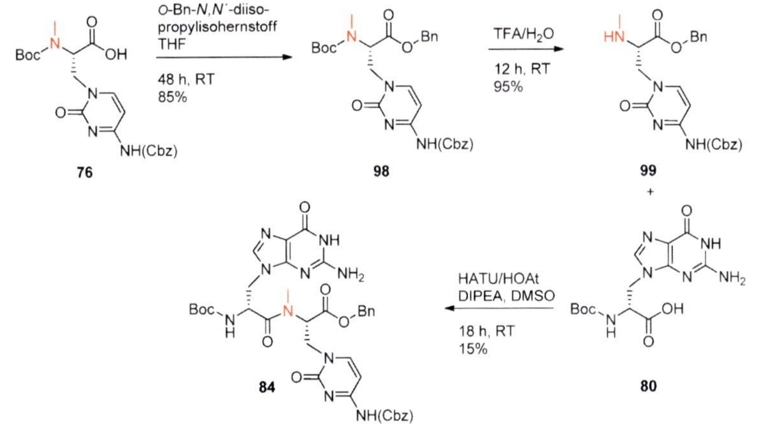

Synthese der N-methylierten Alanyl-PNA-Oligomere

Abb. 64: Syntheseschema des Dipeptid-Monomers 84 aus dem N-methylierten L-Cytosinderivat 76 und der Guanin-D-Nukleoaminosäure 80.

In Hinsicht auf die Verwendung der Alanyl-PNA-Oligomere unter physiologischen Bedingungen war es erforderlich, die dafür notwendige Löslichkeit des größtenteils hydrophoben Oligomers zu gewährleisten.

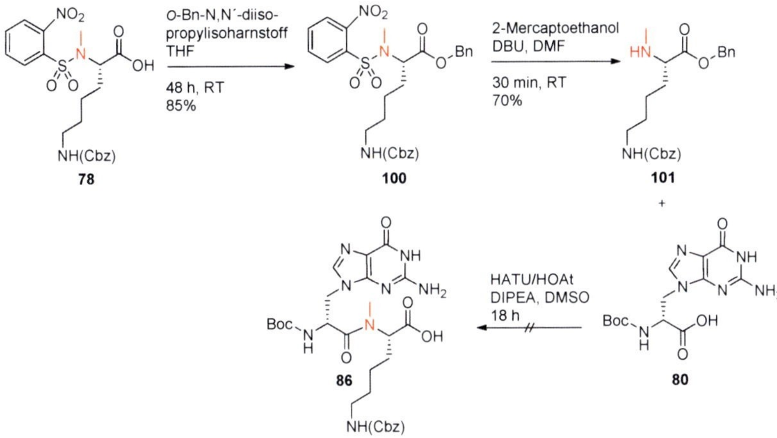

Abb. 65: Syntheseschema des Dipeptid-Monomers 86 aus dem N-methylierten L-Lysin 78 und der Guanin-D-Nukleoaminosäure 80.

Aufgrund dessen wurde wie zuvor bereits erwähnt ein Lysin an das C-terminale Ende des alternierend methylierten Oligomers eingefügt. Das zuvor direkt methylierte Lysin sollte ebenfalls in drei Schritten zu dem Dipeptid umgesetzt werden (Abb. 65). Dementsprechend wurde erneut die Carboxygruppe Benzyl-geschützt und in dem darauffolgendem Schritt die o-NBS-Schutzgruppe mit 2-Mercaptoethanol im Beisein von DBU abgespalten. Das so freigesetzte sekundäre Amin **101** konnte jedoch unter Verwendung von HATU/HOAt in DMSO mit DIPEA als organische Base nicht zum Dipeptid umgesetzt werden.

Die synthetisierten N-methylierten Dipeptide zeigen deutlich die Schwierigkeiten bei der Kupplung sterisch anspruchsvoller Aminosäuren auf. Mit Ausbeuten von 15% (**84**) und 13% (**85**) ist die Synthese nicht effizient genug und bedarf weiterer Optimierung. Eine Verlängerung der Reaktionszeit auf 48 Stunden wäre eine Alternative, um die Ausbeute ohne Gefahr der Racemisierung zu steigern. Ein weiteres schwerwiegendes Problem bei der Synthese in Lösung stellt die Aufreinigung des Produktes dar. Im Gegensatz zur Synthese an fester Phase, bei der alle nicht reagierten Bestandteile aus der Reaktionskammer gewaschen werden, beinhaltet das Reaktionsgemisch der Kupplung in Lösung alle Reaktionsbestandteile. Gerade bei den erschwerten Reaktionsbedingungen der N-methylierten Alanyl-PNA Bausteine verringert die Aufreinigung zusätzlich die Ausbeute signifikant. Grundsätzlich ist eine Synthese von längeren Peptidfragmenten in Lösung als nicht ökonomisch anzusehen. Um ähnliche Ergebnisse wie bei der Synthese an fester Phase erzielen zu können, müssen die Reaktanden meist in großem Überschuss verwendet werden, um eine ausreichende Kupplungseffizienz zu erzielen. Dies führt jedoch zu Schwierigkeiten bei der Aufreinigung nach jedem Kupplungsschritt und setzt eine große Menge an N-methylierten Alanyl-PNA-Bausteinen voraus. Die Verwendung der Dipeptide als monomere Einheiten für die Synthese an fester Phase ist hier vielversprechender, beseitigt aber die Kupplungsschwierigkeiten von sterisch anspruchsvollen Alanyl-PNA-Bausteinen nicht gänzlich. Für die Verwendung an fester Phase ist zudem eine ausreichende Menge an N-methylierten Dipeptiden erforderlich, die mit den hier beschriebenen Ausbeuten für die automatisierte Synthese nicht ausreicht. Ansatzweise könnten diese Mengen jedoch in der manuellen Synthese an fester Phase getestet werden.

8 Zusammenfassung und Ausblick

Die in dieser Arbeit beschriebenen Ansätze zur Synthese komplexer funktionaler Oligomere basieren auf gezieltem Design modifizierter Bausteine, die durch Verwendung Festphasen unterstützter Synthesemethoden zu einer großen Bandbreite an Anwendungen befähigt sind.

Der Ansatz zur dynamischen Modifikation eines Oligonukleotid-Rückgrats war bestimmend für die Entwicklung und das Design azyklischer Thiol modifizierter Rückgrat-Bausteine. Das Design der Bausteine baut auf einem Threoninol-Grundgerüst auf, das ausgehend von der natürlichen Aminosäure Threonin erfolgreich in die selektiv-geschützten Thiol-Derivate umgesetzt werden konnte. Die verwendeten Schutzgruppen dienten dabei der Untersuchung und Bestimmung der idealen Synthese- sowie Entschützungs-Bedingungen, die eine effiziente und quantitative Freisetzung des Thiols gewährleisten sollten. Auf diese Weise konnten fünf Derivate (**17-20, 22**) des neuen Gerüst-Bausteins erfolgreich und in guten Ausbeuten synthetisiert werden (Abb. 66).

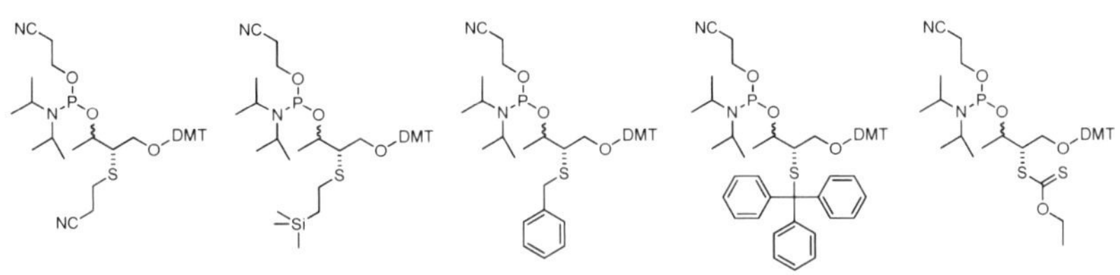

Abb. 66: Darstellung der erfolgreich synthetisierten azyklischen Bausteine für die Festphasensynthese.

Dabei wurde eine effektive Syntheseroute entwickelt, die es ermöglicht ausgehend von L-Threonin einen universell einsetzbaren Baustein für die Oligonukleotid-Festphasensynthese zu entwickeln. Innerhalb der durchgeführten Synthesen erwiesen sich die selektiv-geschützten Thioether-Derivate **17-20** als sehr stabile und gut handhabbare Verbindungen, die bei der Oligonukleotid-Festphasensynthese zu der erfolgreichen

Synthese von modifizierten Oligonukleotiden führten. Im Fall des *O*-Ethyl-dithiocarbonyl-geschützten Bausteins **22** erwies sich die Schutzgruppe als instabil und führte während der Festphasensynthese zu einer Oxidation der Thiol-Funktion. Die resultierende Sulfonsäure ist unreaktiv und somit für eine weitere Funktionalisierung nicht geeignet. Die Kupplung der funktionalisierten Bausteine an der festen Phase ist mit Einbußen in der Kupplungseffizienz verbunden und führte im Falle der Bausteine **18** und **20** zu signifikanten Einbrüchen in der Gesamtausbeute. Dabei spielen Faktoren wie die Reinheit des Bausteins, seine sterische Beschaffenheit und seine Stabilität eine wichtige Rolle. Die Cyanoethyl (**17**)- und Benzyl (**19**)-geschützten Bausteine weisen die besten Kupplungseffizienzen auf und konnten in hohen Ausbeuten in die Oligonukleotide integriert werden. Der Cyanoethyl-geschützte Baustein **17** wurde mehrmals innerhalb eines Oligonukleotids ohne signifikante Verluste und in guter Ausbeute eingebaut. Die Effizienz der Integration der azyklischen Bausteine wurde an einer Vielzahl nicht selbstkomplementärer Sequenzen (Oligo1 bis Oligo7) und Positionen (3 und 7) innerhalb dieser getestet. Während die Sequenz des Oligonukleotids keinen großen Einfluss auf die Kupplungseffizienz der jeweiligen Bausteine hatte, führte die Positionierung des azyklischen Bausteins **18** an Position 3 innerhalb des 13mers Oligo1[3] zu einer verbesserten Kupplung und Gesamtausbeute. In den anderen Fällen konnte selbst bei einer Mehrfachmodifikation keine signifikante Änderung der Kupplungseffizienz beobachtet werden.

Der erfolgreiche Einbau der funktionalisierten Bausteine in ein Oligonukleotid ist jedoch nur einer der wichtigen Schritte, die für die Modifikation mit Hilfe dynamischer kombinatorische Chemie notwendig sind. Die selektive und quantitative Entschützung und die damit verbundene Freisetzung der Thiol-Gruppe stellten die größte Herausforderung bei den Untersuchungen dar. Auch wenn die einzelnen Bausteine entschützt werden konnten, so war die angestrebte Entschützung der Thiol-modifizierten Oligonukleotide unter milden Bedingungen in keinem der Fälle in ausreichender Ausbeute möglich. Sowohl die TMSE- als auch die Cyanoethyl-Schutzgruppen konnten unter milden basischen Bedingungen nicht effizient entfernt werden. Die TMSE-Schutzgruppe konnte erst bei 50 °C mit einer TBAF-Lösung teilweise, auf Kosten einer Spaltung des Oligonukleotids entfernt werden. Die Cyanoethyl-Schutzgruppe konnte in einem Zweischrittverfahren direkt am Harz in Anteilen entschützt werden. Das Produkt ließ sich jedoch nicht von dem geschützten Oligonukleotid mittels HPLC trennen. Diese Problematik war bei allen Ansätzen präsent und hatte zur Folge, dass ein Produktgemisch resultierte, das für die dynamische kombinatorische Anwendung nicht geeignet war. Der Ansatz mit dem Trityl-geschützten azyklischen Baustein **20** wies eine ähnliche Problematik auf. Bei der Entschützung mit Silbernitrat unter Verwendung von DTT konnte das Produkt nicht effizient von dem ausgefallenen Komplex getrennt und aufgereinigt werden. Die Limitierung der Schutzgruppen auf die Abspaltung unter basischen Bedingungen sowie die Schwierigkeit der effektiven C-S-Bindungsspaltung deklarieren die Thioester-Stoffklasse als ungeeignet für den von uns verfolgten Ansatz der dynamischen Modifizierung von Oligonukleotiden.

Für eine effektive und quantitative Entschützung wären Ansätze unter Verwendung von photolabilen Schutzgruppen denkbar. Eine solche Strategie hätte den Vorteil einer selektiven photoinduzierten Freisetzung der Thiolfunktion unmittelbar vor der dynamischen Modifikation des funktionalisierten Oligonukleotids. Viele der aufgetretenen Probleme bei der Entschützung der Thioester-geschützten Oligonukleotide könnten so umgangen werden. Die Entschützung photolabiler Schutzgruppen findet meist unter milden, physiologischen Bedingungen im UV-A Bereich statt ohne das Oligonukleotid zu schädigen.[150,151] Durch die Vielfalt an zugänglichen photolabilen Thiol-Schutzgruppen kann zudem eine effektive Entschützung bei einer geeigneten Wellenlänge bestimmt und an das System angepasst werden.[218] In dieser Arbeit wurden bereits erste Versuche unternommen einen Nitrobenzyl-geschützten Baustein zu synthetisieren. Der hier in Abschnitt 3.4.4 verfolgte Ansatz bedarf jedoch einer weiteren Optimierung, um den Nitrobenzyl-geschützten Thiol-Baustein zu erhalten und untersuchen zu können. Neben den 2-Nitrobenzyl-Derivaten sind auch Phenazyl, Benzoyl- und (Cumarin-4-yl)methyl-Derivate als mögliche Thiol-Schutzgruppen, die photolytisch und selektiv entschützt werden können, denkbar (Abb. 67). Mit Hilfe der photolabilen Schutzgruppen wäre bei der mehrfachen Modifikation von Oligonukleotiden aufgrund der Orthogonalität eine selektive Entschützung der gezielt-geschützten Modifikationen möglich.

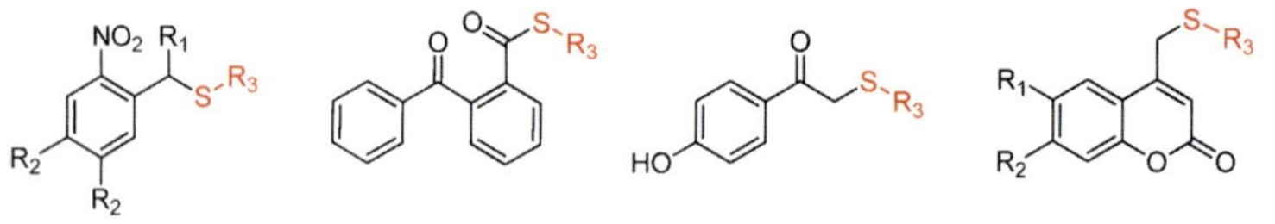

Abb. 67: Übersicht der möglichen photolabilen Schutzgruppen für das Thiol-modifizierte Oligonukleotid: a) 2-Nitrobenzyl-Derivate, b) Benzoyl-Derivate, c) Phenazyl- und d) Cumarin-Derivate. (R_3: azyklischer Baustein, R1, R2: funktionele gruppen).

Ein Ansatz, der bei unseren Untersuchungen nicht verfolgt wurde, ist die Schützung des Thiols durch Ausbildung eines Disulfids, das unter reduktiver Spaltung das Thiol wieder freisetzt. S. Pérez-Rentero et al. beschrieben bei ihren Untersuchungen zu Thiol-modifizierten Nukleosiden unter anderem einen auf Threoninol-Basis aufgebauten Baustein, dessen Thiol-Funktion durch eine tert-Butylsulfanyl-Gruppe geschützt war.[219,220] Der Vorteil von Disulfid-geschützten Thiolen ist, dass diese unter Verwendung von Reduktionsmitteln wie DTT oder Tris(2-carboxyethyl)phosphin (TCEP) unter milden Bedingungen effizient in das Thiol überführt werden können. Im Fall des tert-Butylsulfanyl-geschützten Thiols erwies sich das Disulfid jedoch als instabil bei der Verwendung der Iod-Lösung während des Oxidation-Schrittes bei der Festphasensynthese. Die Nebenreaktion zur Sulfonsäure konnte zwar durch Verwendung anderer Oxidationsmittel minimiert, jedoch nicht verhindert werden. Eine weitere Schwierigkeit stellt die Synthese des Disulfids dar. In unserem Fall müsste ausgehend von L-Threonin erst unter selektiver 1,3-Diol-Schützung das entsprechende Thiol und anschließend das asymmetrische Disulfid generiert werden. Das führt in der Regel zu einem Produktgemisch, das schwer zu trennen ist. Abgesehen von den eventuellen synthetischen Schwierigkeiten und der möglichen Oxidation des Thiols an fester Phase, ist dieser Ansatz aufgrund der etablierten selektiven Reduktion der Disulfide vielversprechend und könnte zu einer effektiven Entschützung des modifizierten Oligonukleotids beitragen.

Die Reaktivität des Thiols ist nicht nur eine notwendige Voraussetzung für eine effektive Funktionalisierung, sonder stellt neben der Stabilität der Thioether auch ein großes Problem dar. Selbst bei einer selektiven Entschützung besteht die Gefahr von Nebenreaktionen wie der Oxidation und der Hydrolyse die schneller ablaufen können, als der angestrebte Thiol-Thioester-Austausch. Eine unmittelbare Freisetzung des Thiols direkt vor der Austauschreaktion ist somit erforderlich, die keiner Zwischenreinigung bedarf. Dies spricht für die Verwendung von Disulfiden und photolabilen Schutzgruppen. Des Weiteren bietet der Thiol-Thioester-Austausch in Bezug auf die dynamische Funktionalisierung von Oligonukleotiden keine Möglichkeit, die Gleichgewichtsreaktion kontrolliert zu beenden, um das präferierte Produkt gezielt isolieren zu können. Ein quantitativer Umsatz wäre somit nicht möglich, was die Trennung und Identifizierung des Produktgemisches zusätzlich erschweren würde. Das resultierende Produkt des Thiol-Thioester-Austausches ist zudem Hydrolyse-empfindlich und könnte im weiteren Verlauf der Untersuchungen der dynamischen kombinatorischen Chemie unter physiologischen Bedingungen zu einem signifikanten Problem werden.

Die Modifikation des Oligonukleotidrückgrats durch einen azyklischen, Thiol-funktionalisierten Baustein ermöglicht nicht nur eine chemoselektive dynamische Modifikation, sondern erlaubt eine gezielte Anpassung des Makromoleküls an eine Vielzahl von Anwendungen. Durch die Verwendung eines weiteren, in unserem Arbeitskreis untersuchten, azyklischen Amin tragenden Threoninol-Bausteins können beide Funktionen innerhalb eines Oligonukleotids eingebaut werden (Abb. 68a). Dadurch wird eine chemoselektive Modifikation eines Oligonukleotids an beliebigen Positionen mit mehr als einem funktionalen Molekül möglich. Über einen Maleimid-Rest können zum Beispiel Fluorophore oder Enzyme an die Thiol-Funktion gebunden werden, während die Amin-Funktion mit chelatisierenden Metall-Liganden funktionalisiert werden kann. Unter Erhalt der Hybridisierungs-Eigenschaften und der natürlichen Doppelstrang-Struktur können die auf diese Weise designten Makromoleküle für die Gestaltung neuer funktionaler Materialien verwendet werden.[221] Durch die rasante Entwicklung der DNA-Nanotechnologie und im speziellen der des DNA-Origami können mit Hilfe von modifizierten Oligonukleotiden funktionale Oberflächen geschaffen werden, die bei der Einzel-Molekül-Analyse (*single molecule analysis*) eingesetzt werden (Abb. 68b).[63] Dadurch wäre es möglich, mit Hilfe der Thiol-Funktion gezielt Moleküle zu detektieren, nachzuweisen, zu screenen und chemische Reaktionen zu untersuchen. [222,223]

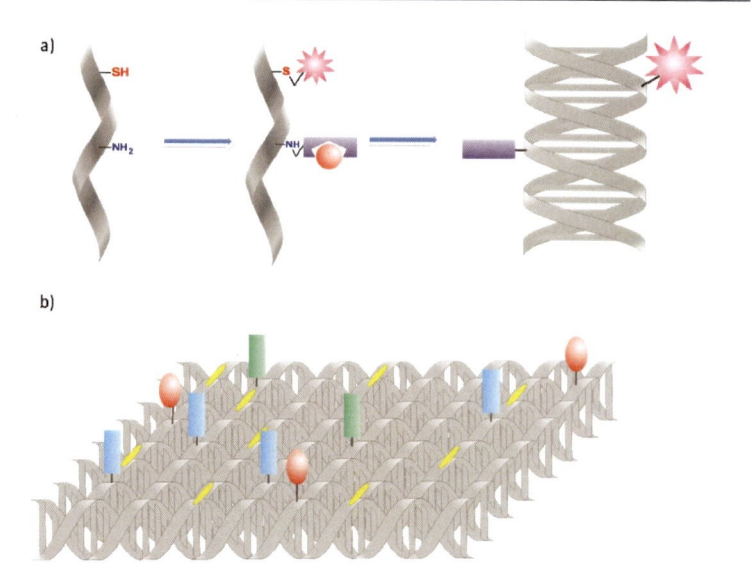

Abb. 68: a) Mögliche selektive Modifizierung und Funktionalisierung von Oligonukleotiden und die daraus resultierenden komplexen Strukturen. b) Mögliche Gestaltung von funktionalen Oberflächen, die über Disulfid-Brücken verknüpft sind und selektiv funktionalisiert werden können.

Die Thiol-funktionalisierten Oligonukleotide könnten auch eine kovalente, reversible Verknüpfung zwischen mehreren Oligonukleotiden ermöglichen, die zu komplexeren übergeordneten Strukturen aggregieren und zusätzlich modifizierbar sind.

Ein weiterer wichtiger Anwendungsbereich ist die Entwicklung von Aptameren. Dies sind einzelsträngige Oligonukleotide, die eine spezifische dreidimensionale Struktur ausbilden können und selektiv an Moleküle binden. Die Bandbreite ist dabei sehr groß, von Fluoreszenzsonden über katalytisch aktive Substanzen bis hin zu Biosensoren ist alles denkbar und für die Thiol-Funktion umsetzbar.[224,225] Die hohe Affinität des Schwefels zu Gold könnte auch zur Immobilisierung von Aptameren auf Gold-Oberflächen oder zur Generierung von funktionalen Nano-Partikeln genutzt werden.[226]

Die in dieser Zusammenfassung aufgeführten Ansätze zeigen, dass durch gezieltes Design funktionaler Bausteine modifizierte Oligomere entwickelt werden können, die vielseitig einsetzbar sind. Zusätzlich zu der dynamischen Templat-dirigierten Modifikation sind Anwendungen möglich, die neben der Chemoselektivität und Reaktivität des

Thiols auch die beliebige Platzierung des Bausteins innerhalb des Oligonukleotids ausnutzen. Durch eine selektive und kontrollierte Freisetzung des Thiols kann das Oligonukleotid mit vielseitigen Funktionen ausgestattet werden.

Der zweite Abschnitt dieser Doktorarbeit beschäftigt sich mit dem gezielten Design molekularer Schalter, die aus modifizierten Aminosäure-Bausteinen aufgebaut sind. Diese sollen eine Beeinflussung der Proteinfunktion durch gezielte Strukturänderung ermöglichen.[227] Die Verwendung von Alanyl-PNA-Oligomeren als molekulare Schalter ist aufgrund der selektiven Erkennung und Ausbildung von stabilen β-Faltblatt-Strukturen ein vielversprechender Ansatz zur kontrollierten Schaltung von Proteineigenschaften.[199,211]

Der in dieser Arbeit durchgeführten Untersuchungen zugrunde liegende Ansatz basiert auf der Synthese des N-methylierten Alanyl-PNA-Hexamers **75**, das durch Ligation in Peptide oder Proteine integriert werden kann und mit komplementären Alanyl-PNA-Fragmenten eine artifizielle Sekundärstruktur induziert. Die N-Methylierung sollte dabei eine NMR-spektroskopische Untersuchung der Wechselwirkungen ermöglichen, die zur Ausbildung der β-Faltblatt-Struktur beitragen. Dabei musste eine eventuelle Aggregation des Alanyl-PNA-Rückgrats unterbunden werden, ohne dabei die Interaktion der Erkennungseinheiten zu stören. Im Vordergrund stand die Synthese der N-methylierten Nukleoaminosäuren **76-78** (Abb. 69), die alternierend in ein Alanyl-PNA-Hexamer integriert werden sollten. Die entwickelte Synthesestrategie beschreibt die Synthese der Dipeptide **84-86** (Abb. 69), die in Lösung über das N-methylierte Amin gekuppelt wurden. Dadurch sollte die Verwendung der Dipeptide als monomere Einheiten eine vereinfachte Synthese an fester Phase ermöglichen, da die Kupplung über das weniger gehinderte nicht methylierte Amin stattfinden kann. Die Synthese der Boc-geschützten N-methylierten Nukleoaminosäuren **76** und **77** wurde ausgehend vom N-methyl-Serin durch nukleophile β-Lacton-Ringöffnung der jeweiligen Nukleobase in guten Ausbeuten verwirklicht. Die anschließende Synthese der Dipeptide **84** und **85** mit der Kombination der Aktivierungsreagenzien HATU/HOAt konnte in Lösung unter den gewählten Bedingungen in Ausbeuten von 15% (**84**) und 13% (**85**) realisiert werden. Die direkte N-Methylierung des Lysins **78** mit Dimethylsulfat nach *Kessler* wurde wie auch die anderen N-methylierten Nukleoaminosäuren in sehr guter Ausbeute hergestellt, konnte jedoch in der darauffolgenden Synthese nicht zum Dipeptid **86** umgesetzt werden.[209]

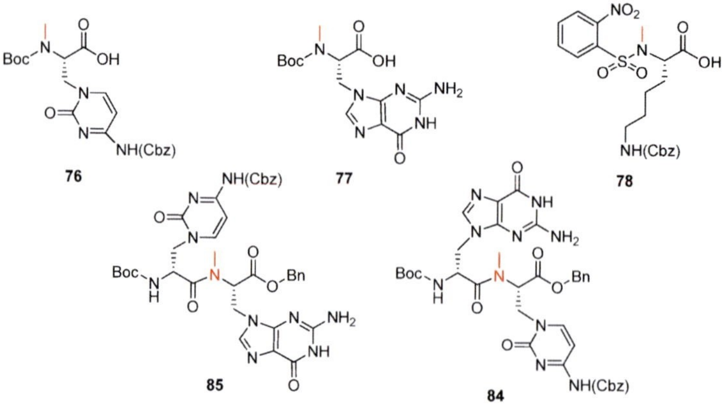

Abb. 69: Darstellung der erfolgreich synthetisierten *N*-methylierten Nukleoaminosäuren **76**-**78** und der *N*-methylierten Dipeptide **84** und **85**.

Die erzielten Ausbeuten veranschaulichen sehr deutlich die Schwierigkeiten bei der Kupplung sterisch anspruchsvollen *N*-methylierter Nukleoaminosäuren, die aufgrund ihres chemischen Aufbaus das reaktive Amin sterisch beeinträchtigen.[206] Im Rahmen der in unserem Arbeitskreis durchgeführten Untersuchungen zur Kupplung von *N*-methylierten Nukleoaminosäuren wurden viele der effektivsten Aktivierungsreagenzien getestet. Im Vergleich zu PyBroP, BTC und DIC/HOAt erwies sich die Kombination aus HATU/HOAt in DMSO als die effektivste Kombination bei der mikrowellenunterstützten Festphasen-Synthese.[211,212] Trotz dieser Erkenntnisse führte die Verwendung dieser Aktivierungsreagenzien zu keiner sehr effektiven Kupplung in Lösung unter den von uns gewählten Bedingungen. Eine weitere Optimierung der Reaktionsbedingungen ist hierbei erforderlich, dabei muss jedoch berücksichtigt werden, dass die Gefahr von Racemisierung mit steigender Temperatur und Reaktionszeit immer wahrscheinlicher wird. Die Kupplung in Lösung hatte außerdem den Nachteil, dass das Arbeiten mit einem Überschuss an Reaktanden unweigerlich zu einem Produktgemisch führte, das schwer aufzureinigen war und zu signifikanten Produktverlusten führte. Ein Arbeiten mit effizienter Atomökonomie ist bei einer Kupplung in Lösung somit schwer zu verwirklichen.

Die erfolgreich synthetisierten Dipeptide können dazu verwendet werden, mit Hilfe der manuellen Festphasen-Synthese die Kupplungseigenschaften von methylierten Dipeptiden zu untersuchen. Durch die erlangten Erkenntnisse und optimierten Bedingungen könnte eine effiziente Verwendung der Dipeptide in der automatisierten Festphasen-Synthese von längeren mehrfach *N*-methylierten Alanyl-PNA-Fragmenten ermöglicht werden. Da bereits ein Alanyl-PNA-Hexamer zur Ausbildung von stabilen Sekundärstrukturelementen ausreicht, sollte es auf diese Weise möglich sein, alternierende *N*-methylierte PNA-Fragmente in nur drei Kupplungsschritten zu synthetisieren.

Das Hauptinteresse bleibt weiterhin in der Verwendung von artifiziellen Oligomeren als Konformations-Schalter auf Alanyl-PNA-Basis. Die erfolgreiche Synthese von *N*-methylierten Alanyl-PNA-Hexameren ist somit ein Schlüsselschritt für eine Vielzahl von Untersuchungen, welche die Auswirkungen einer gezielten Ligation von Alanyl-PNA-Fragmenten in ein Peptid oder Protein auf dessen Konformation beschreiben. Die *N*-Methylierung würde zudem eine detaillierte Untersuchung der zur Ausbildung des β-Faltblatts notwendigen Wechselwirkungen mittels NMR-Spektroskopie ermöglichen.[228] Auf diese Weise können die bereits erzielten Ergebnisse auf dem Feld der molekularen Schalter vervollständigt und die *N*-methylierte Alanyl-PNA als ein potentielles funktionales Oligomer zur selektiven Beeinflussung der Proteinstruktur etabliert werden.

9 Summary and Outlook

The herein described approaches for the synthesis of complex functional oligomers are based on specific design of modified building blocks, which can be used in solid phase synthesis and thereby expand the scope of applications for oligonucleotides.

The approach for the dynamic modification of the oligonucleotide backbone determined the strategy for the development and design of the acyclic thiol including building blocks. The design of the building blocks is based on the threoninol scaffold, which could be gained by starting off with the natural amino acid threonine and was successfully converted to the selectively protected thiol derivatives. The selected protecting groups were used to determine the ideal conditions for synthesis and deprotection of the modified oligonucleotides, to guarantee an efficient and quantitative release of the thiol. In this manner five derivatives (**17-20, 22**) of the new acyclic backbone building block were synthesized in good yields (Figure 70).

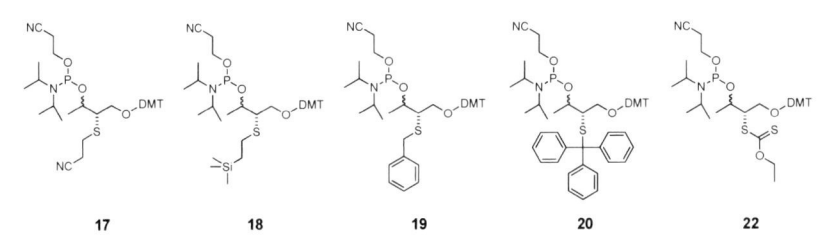

Figure 70: Synthesized acyclic building blocks for the solid phase oligonucleotide synthesis.

In the process an efficient synthetic route was developed, which allows the synthesis of universally applicable building blocks for the use in solid phase synthesis. The thioether derivatives **17-20** proofed to be stable and easy to handle during the synthesis of the selectively protected building blocks and the modified oligonucleotides could be successfully synthesis using solid phase synthesis. In case of *O*-ethyl-dithiocarbonyl protected building block **22**, the protecting group was not stable against the conditions of the oxidation step within the solid phase synthesis cycle and the released thiol was oxidized. The resulted sulfonic acid is unreactive and not suitable for further dynamic functionalization. The coupling of the modified building blocks during solid phase synthesis was associated with low coupling efficiency and led in cases of the building blocks **18** and **20** to a significant decrease of the overall yield. Purity and stability of the building block, as well as its sterical arrangement are important key factors for an efficient oligonucleotide synthesis. The cyanoethyl (**17**) and benzyl (**19**) protected building blocks showed the best coupling efficiencies and were integrated into oligonucleotides in high yields. The building block **17** could be integrated at two different positions within one oligonucleotide without significant decrease of the overall yield. The incorporation efficiency of the acyclic building blocks was tested on a variety of non-self-complementary oligonucleotide sequences (Oligo1-Oligo7) and positions (3 and 7) within the single strands. While the placement of the acyclic derivative **18** at position 3 within the oligonucleotide Oligo1^3 led to a better coupling and overall yield, although the sequence of the neighboring nucleotides did not had any effect on the coupling efficiency of any of the building blocks.

The successful incorporation of the modified acyclic building blocks into oligonucleotides is just one of the important steps, which are necessary for the dynamic modification based on dynamic combinatorial chemistry. The selective and quantitative deprotection of the thiol was the main challenge during the investigations. Even though it was possible to deprotect the single building blocks, the efficient and quantitative deprotection of the modified oligonucleotides could not be achieved under mild conditions in any of the cases in appropriate yields. The TMSE and the cyanoethyl protecting groups remained stable under mild conditions and could partly be deprotected at 50 °C with TBAF leading to a significant cleavage of the modified oligonucleotide. The cyanoethyl protecting group could be partly removed in a two step procedure on resin. But it was not possible to separate the product using HPLC due to identical retention times of starting material and product. These difficulties were present for all purifications using HPLC and resulted in a mixture of compounds, not being suitable for further use in the dynamic modification assay. The same difficulties were faced using the trityl protected acyclic building block **20**. After the deprotection with silver nitrate in the presence of DTT the deprotected oligonucleotide could not be efficiently separated from the precipitated complex. The limiting factors of the here introduced selectively protected thiol derivatives are the cleavage of the protective group under basic conditions, the difficult cleavage of the C-S bond of the thioester compounds as well as the purification and separation of the deprotected product. These circumstances declare the thioether family as unsuitable for the here presented assay of dynamic modification of oligonucleotides.

A promising approach for efficient and quantitative deprotection could be provided by the use of photolabile protecting groups. Such a strategy would have the advantage of a selective photo induced release of the thiol directly before the dynamic modification of the functionalized oligonucleotide. Some of the experienced problems with the thioester protected thiol-oligonucleotides could be avoided. The deprotection of photolabile protecting groups typically takes place under mild physiological conditions in UV-A range (400-315 nm) without harming the oligonucleotide.[150,151] Due to the wide range of accessible thiol caging groups is it possible to determine an efficient photolabile protecting group with a suitable wavelength for the dynamic system.[218] In chapter 3.4.4 one possible protecting group to this approach was introduced. Unfortunately the 2-nitrobenzyl protected building block could not be synthesized and the synthetic route needs further optimization. Apart from the 2-nitrobenzyl protecting group the phenazyl, benzoyl and (cumarin-4-yl)methyl-derivatives are further candidates for thiol protection which can photolytically and selectively release the thiol (Figure 71). The use of photolabile protecting groups adds one further selective deprotection method for the use of multiple orthogonal protected modifications.

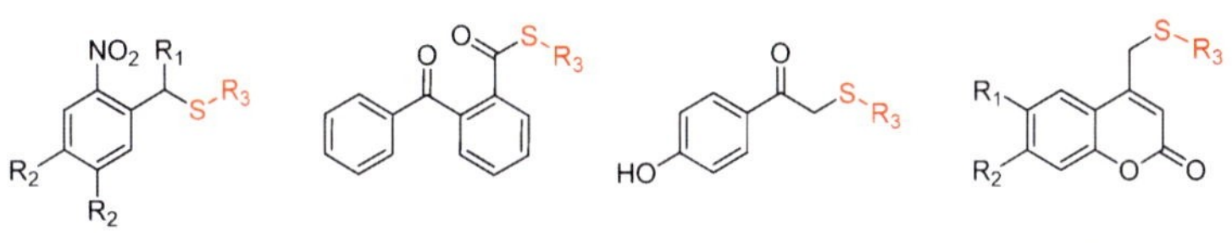

Figure 71: Possible photolabile protecting groups for the selective thiol protection of modified oligonucleotides a) 2-nitrobenzyl, b) benzoyl, c) phenazyl and d) cumarin-derivatives (R$_3$: acyclic building blocks, R1, R2: functional groups).

Another method of synthesizing thiol-modified oligonucleotides is to protect the thiol as a disulfide. The reductive cleavage of the disulfide leads to a selective release of the desired thiol under mild conditions. S. Pérez-Rentero et al. describe in their studies of thiol-modified nucleosides a threoninol based building block, which thiol function was protected with a *tert*-butylsulfanyl group.[219,220] The advantage of disulfide protected thiols is the efficient cleavage of the protecting group with reducing agents like DTT and TCEP under mild biological conditions. In case of the *tert*-butylsulfanyl protected building block one major concern was detected, the disulfide was unstable during the oxidation step of the solid phase synthesis when iodine solutions were used. The side reaction generating the sulfonic acid could be minimized by exchange of the oxidation agent but not avoided. Another difficulty is the synthesis of the disulfide bearing building block. That means in our case by starting with L-threonine we have to selectively protect the 1,3-diol intermediate, followed by the introduction of a thiol function which is later converted to the asymmetric disulfide and finally we have to selectively deprotect the diacetal. Apart from the synthetic effort the synthesis of disulfides leads to a mixture of all possible disulfide symmetric and asymmetric combinations which are difficult to purify. Nevertheless the well established mild deprotection conditions and the variety of suitable disulfides offer a good alternative to the here introduced thiol protection strategy.

The reactivity of the thiol is not just a necessary requirement for the effective dynamic modification but is also one of the major concerns. Even in case of the selective deprotection of the thiol the danger of fast occurring side reactions like oxidation and hydrolysis of the thioester is present. An ideal assay should include an efficient immediate release of the thiol shortly before the reversible thiol-thioester exchange without an interrupting purification and isolation step. The previously mentioned photolabile and disulfide protecting groups are suitable candidates for such an approach and should be tested in further investigations. Furthermore the chosen thiol-thioester exchange reaction for the dynamic modification of oligonucleotides does not offer a possibility to freeze the equilibrium and makes it difficult to separate the desired products. A quantitative conversion and adaptation of the dynamic library is unlikely to be achieved and will additionally enhance the difficulties of purification. The product of the thiol-thioester exchange is furthermore sensitive to hydrolysis and can become an issue in the further investigation of the dynamic combinatorial chemistry under physiological conditions.

The modification of the oligonucleotide backbone with acyclic thiol functionalized building blocks allows not only a chemo-selective dynamic modification but also a directed adaption of macromolecules to a wide range of applications. In combination with other functionalized building blocks like an amine bearing threoninol building block, it is possible to implement multiple functions within one oligonucleotide and address them selectively (Figure 73a).

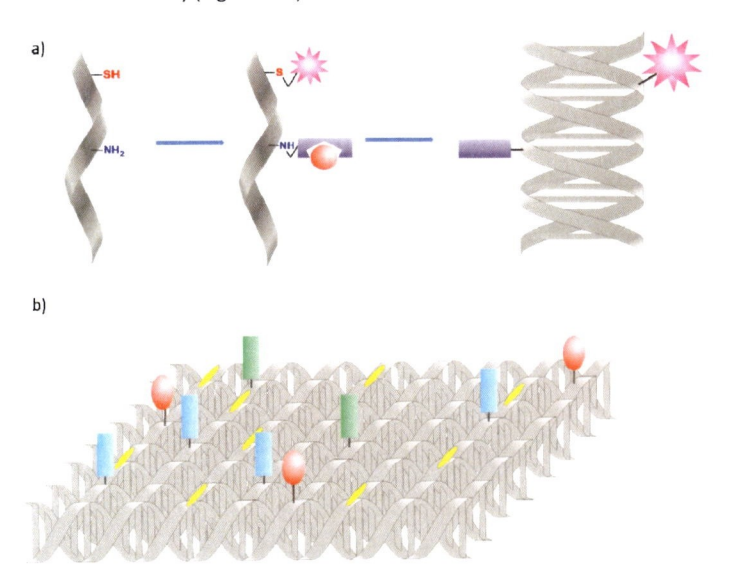

Figure73: a) Possible selective modification and functionalization of oligonucleotides and the resulting complex structures. b) Possible design of functional surfaces which are linked over disulfide bridges and carry multiple functional groups.

With the use of a maleimide residue fluoro-phores or enzymes can be attached to the thiol, while the amine can be addressed by chelating metal ligands for possible catalytic activity. Through preservation of the hybridization ability of the modified oligonucleotides new functional materials can be designed based on the helical structure. The fast growing field of DNA nanotechnology and especially of DNA origami opens a wide field for applications of modified oligonucleotides.[221] Those can be used for the design of functional surfaces which can be used in single molecule analysis (Figure 73b).[63] Therefore it would be possible to detect, to bind and screen molecules selectively through the use of the thiol function. The thiol functionalized oligonucleotides can be used for a covalent linkage through disulfide bridges and generate complex higher organized structures which can be additionally functionalized.

Another possible application area is the development of aptamers. These are single stranded oligonucleotides which can adopt a specific three dimensional structure and selectively bind to molecules. The huge diversity of aptamers ranges from fluorescent probes over catalytic active substances to biosensors and can be fitted to the thiol function. The high affinity of sulfur to gold could be used for immobilization of aptamers on surfaces or for generation of functionalized nanoparticles.[226]

The application introduced in the first part of the summary show, that through directed design of functional building blocks, modified oligonucleotides can be developed, which are suitable for a wide range of applications. Additionally to the template directed dynamic modification of oligonucleotides the building block is suitable for applications which profit from its reactivity, chemo selectivity and the possibility to place the building block anywhere within the oligonucleotide. Through a selective release of the thiol it is possible to modify the oligonucleotides with diverse functionalities.

The second part of the thesis describes the design of molecular switches, based on peptides composed of modified amino acids. These switches should allow a selective influence on the protein structure and thereby influence its biological activity.[227] The use of alanyl-PNA-oligomers as molecular switches is possible due to its recognition abilities and the formation of stable β-sheet structures between two complementary alanyl-PNA strands. Due to these abilities alanyl-PNA oligomers are promising candidates for a selective and directed switching of protein function.[199,211]

The approach described in this thesis is based on synthesis of N-methylated alanyl-PNA hexamer **75**, which can be introduced into peptides using ligation methods and generate a secondary structure within the peptide by interacting with complementary alanyl-PNA strands. The N-methylation is thereby important for NMR-spectroscopic investigations of the interactions which lead to the formation of the β-sheet structure. Therefore it is necessary to avoid backbone aggregation without disturbing the interactions of the recognition units. The focus of the thesis lies on the synthesis of N-methylated nucleo amino acids **76-78** (Figure 74), which can be integrated in an alternating manner into the hexamer and serve the purpose of preventing the backbone aggregation. The developed synthetic strategy describes the synthesis of dipeptides **84-86** (Figure 74), which have been coupled in solution to the methylated N-terminal end of the modified nucleo amino acids. This strategy allows the use of the dimers as monomer units in the solid phase peptide synthesis which can be coupled over the non sterically hindered amine of the dimer and avoid the difficulties of poor coupling efficiencies caused by the bulky N-methylated nucleo amino acids.

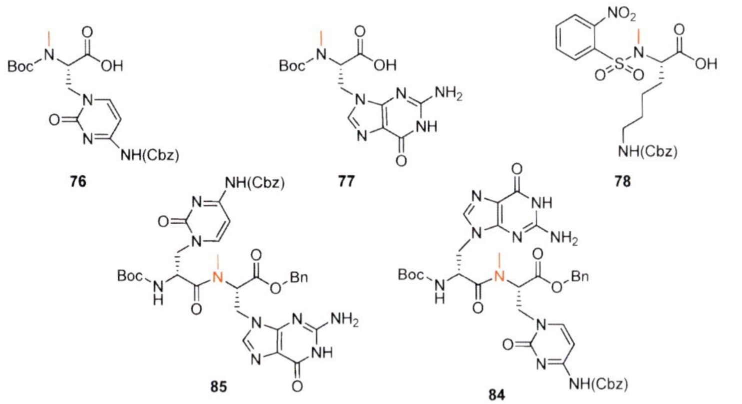

Figure74: The successfully synthesized N-methylated nucleo amino acids 76-78 and the N-methylated dipeptides 84 and 85.

The synthesis of the Boc-protected N-methylated nucleo amino acids **76** and **77** was performed in good yields by starting with N-methyl serine and the followed nucleophilic ring opening of the β-lactone by the desired nucleobase. The following synthesis of the dipeptides **84** and **85** with the combination of HATU/HOAt activation agents could be achieved in yields of 15% (**84**) and 13% (**85**) in solution under the chosen conditions. The direct N-methylation of the lysine **78** using the conditions published by *Kessler* could also be achieved in good yields. Unfortunately it was not possible to synthesize the dipeptide **86** in sufficient yields.[209]

The obtained yields show clearly the difficulties of coupling of sterically hindered N-methylated nucleo amino acids due to the difficult access to the reactive amine.[206] Within the studies on the ideal coupling condition for N-methylated nucleo amino acids, made in our research group, several activation agents have been tested. In comparison to PyBop, BTC and DIC/HOAt the combination of HATU/HOAt in DMSO showed to be the most promising one for solid phase synthesis under microwave conditions.[211,212] However in our case the use of HATU/HOAt did not necessarily lead to good yields for the coupling in solution under the chosen conditions. A further optimization of the reaction conditions is necessary, wherein the danger of racemisation with increasing temperature and coupling time should not be neglected. Besides the synthesis in solution has several disadvantages in comparison to the coupling on solid support. Usualy it is necessary to work with an excess amount of reagents to achieve good coupling yields, which is troublesome doing the synthesis in solution due to difficulties in separating of high amount of starting material from the product. In addition to that, the separation often leads to significant loss of the product and negatively effects the overall yield.

The successfully synthesized dipeptides **84** and **85** can be used for manual solid phase synthesis, with the advantage of avoiding the difficulties of complicated coupling of *N*-methylated nucleo amino acids. The resulting observations can be used for further optimization and application of the dipeptides in the automated solid phase synthesis, which should allow the synthesis of longer alanyl-PNA sequences with multiple *N*-methylated fragments. The main interest remains in the use of artificial oligomers as conformational switches based on alanyl-PNA. The synthesis of *N*-methylated alanyl-PNA hexamers is a keystep for the investigations of a wide range of applications of the effect of a directed ligation of alanyl-PNA fragments and their influence on the overall conformation of proteins. The *N*-methylation would also allow a closer look at the interactions which are responsible for the formation of the β-sheet structure by using NMR-spectroscopy methods.[228] These results would complete the existing information in the field of molecular switches and establish the *N*-methylated alanyl-PNA as suitable candidate for selective influence of the protein structure and function.

10 Experimentalteil

10.1 Präparative Arbeitsmethoden

Reagenzien

Die Reagenzien wurden von den Firmen *Fluka, Sigma-Aldrich, Acros-Organics, Merck, ABCR, Fisher Scientific, VWR, TCI* und *Alfa Aesar* in der Qualität „zur Synthese" oder „zur Analyse" bezogen und verwendet.

Lösungsmittel

Alle technischen Lösungsmittel wurden vor Gebrauch destilliert. Trockene Lösungsmittel (Acetonitril, Dichlormethan, N,N'-Dimethylformamid, Pyridin, Tetrahydrofuran, Toluol) wurden in den Qualitäten „puriss. über Molekularsieb" von den Firmen *Sigma-Aldrich, Fluka* und *Acros-Organics* bezogen oder nach Destillation unter Schutzgasbedingungen getrocknet und unter Molekularsieb gelagert (Tetrahydrofuran und Toluol über Natrium und Dichlormethan und Pyridin über Calciumhydrid). Die Lösungsmittel für die HPLC wurden in der Qualität "HPLC-Grade" bezogen und verwendet.

Reaktionen

Für Reaktionen unter Feuchtigkeitsausschluss wurden Argon (>99.996%) und Stickstoff (>99.996%) als Inertgas verwendet. Das Inertgas wurde mittels eines mit Phosphoroxid/Bimsstein gefüllten Trockenrohrs zusätzlich nachgetrocknet. Die verwendeten Glasgeräte wurden unter Vakuum mit Heißluft ausgeheizt mit Inertgas beschickt und abgekühlt. Für die Synthese von Thiolen, Radikal-Reaktionen und Palladium-Reaktionen wurde das entsprechende Lösungsmittel durch das Durchleiten von Argon entgast.

Chromatographie

(a) Dünnschichtchromatographie (DC)

Es wurden Dünnschichtfertigplatten der Schichtdicke 0.25 mm, beschichtet mit Kieselgel 60 F_{254} der Firma *Merck*, verwendet. Zum Nachweis der Substanzen diente Fluoreszenzlöschung bei 254 nm und 366 nm sowie Tauchfärbung mit Vanillin-Schwefelsäure (215 mL Methanol, 25.0 mL konzentrierte Schwefelsäure, 1.25 g Vanillin) und Kaliumpermanganat-Lösung (200 mL Wasser, 2.00 g Kaliumpermanganat, 13.3 g Kaliumcarbonat, 2.20 mL einer 5%igen Wässrigen Natriumhydroxid-Lösung).

(b) Flash-Säulenchromatographie

Die Säulen wurden mit Kieselgel 60 der Firma *Merck* mit der Korngröße 40-63 µm feucht als Suspension in dem jeweiligen Laufmittel gepackt. Das Substanzgemisch wurde entweder als konzentrierte Lösung im Laufmittel oder adsorbiert auf Kieselgel aufgetragen. Die Trennung erfolgte unter einem Überdruck von 0.7-1.0 bar. Die einzelnen Fraktionen wurden mittels Dünnschichtchromatographie ermittelt.

(c) Hochleistungsflüssigkeitschromatographie (HPLC)

Semipräparative und analytische HPLC-Trennung wurde an Geräten der Firma *Pharmacia (Äkta basis System*, Hochdruckpumpenmodul 900, variabler Wellenlängendetektor 900) und der *JASCO (MD 2010 Plus multiwavelength detector)* durchgeführt. Die Trennung der Substanzgemische erfolgte mit unterschiedlichen Säulen:

EC 250/4.6 Nucleodur 100-5 C18ec, *Macherey Nagel* (analytisch)

VP 250/10 Nucleodur 100-5 C18ec, *Macherey Nagel* (semipräparativ)

DNAPac PA200 4x5 mm, *DIONEX* Ionentauschersäule (analytisch)

Die analytischen Trennungen wurden mit einer Fließgeschwindigkeit von 1 mL·min^{-1} und die semipräparativen Trennungen mit einer Fließgeschwindigkeit von 3 mL·min^{-1} durchgeführt. Die verwendeten Säulen sowie die Lösungsmittelsysteme sind bei den jeweiligen Verbindungen aufgeführt. Die UV-Detektion erfolgte bei den Wellenlängen 254 nm, 260 nm und 280 nm.

Lyophilisation

Wässrige Lösungen von Verbindungen wurden mit flüssigem Stickstoff eingefroren und mittels eines *Christ Alpha 2-4 Lyophilisator* gefriergetrocknet. Mengen bis 1 mL wurden in einem *Eppendorf*-Reaktionsgefäß überführt, mit flüssigem Stickstoff eingefroren und mittels einer *Christ RVC-2-18* Zentrifuge getrocknet.

10.2 Charakterisierung

Kernspinresonanzspektroskopie (NMR)

Die NMR-Spektren wurden am *Varian Unity 300*, *Varian INOVA-500* und *Varian INOVA 600* Spektrometern oder selbstständig am *Varian MERCURY-Vx300* gemessen. Die chemischen Verschiebungen sind in *parts per million* (ppm) und die skalare Kopplungskonstanten *J* in Hertz (Hz) angegeben. Für die Kopplungskonstanten wurden die folgenden Abkürzungen verwendet: Singulett (s), breites Singulett (s_{br}), Dublett (d), Triplett (t), Quartett (q), Dublett von Dublett (dd), Triplett von Dublett (td) und Multiplett (m). Gemessen wurde in deuterierten Lösungsmitteln ($CDCl_3$, DMSO-D_6 und D_2O) mit Tetramethylsilan (TMS) oder den Restprotonen der Lösungsmittel als internen Standard. $CDCl_3$: 7.24 ppm (^{1}H-NMR) und 77.0 ppm (^{13}C-NMR), DMSO-D_6: 2.49 ppm (^{1}H-NMR) und 39.5 ppm (^{13}C-NMR). 13C-NMR-Spektren wurden breitbandentkoppelt aufgenommen. Die Signalzuordnung erfolgte zum Teil mit Hilfe von [^{1}H-^{1}H]-COSY-, HSQC- und HMBC-Experimenten.

Massenspektrometrie (MS)

Die ESI-Massenspektren wurden am Gerät der Firma *Finnigan* (LCQ oder TSQ 7000) aufgenommen. Die Angaben erfolgten in *m/z*. Die hochaufgelösten ESI-Spektren (HRMS) wurden an einem Gerät der Firma *Bruker* (APEX-Q IV 7T) aufgenommen.

Ultraviolett-Spektroskopie (UV/Vis)

Die UV-Spektren wurden mit den Geräten der Firmen *Perkin-Elmer* (Lambda 10 UV/Vis), dem *JASCO* (V-550 UV/Vis Spektrometer) oder dem *Thermo scientific*

(NanoDrop 2000C spectrophotometer) aufgenommen. Die Konzentration von Oligonukleotid-Lösungen wurde durch Absorption bei der Wellenlänge von 260 nm bestimmt. Dabei wurden folgende Extinktionskoeffizienten für die Nukleobasen verwendet: Guanin: ε_{260} = 12100, Adenin: ε_{260} = 15200, Cytosin: ε_{260} = 7050, Thymin: ε_{260} = 8400. Bei der Konzentrationsbestimmung von modifizierten Einzelstrang-Oligonukleotiden mit dem NanoDrop wurde ein Korrekturfaktor von 33 angenommen.

10.3 Oligonukleotid-Synthese

Alle modifizierten und nicht-modifizierten Oligonukleotide wurden an einem DNA/RNA/LNA-Synthesizer der Firma *K&A Laborgeräte* (Schaafheim, Deutschland) synthetisiert. Die verwendeten, mit Harz beladenen Säulen (200 nmol) sowie die Phosphoramidit-Bausteine wurden von der Firma Link Technologies (Lanarkshire, Schottland UK) bezogen. Die verwendeten Harze waren mit den entsprechenden Nukleosiden vorbelegt. Die Synthese der Oligonukleotide verlief, falls nicht weiter erwähnt unter Standardbedingungen, wobei die letzte DMT-Schutzgruppe am 5´-Ende belassen wurde (DMT-On). Im Anschluss an die Synthese wurde das Harz mit konzentrierter Ammoniak-Lösung (32%) versetzt und über Nacht bei 50 °C im Trockenschrank belassen. Die erhaltene Lösung wurde filtriert und mittels Lyophilisation getrocknet. Anschließend wurden die Oligonukleotide mittels HPLC aufgereinigt und lyophilisiert. Vor jeder massenspektrometrischen Analyse wurden die Oligonukleotide mit *Sep-Pak Plus* C18 *Cartridges* entsalzt und erneut lyophilisiert.

Entsalzen der Oligonukleotide.

Das nach der HPLC-Trennung erhaltene, gefriergetrocknete Oligonukleotid wurde in TEAA-Puffer (1.0 mL, 0.1 M, pH 7) aufgenommen und durch mehrfaches Behandeln im Ultraschaal-Bad (3 x 30 sec) in Lösung gebracht.

Die *Sep-Pak Plus* C18 Säule wurde mit einer Milliq-Wasser/Acetonitril-Lösung (1.5 mL, 50/50) befeuchtet und anschließend mit einem TEAA-Puffer (3.0 mL, 0.1 M, pH 7) langsam äquilibriert. Anschließend wurde das gelöste Oligonukleotid auf die *Sep-Pak Plus* C18 Säule gegeben (sehr langsam, 1 Tropfen/5 sec). Die Säule wurde dann mit Milliq-

Wasser gewaschen (3 x 1.5 mL) und das entsalzte Oligonukleotid mit einer Lösung aus Milliq-Wasser/Acetonitril (2 x 1 mL, 50/50) von der Säule eluiert und in einem Eppendorfgefäß gesammelt. Die erhaltene Lösung wurde lyophilisiert und konnte für massenspektrometrische Untersuchungen verwendet werden.

10.4 Entschützung der Oligonukleotide

DMT-Entschützung der modifizierten Oligonukleotide

Das mittels HPLC aufgereinigte DMT-geschützte Oligonukleotid wurde in einer wässrigen Essigsäure-Lösung (80%, 1.0 mL) aufgenommen und eine Stunde bei Raumtemperatur inkubiert. Die erhaltene Lösung wurde mittels Vakuumzentrifugation getrocknet und mit *Sep-Pak Plus* C18 *Cartridges* entsalzt und aufgereinigt.

Entschützung der TMSE-geschützten Oligonukleotide mit TBAF

In einem Eppendorf Reaktionsgefäß wurden zu einer gefriergetrockneten Probe des TMSE-geschützten Oligonukleotids (30-50 µmol) 0.2-0.5 mL einer 1.0 M TBAF-Lösung in trockenem THF zugegeben und die erhaltene Lösung mit Argon überschichtet. Das Eppendorf Reaktionsgefäß wurde mi Alufolie umwickelt und für die entsprechende Zeit (30 min-24 h) bei Raumtemperatur oder (2.5-5 h) bei 50 °C im Thermoschüttler inkubiert. Anschließend wurde die Reaktion mit der gleichen Menge (0.2-0.5 mL) an 1.0 m TEAA Puffer (pH 7) gequenscht und das THF durch Konzentration entfernt. Das erhaltene Gemisch wurde lyophilisiert und anschließend mittels HPLC aufgereinigt.

Entschützung der TMSE-geschützten Oligonukleotide mit NEt$_3$(HF)$_3$

In einem Eppendorf Reaktionsgefäß wurden eine gefriergetrockneten Probe des TMSE-geschützten Oligonukleotids (30-50 µmol) mit 100-200 µL einer reinen NEt$_3$(HF)$_3$-Lösung versetzt und die erhaltene Lösung mit Argon überschichtet. Das Eppendorf Reaktionsgefäß wurde mi Alufolie umwickelt und für die entsprechende Zeit (30 min-24 h) bei Raumtemperatur oder (2.5-5 h) bei 50 °C im Thermoschüttler inkubiert. Anschließend wurde die Reaktion mit einem TEAA Puffer (0.2-0.5 mL, 1.0 m, pH 7) gequenscht. Das erhaltene Gemisch wurde lyophilisiert und anschließend mittels HPLC aufgereinigt.

Mehrstufige Entschützung der Cyanoethyl-geschützten Oligonukleotide.

Das sich am CPG-Harz befindliche Cyanoethyl-geschützte Oligonukleotid wurde direkt nach der Synthese mit einer 1.0 M DBU Lösung (1.5 mL) in trockenem Acetonitril in Anwesenheit von Natriumhydrogensulfid (NaSH, 0.5 mmol) für drei Stunden bei Raumtemperatur inkubiert. Anschließend wurde das Harz mit Acetonitril (3 x 0.5 mL) gespült, in einer konzentrierten Ammoniumhydroxid-Lösung (37%, 1.5 mL) aufgenommen und über 14 h bei 60 °C im Trockenschrank belassen. Anschließend wurde das Harz mit einem TEAA Puffer (2 x 2.5 mL, 1.0 m, pH 7) gespült, das erhaltene Lösung lyophilisiert und anschließend mittels HPLC aufgereinigt.

Entschützung der Trityl-geschützten Oligonukleotide mit $AgNO_3$.

In einem Eppendorf Reaktionsgefäß wurden eine gefriergetrockneten Probe des TMSE-geschützten Oligonukleotids (30-50 µmol) in einer Lösung aus $AgNO_3$ (150 nmol) in TEAA-Puffer (1 mL, 0.1 M, pH 7) aufgenommen und für 30 min bei Raumtemperatur inkubiert. Darauffolgend wurde eine wässrige Lösung aus DTT (0.1 mol; 10 µL) zugegeben und das erhaltene Gemisch für weitere 10 min am Thermoschüttler inkubiert. Der gebildete Ag^+/DTT-Koplex wurde mittels mehrfacher Zentrifugation (3 x 10 min, 9000 rpp, RT) gefällt, der Überstand jeweils abgetrennt und gesammelt. Die erhaltene Überstand-Lösung wurde lyophilisiert und anschließend mittels HPLC aufgereinigt.

10.5 Synthese der DNA-Bausteine

(2S,3R)-2-Bromo-3-hydroxybutansäure (25)[118]

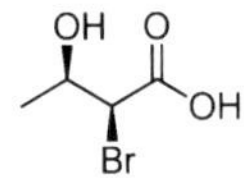

OH O
  \|/
   ⋏⋏OH
   |
   Br
   25
$C_4H_7BrO_3$ [183.00]

L-Threonin (25.0 g, 210 mmol, 1.00 Äq.) wurde zusammen mit Kaliumbromid (87.4 g, 73.4 mmol, 3.50 Äq.) in Schwefelsäure (2.5 M, 500 mL) gelöst und auf 0 °C gekühlt. Zu dem entstandenen Gemisch wurde Natriumnitrit (22.0 g, 32.8 mmol, 1.50 Äq.) portionsweise über einen Zeitraum von 3 h bei 0 °C zugegeben und 12 h bei Raumtemperatur gerührt. Die erhaltene Lösung wurde mit Ethylacetat extrahiert (3 x 250 mL) und die vereinigten organischen Phasen mit einer gesättigten Gesättigter Natriumhydrogensulfat-Lösung-Lösung gewaschen (2 x 250 mL). Die Zielverbindung **25** (34.4 g, 188 mmol, 90%) konnte nach Entfernen des Lösungsmittels unter Vakuum als gelbliches Öl erhalten werden.

^{1}H-NMR (300 MHz, CDCl$_3$, RT): δ = 1.25 (d, $^3J_{H-H}$ = 6.2 Hz, 3H, CH$_3$), 4.15 (q, $^3J_{H-H}$ = 6.2 Hz, 1H, CH), 4.22 (d, $^3J_{H-H}$ = 3.2 Hz, 1H, CH), 7.25 (s$_{br}$, 1H, OH) ppm. **^{13}C-NMR** (75 MHz, CDCl$_3$, RT): δ = 19.8 (1C, CH$_3$), 52.5 (1C, CH), 67.5 (1C, CH), 171.9 (1C, CO$_2$H) ppm.

ESI-MS *m/z* : 184.9 [M+H]$^+$, 206.9 [M+Na]$^+$.

HRMS (ESI): berechnet für C$_4$H$_8$O$_3$Br: 184.9631, gefunden 184.9637.

(2R,3R)-2-Bromobutan-1,3-diol (26)[118]

$C_4H_9BrO_2$ [169.02]

Die Bromhydroxybutansäure **25** (15.0 g, 81.9 mmol, 1.00 Äq.) wurde unter Argonatmosphäre in trockenem Tetrahydrofuran (350 mL) gelöst und eine Lösung aus Boran-Dimethylsulfid-Komplex (10 M, 19.2 mL, 204 mmol, 2.50 Äq.) und trockenem Tetrahydrofuran (50 mL) langsam bei 0 °C zugegeben. Anschließend wurde die Lösung 12 h bei Raumtemperatur gerührt. Die erhaltene Lösung wurde mit Ethylacetat extrahiert (3 x 250 mL), die vereinigten organischen Phasen über Magnesiumsulfat getrocknet und das Lösungsmittel unter Vakuum entfernt. Die Zielverbindung **26** (12.6 g, 74.5 mmol, 91%) wurde als gelbliches Öl erhalten.

1H-NMR (300 MHz, CDCl$_3$, RT): δ = 1.25 (d, $^3J_{H-H}$ = 6.2 Hz, 3H, CH$_3$), 2.41 (s$_{br}$, 2H, 2 x OH), 4.05-4.18 (m, 1H, CH), 4.22-4.40 (m, 3H, CH, CH$_2$) ppm.

13C-NMR (75 MHz, CDCl$_3$, RT): δ = 21.1 (1C, CH$_3$), 52.9 (1C, CH), 60.4 (1C, CH$_2$), 69.9 (1C, CH) ppm.

ESI-MS m/z : 190.9 [M+Na]$^+$.

HRMS (ESI): berechnet für $C_4H_9O_2BrNa$: 190.9678, gefunden: 190.9680.

2-Trimethylsilylethylthioacetat (47)[152]

47

$C_7H_{16}OSSi$ [176.35]

Vinyltrimethylsilan (7.10 g, 70.8 mmol, 1.00 Äq.) und Thioessigsäure (5.39 g, 71.0 mmol, 1.00 Äq.) wurden zusammen mit AIBN (100 mg) über 3.5 h bei 60 °C unter Rückfluss gerührt. Die Lösung wurde auf Raumtemperatur runter gekühlt und weitere 12 h bei Raumtemperatur gerührt. Fraktionierte Destillation (83 °C, 16 Torr) lieferte das Hauptprodukt **47** (10.3 g, 58.4 mmol, 82%) als eine klare Flüssigkeit.

^{1}H-NMR (300 MHz, CDCl$_3$, RT): δ = 0.02 (s, 9H, TMS), 0.84 (t, $^3J_{H-H}$ = 3.8 Hz, 2H, CH$_2$), 2.29 (s, 3H, CH$_3$), 2.88 (t, $^3J_{H-H}$ = 3.8 Hz, 2H, CH$_2$) ppm.

^{13}C-NMR (75 MHz, CDCl$_3$, RT): δ = -1.68 (3C, TMS), 18.06 (1C, CH$_2$), 20.30 (1C, CH$_2$), 28.06 (1C, CH$_3$), 194.2 (1C, CO) ppm.

ESI-MS m/z : 198.4 [M+Na]$^+$.

2-Trimethylsilylethanthiol (48)[152]

48

$C_5H_{14}SSi$ [134.32]

Das Thioacetat **47** (10.0 g, 56.7 mmol, 1.00 Äq.) wurde in einer mit Argon-entgasten Mischung aus Methanol, Wasser und Diethylether (50:25:25, 100 mL) gelöst und mit Kaliumcarbonat (9.41 g, 68.1 mmol, 1.20 Äq.) versetzt. Anschließend wurde 3.5 h bei Raumtemperatur unter Argon gerührt. Die Lösung wurde mit verdünnter Schwefelsäure auf pH 2 gebracht und die so erhaltene Suspension mit Diethylether (3 x 100 mL) extrahiert. Die vereinigten organischen Phasen wurden mit einer 1%igen wässrigen Zitronensäure-Lösung (3 x 50 mL) gewaschen und über Magnesiumsulfat getrocknet. Nach Entfernen des Lösungsmittels im Vakuum konnte die Zielverbindung **48** (7.60 g, 56.4 mmol, 99%) als eine gelbliche Lösung erhalten werden.

¹H-NMR (300 MHz, CDCl₃, RT): δ = 0.02 (s, 9H, TMS), 0.94 (t, $^3J_{\text{H-H}}$ = 8.7 Hz, 2H, CH₂), 1.50 (s_br, 1H, SH), 2.60 (t, $^3J_{\text{H-H}}$ = 8.7 Hz, 2H, CH₂) ppm.

ESI-MS *m/z* : 133.1 [M-H]⁻.

(2*S*,3*R*)-2-((2-(Trimethylsilyl)ethyl)thio)butan-1,3-diol (50)

50
$C_9H_{22}O_2SSi$ [222.42]

Das Thiol **48** (3.50 g, 26.0 mmol, 1.30 Äq.) wurde in Tetrahydrofuran (100 mL) gelöst und die Lösung 15 min mit Argon entgast. Darauffolgend wurde Kaliumcarbonat (5.00 g, 36.2 mmol, 2.00 Äq.) zu dem Gemisch gegeben und für weitere 15 min gerührt. Anschließend wurde das Bromdiol **26** (3.00 g, 17.7 mmol, 1.00 Äq.) in Tetrahydrofuran (10 mL) portionsweise zugegeben und 14 h bei 40 °C gerührt. Der entstandene Niederschlag wurde abfiltriert und das Lösungsmittel unter Vakuum entfernt. Der Rückstand wurde in Ethylacetat (250 mL) aufgenommen mit Wasser (250 mL) und gesättigter Natriumchlorid-Lösung (250 mL) gewaschen. Die vereinigten organischen Phasen wurden über Magnesiumsulfat getrocknet und das Lösungsmittel unter Vakuum entfernt. Das Rohprodukt wurde durch Säulenchromatographie an Kieselgel mit den Eluenten Pentan/Ethylacetat (2:1) aufgereinigt. Die Zielverbindung **50** (4.92 g, 22.1 mmol, 85%) wurde als ein gelbliches Öl erhalten.

DC (Pentan/Ethylacetat, 2:1): R_f = 0.45.

¹H-NMR (300 MHz, CDCl₃, RT): δ = 0.02 (s, 9H, TMS), 0.89-0.99 (m, 2H, CH₂), 1.31 (d, $^3J_{\text{H-H}}$ = 7.1 Hz, 3H, CH₃), 2.51-2.62 (m, 2H, CH₂), 2.21-2.72 (m, 1H, CH), 3.11 (s_br, 2H, 2 x OH), 3.61-3.78 (m, 2H, CH₂), 3.89-4.20 (m, 1H, CH) ppm.

¹³C-NMR (75 MHz, CDCl$_3$, RT): δ = -1.74 (3C, TMS), 18.06 (1C, CH$_3$), 20.30 (1C, CH$_2$), 28.06 (1C, CH$_2$), 55.93 (1C, CH), 62.82 (1C, CH$_2$), 68.15 (1C, CH) ppm.

ESI-MS m/z: 221.1 [M-H]$^-$, 245.1 [M+Na]$^+$.

HRMS (ESI): berechnet für C$_9$H$_{22}$O$_2$SSiNa: 245.1002, gefunden: 245.1000, berechnet für C$_9$H$_{21}$O$_2$SSi: 221.1037, gefunden: 221.1027.

(2R,3S)-4-(Bis(4-methoxyphenyl)(phenyl)methoxy)-3-((2-(trimethylsilyl)-ethyl)thio)butan-2-ol (51)

51
C$_{30}$H$_{40}$O$_4$SSi [524.79]

Der Diolthioether **50** (1.00 g, 4.50 mmol, 1.00 Äq.) wurde dreimal mit Pyridin coevaporiert und in trockenem Pyridin (50 mL) aufgenommen. Nach Zugabe von Triethylamin (0.68 g, 6.75 mmol, 1.30 Äq.) und Dimethylaminopyridin (27.4 mg, 0.23 mmol, 0.05 Äq.) wurde Dimethoxytritylchlorid (1.68 g, 4.95 mmol, 1.10 Äq.) portionsweise zugegeben und die Lösung für 12 h bei Raumtemperatur gerührt. Das Lösungsmittel wurde unter Vakuum entfernt. Der Rückstand wurde in Dichlormethan (300 mL) aufgenommen und mit gesättigter Natriumhydrogencarbonat-Lösung (1 x 250 mL) und gesättigter Natriumchlorid-Lösung (1 x 250 mL) gewaschen. Die vereinigten organischen Phasen wurden über Natriumsulfat getrocknet und das Lösungsmittel unter Vakuum entfernt. Das Rohprodukt wurde durch Säulenchromatographie an Kieselgel mit den Eluenten Pentan/Ethylacetat (8:1) aufgereinigt. Die Titelverbindung **51** (1.61 g, 3.96 mmol, 68%) wurde als ein gelbliches Öl erhalten.

DC (Pentan/Ethylacetat, 8:1): R$_f$ = 0.30.

¹H-NMR (300 MHz, CDCl$_3$, RT): δ = 0.01 (s, 9H, TMS), 0.75-0.83 (m, 2H, CH$_2$), 1.17 (d, $^3J_{H-H}$ = 6.3 Hz, 3H, CH$_3$), 2.36-2.62 (m, 2H, CH$_2$), 2.65-2.71 (m, 1H, CH), 3.31-3.40 (m, 2H, CH$_2$), 3.79 (s, 6H, 2 x OCH$_3$), 4.01 (m, 1H, CH), 6.83 (d, $^3J_{H-H}$ = 8.8 Hz, 4H, H$_{Ar}$), 7.31-7.38 (m, 5H, H$_{Ar}$), 7.46 (d, $^3J_{H-H}$ = 8.8 Hz, 4H, H$_{Ar}$) ppm.

¹³C-NMR (75 MHz, CDCl$_3$, RT): δ = -1.67 (3C, CH$_3$, TMS), 17.2 (1C, CH$_2$), 20.0 (1C, CH$_3$), 28.1 (1C, CH$_2$), 53.1 (1C, CH), 55.1 (2C, 2 x OCH$_3$), 65.3 (1C, CH$_2$), 68.2 (1C, CH), 86.8 (1C, C$_{DMT}$), 113.1 (4C, 4 x CH, C$_{DMT}$), 126.8, 127.2, 128.7, 129.6 (9C, 9 x CH, C$_{DMT}$), 139.2 (2C, C$_{DMT}$), 147.9 (1C, C$_{DMT}$), 158.2 (2C, C$_{DMT}$) ppm.

ESI-MS m/z : 547.2 [M+Na]$^+$, 1071.5 [2M+Na]$^+$.

HRMS (ESI): berechnet für C$_{30}$H$_{40}$O$_4$SSiNa: 547.2309, gefunden: 547.2309.

(2R,3S)-4-(Bis(4-methoxyphenyl)(phenyl)methoxy)-3-((2-(trimethylsilyl)-ethyl)thio)butan-2-yl(2-cyanoethyl)diisopropylphosphoramidit (18)

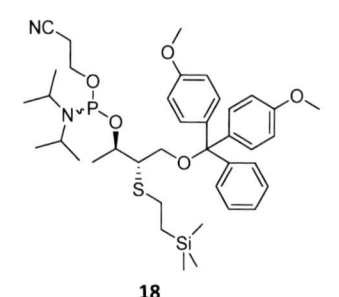

18

C$_{39}$H$_{57}$N$_2$O$_5$PSSi [725.00]

Der DMT-geschützte Thioether **51** (1.10 g, 2.12 mmol, 1.00 Äq.) wurde dreimal mit Pyridin coevaporiert und in trockenem Dichlormethan (50 mL) unter Argon aufgenommen. Nach Zugabe von Diisopropylethylamin (0.36 g, 2.76 mmol, 1.30 Äq.) wurde unter Argon das 2-Cyanoethyl-diisopropyl-chlor-phosphoramidit (500 mg, 2.12 mmol, 1.00 Äq.) bei 0 °C zugegeben und anschließend 3 h bei Raumtemperatur gerührt. Die erhaltene Lösung wurde in Dichlormethan aufgenommen und mit gesättigter Natriumhydrogensulfat-Lösung (1 x 250 mL) und gesättigter Natriumchlorid-Lösung (1 x 250 ml) gewaschen. Die vereinigten organischen Phasen wurden über Natriumsulfat getrocknet und das Lösungsmittel unter vermindertem Druck entfernt. Das Rohprodukt wurde durch Säulenchromatographie an Kieselgel mit den Eluenten Pentan/Ethylacetat (5:1) aufgereinigt. Die Zielverbindung **18** (690 mg, 1.02 mmol, 48%) wurde als ein klares Öl erhalten.

DC (Pentan/Ethylacetat, 5:1): R_f = 0.30.

^{1}H-NMR (300 MHz, CDCl$_3$, RT): δ = 0.01 (s, 9H, TMS), 0.79-0.85 (m, 2H, CH$_2$), 1.10-1.19 (m, 12H, 4 x CH$_3$), 1.32 (d, $^3J_{H-H}$ = 3.3 Hz, 3H, CH$_3$), 2.35 (td, $^3J_{H-H}$ = 6.5 Hz, 2.2 Hz, 1H, CH), 2.65-2.71 (m, 2H, CH$_2$), 3.01-3.45 (m, 4H, CH$_2$, (CH)$_2$), 3.79 (s, 6H, 2 x OCH$_3$), 3.79-3.84 (m, 1H, CH), 3.90-3.99 (m, 2H, OCH$_2$), 6.77-6.90 (m, 4H, H$_{Ar}$), 7.31-7.38 (m, 7H, H$_{Ar}$), 7.39-7.48 (m, 2H, H$_{Ar}$) ppm.

^{31}P-NMR (75 MHz, CDCl$_3$, RT): δ = 148.2, 148.9 ppm.

^{13}C-NMR (75 MHz, CDCl$_3$, RT): δ = -1.84 (3C, TMS), 16.6 (1C, CH$_3$), 20.4 (1C, CH$_2$), 24.6 (4C, 4 x CH$_3$), 25.4 (1C, CH$_2$), 27.0 (1C, CH$_2$), 51.9 (2C, 2 x CH), 52.5 (1C, CH), 55.1 (2C, 2 x OCH$_3$), 58.2 (1C, CH$_2$), 59.3 (1C, CH$_2$) 64.3 (1C, CH), 86.2 (1C, C$_{DMT}$), 113.3 (4C, 4 x CH, C$_{DMT}$), 117.7 (1C, CN), 126.6, 127.8, 128.3, 130.1 (9C, 9 x CH, C$_{DMT}$), 136.3 (2C, C$_{DMT}$), 145.1 (1C, C$_{DMT}$), 158.2 (2C, C$_{DMT}$) ppm.

ESI-MS *m/z* : 747.3 [M+Na]$^+$.

HRMS (ESI): berechnet für C$_{39}$H$_{57}$N$_2$O$_5$PSSiNa: 747.3387, gefunden: 747.3370.

S-(2-Cyanoethyl)ethanthioat (54)

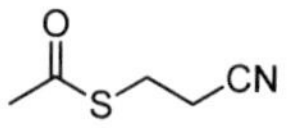

54
C$_5$H$_7$NOS [129.18]

Variante A:

Das α,β-ungesättigte Nitril (3.00 g, 56.5 mmol, 1.00 Äq.) wurde unter Argonatmosphäre in trockenem Toluol (150 mL) mit einigen Tropfen Tributylamine versetzt und die erhaltene Lösung unter Rückfluss auf 80 °C erhitzt. Bei konstanter Temperatur wurde Thioessigsäure (4.73 g, 62.1 mmol, 1.10 Äq.) langsam zugetropft und das erhaltene Gemisch 5 h gerührt. Das Lösungsmittel wurde unter vermindertem Druck entfernt und der Rückstand durch Säulenchromatographie an Kieselgel mit den Eluenten Pentan/Ethylacetat (5:1) aufgereinigt. Die Zielverbindung **54** (6.20 g, 48.1 mmol, 85%) wurde als tiefrote Flüssigkeit erhalten.

Variante B:

3-Chloropropionitril (5.01 g, 55.9 mmol, 1.00 Äq.) wurde zusammen mit Kaliumcarbonat (10.0 g, 72.6 mmol, 1.30 Äq.) unter Argon in Tetrahydrofuran (100 mL) gelöst und Thioessigsäure (4.67 g, 61.5 mmol, 1.10 Äq.) zugegeben. Die resultierende Lösung wurde 4 h bei 64 °C unter Rückfluss gerührt und anschließend auf Raumtemperatur gekühlt. Das Lösungsmittel wurde unter vermindertem Druck entfernt und der Rückstand mit Ethylacetat extrahiert (3 x 150 mL). Die vereinigten organischen Phasen wurden über Natriumsulfat getrocknet und das Lösungsmittel eingeengt. Das Rohprodukt wurde durch Säulenchromatographie an Kieselgel mit den Eluenten Pentan/Ethylacetat (5:1) aufgereinigt. Die Zielverbindung **54** (4.86 g, 36.3 mmol, 65%) wurde als eine tiefrote Lösung erhalten.

DC (Pentan/Ethylacetat, 5:1): R$_f$ = 0.55.

^{1}H-NMR (300 MHz, CDCl$_3$, RT): δ = 2.34 (s, 3H, CH$_3$), 2.63 (t, $^3J_{H-H}$ = 7.0 Hz, 2H, CH$_2$), 3.07 (t, $^3J_{H-H}$ = 7.0 Hz, 2H, CH$_2$) ppm.

^{13}C-NMR (75 MHz, CDCl$_3$, RT): δ = 18.1 (1C, CH$_2$), 24.3 (1C, CH$_2$), 31.1 (1C, CH$_3$), 118.6 (1C, CN), 189.1 (1C, CO) ppm.

3-Mercaptopropionitril (55)

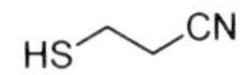

HS~~~CN

55

C_3H_5NS [87.14]

Variante A:

Das Cyanoethylthioacetat **54** (5.00 g, 38.7 mmol, 1.00 Äq.) wurde in einer mit Argon-entgasten Mischung aus Methanol und einer 1 M wässrigen NaOH-Lösung (1:1, 100 mL) gelöst und 12 h bei Raumtemperatur unter Argon gerührt. Anschließend wurde die Lösung mit verdünnter Schwefelsäure auf pH 2 gebracht. Die so erhaltene Suspension wurde mit Diethylether (3 x 100 mL) extrahiert. Die vereinigten organischen Phasen wurden über Natriumsulfat getrocknet. Nach dem Entfernen des Lösungsmittels im Vakuum konnte die Zielverbindung **55** (3.21 g, 36.8 mmol, 95%) als eine gelbliche Lösung erhalten werden.

Variante B:

3-Chloropropionitril (8.00 g, 89.4 mmol, 1.00 Äq.) wurde zusammen mit Thioharnstoff (7.49 g, 98.3 mmol, 1.10 Äq.) in *N,N*-Dimethylformamid (250 mL) gelöst und 12 h bei 90 °C unter Rückfluss gerührt. Nach dem Entfernen des Lösungsmittels unter vermindertem Druck wurde ein farbloser, kristalliner Feststoff erhalten, der in Wasser (100 mL) aufgenommen und mit einer NaOH-Lösung (7 M, 50 mL) 4 h bei 70 °C unter Rückfluss gerührt wurde. Das Gemisch wurde abrupt auf 25 °C gekühlt und mit kalter, konzentrierter Schwefelsäure auf pH 6 gebracht. Die erhaltene Lösung wurde mit Diethylether extrahiert (3 x 200 mL) und die vereinigten organischen Phasen mit Natriumsulfat getrocknet. Nach dem Entfernen des Lösungsmittels unter vermindertem Druck konnte die Zielverbindung **55** (5.22 g, 59.8 mmol, 67%) als klare, intensiv riechende Lösung erhalten werden.

^{1}H-NMR (300 MHz, CDCl$_3$, RT): δ = 1.78 (s$_{br}$, 1H, SH), 2.73 (t, $^3J_{H-H}$ = 6.8 Hz, 2H, CH$_2$), 2.88 (t, $^3J_{H-H}$ = 6.8 Hz, 2H, CH$_2$) ppm.

^{13}C-NMR (75 MHz, CDCl$_3$, RT): δ = 18.9 (1C, CH$_2$), 20.1 (1C, CH$_2$), 120 (1C, CN) ppm.

3-(((2S,3R)-1,3-Dihydroxybutan-2-yl)thio)propionitril (56)

$C_7H_{13}NO_2S$ [175.25]

3-Mercaptopropionitril (**55**) (3.00 g, 34.4 mmol, 1.30 Äq.) wurde in Tetrahydrofuran (250 mL) gelöst und die Lösung 15 min mit Argon entgast. Darauffolgend wurde Kaliumcarbonat (4.76 g, 34.4 mmol, 1.30 Äq.) zu dem Gemisch gegeben und für weitere 15 min gerührt. Anschließend wurde das Bromdiol **26** (4.47 g, 26.4 mmol, 1.00 Äq.) portionsweise zugegeben und 14 h bei 40 °C gerührt. Der entstandene Niederschlag wurde abfiltriert und das Lösungsmittel unter Vakuum entfernt. Der Rückstand wurde in Ethylacetat aufgenommen mit Wasser und gesättigter Natriumchlorid-Lösung gewaschen. Die vereinigten organischen Phasen wurden über Magnesiumsulfat getrocknet und das Lösungsmittel unter Vakuum entfernt. Das Rohprodukt wurde durch Säulenchromatographie an Kieselgel mit dem Eluenten Pentan/Ethylacetat (5:1) aufgereinigt. Die Zielverbindung **56** (3.61 g, 20.6 mmol, 78%) wurde als ein leicht gelbliches Öl erhalten.

DC (Pentan/Ethylacetat, 5:1): R_f = 0.35.

^{1}H-NMR (300 MHz, CDCl$_3$, RT): δ = 1.31 (d, $^3J_{H-H}$ = 6.2 Hz, 3H, CH$_3$), 2.45 (s$_{br}$, 2H, 2 x OH), 2.71 (t, $^3J_{H-H}$ = 7.0 Hz, 2H, CH$_2$), 2.88 (t, $^3J_{H-H}$ = 7.0 Hz, 2H, CH$_2$), 3.90-3.99 (m, 3 H, CH, CH$_2$), 4.08-4.22 (m, 1H, CH) ppm.

^{13}C-NMR (75 MHz, CDCl$_3$, RT): δ = 18.3 (1C, CH$_3$), 18.7 (1C, CH$_2$), 27.6 (1C, CH$_2$), 43.9 (1C, CH), 64.7 (1C, CH$_2$), 73.8 (1C, CH), 118.3 (1C, CN) ppm.

ESI-MS *m/z* : 198.1 [M+Na]$^+$.

HRMS (ESI): berechnet für C$_7$H$_{13}$NO$_2$SNa: 198.0559, gefunden: 198.0559.

3-(((2S,3R)-1-(Bis(4-methoxyphenyl)(phenyl)methoxy)-3-hydroxybutan-2-yl)-thio)propannitril (57)

57
$C_{28}H_{31}NO_4S$ [477.62]

Der Diolthioether **56** (1.00 g, 5.71 mmol, 1.00 Äq.) wurde dreimal mit Pyridin coevaporiert und in trockenem Pyridin (50 mL) aufgenommen. Nach der Zugabe von Triethylamin (0.75 g, 7.42 mmol, 1.30 Äq.) und 4-N,N-Dimethylaminopyridin (34.8 mg, 0.29 mmol, 0.05 Äq.) wurde Dimethoxytritylchlorid (2.12 g, 6.28 mmol, 1.10 Äq.) portionsweise zugegeben und die Lösung für 12 h bei Raumtemperatur gerührt. Das Lösungsmittel wurde unter Vakuum entfernt, der Rückstand in Dichlormethan (300 mL) aufgenommen und mit gesättigter Natriumhydrogencarbonat-Lösung (1 x 250 mL) und gesättigter Natriumchlorid-Lösung (1 x 250 mL) gewaschen. Die vereinigten organischen Phasen wurden über Natriumsulfat getrocknet und das Lösungsmittel unter Vakuum entfernt. Das Rohprodukt wurde durch Säulenchromatographie an Kieselgel mit den Eluenten Pentan/Ethylacetat (8:1) aufgereinigt. Die Titelverbindung **57** (1.77 g, 3.71 mmol, 65%) wurde als ein gelbliches Öl erhalten.

DC (Pentan/Ethylacetat, 8:1): R_f = 0.25.

^{1}H-NMR (300 MHz, CDCl$_3$, RT): δ = 1.25 (d, $^3J_{H-H}$ = 7.7 Hz, 3H, CH$_3$), 2.52-2.64 (m, 1H, CH), 2.74 (t, $^3J_{H-H}$ = 6.8 Hz, 2H, CH$_2$CN), 2.84 (t, $^3J_{H-H}$ = 6.8 Hz, 2H, CH$_2$CN), 3.60-3.69 (m, 3H, CH, CH$_2$), 3.79 (s, 6H, 2 x OCH$_3$), 6.83 (d, $^3J_{H-H}$ = 8.8 Hz, 4H, H$_{Ar}$), 7.31-7.38 (m, 5H, H$_{Ar}$), 7.46 (d, $^3J_{H-H}$ = 8.8 Hz, 4H, H$_{Ar}$) ppm.

^{13}C-NMR (75 MHz, CDCl$_3$, RT): δ = 18.3 (1C, CH$_3$), 18.7 (1C, CH$_2$), 27.6 (1C, CH$_2$), 43.9 (1C, CH), 55.1 (2C, 2 x OCH$_3$), 64.7 (1C, CH$_2$), 73.8 (1C, CH), 85.8 (1C, C$_{DMT}$), 112.1 (4C, 4 x CH, C$_{DMT}$), 118.2 (1C, CN), 126.8, 127.2, 128.7, 129.6 (9C, 9 x CH, C$_{DMT}$), 139.2 (2C, C$_{DMT}$), 147.9 (1C, C$_{DMT}$), 158.2 (2C, C$_{DMT}$) ppm.

Experimentalteil

ESI-MS m/z : 500.2 [M+Na]$^+$.

HRMS (ESI): berechnet für $C_{28}H_{31}NO_4SNa$: 500.1866, gefunden: 500.1854.

(2R,3S)-4-(Bis(4-methoxyphenyl)(phenyl)methoxy)-3-((2-cyanoethyl)thio)butan-2-yl-(2-cyanoethyl)diisopropylphosphoramidit (17)

17
$C_{37}H_{48}N_3O_5PS$ [677.83]

Der DMT-geschützte Thioether **57** (1.01 g, 2.12 mmol, 1.00 Äq.) wurde dreimal mit Pyridin coevaporiert und in trockenem Dichlormethan (50 mL) unter Argon aufgenommen. Nach der Zugabe von Diisopropylethylamin (0.36 g, 2.76 mmol, 1.30 Äq.) wurde unter Argon das 2-Cyanoethyl-diisopropyl-chlor-phosphoramidit (500 mg, 2.12 mmol, 1.00 Äq.) bei 0 °C zugegeben und anschließend 3 h bei Raumtemperatur gerührt. Die erhaltene Lösung wurde in Dichlormethan aufgenommen und mit gesättigter Natriumhydrogensulfat-Lösung (1 x 250 mL) und gesättigter Natriumchlorid-Lösung (1 x 250 mL) gewaschen. Die vereinigten organischen Phasen wurden über Natriumsulfat getrocknet und das Lösungsmittel unter vermindertem Druck entfernt. Das Rohprodukt wurde durch Säulenchromatographie an Kieselgel mit den Eluenten Pentan/Ethylacetat (5:1) aufgereinigt. Die Zielverbindung **17** (790 mg, 1.17 mmol, 55%) wurde als ein klares Öl erhalten.

DC (Pentan:Ethylacetat 5:1): R_f = 0.30.

^{1}H-NMR (300 MHz, CDCl$_3$, RT): δ = 1.09-1.21 (m, 12H, (^{i}Pr)$_2$), 1.32 (d, $^3J_{H-H}$ = 7.1 Hz, 3H, CH$_3$), 2.32 (td, $^3J_{H-H}$ = 6.5 Hz, 0.7 Hz, 1 H, CH), 2.48 (t, $^3J_{H-H}$ = 6.3 Hz, 2H, CH$_2$), 2.61 (t, $^3J_{H-H}$ = 6.3 Hz, 2H, CH$_2$CN), 2.66-2.72 (m, 2H, CH$_2$CN), 3.45-3.65 (m, 5H, CH$_2$, 3 x CH), 3.79

(s, 6H, 2 x OCH$_3$), 3.93-3.96 (m, 2H, OCH$_2$), 6.80-6.85 (m, 4H, H$_{Ar}$), 7.18-7,30 (m, 7H, H$_{Ar}$), 7.42-7.48 (m, 2H, H$_{Ar}$) ppm.

^{31}P-NMR (75 MHz, CDCl$_3$, RT): δ = 148.2, 148.9 ppm.

^{13}C-NMR (125 MHz, CDCl$_3$, RT): δ = 18.8 (1C, CH$_3$), 18.9 (1C, CH$_2$), 20.2 (1C, CH$_2$), 24.2 (4C, 4 x CH$_3$), 26.7 (1C, CH$_2$), 27.0 (1C, CH$_2$), 42.9 (2C, 2 x CH), 43.4 (1C, CH), 55.2 (2C, C$_{DMT}$, 2 x OCH$_3$), 57.9 (1C, CH$_2$), 59.3 (1C, CH$_2$), 63.4 (1C, CH), 85.5 (1C, C$_{DMT}$), 113.1 (4C, 4 x CH, C$_{DMT}$), 117.8 (1C, CN), 118.4 (1C, CN), 126.9, 127.8, 128.2, 130.2 (9C, 9 x CH, C$_{DMT}$), 136.0 (2C, C$_{DMT}$), 144.8 (1C, C$_{DMT}$), 158.5 (2C, C$_{DMT}$) ppm.

ESI-MS m/z : 700.2 [M+Na]$^+$.

HRMS (ESI): berechnet für C$_{37}$H$_{48}$N$_3$O$_5$PSNa: 700.2944, gefunden: 700.2948.

(2S,3R)-2-(Benzylthio)butan-1,3-diol (32)

32
C$_{11}$H$_{16}$O$_2$S [212.31]

Benzylmercaptan (1.00 g, 8.05 mmol, 1.30 Äq.) wurde in Tetrahydrofuran (100 mL) gelöst und die Lösung 15 min mit Argon entgast. Darauffolgend wurde Kaliumcarbonat (1.11 g, 8.05 mmol, 1.30 Äq.) zu dem Gemisch gegeben und für weitere 15 min gerührt. Anschließend wurde das Bromdiol **26** (1.04 g, 6.19 mmol, 1.00 Äq.) portionsweise zugegeben und 14 h bei 40 °C gerührt. Der entstandene Niederschlag wurde abfiltriert und das Lösungsmittel unter Vakuum entfernt. Der Rückstand wurde in Ethylacetat aufgenommen und mit Wasser und gesättigter Natriumchlorid-Lösung gewaschen. Die vereinigten organischen Phasen wurden über Magnesiumsulfat getrocknet und das Lösungsmittel unter Vakuum entfernt. Die Zielverbindung **32** (0.98 g, 4.64 mmol, 75%) wurde als ein leicht gelbliches Öl erhalten.

¹H-NMR (300 MHz, CDCl₃, RT): δ = 1.33 (d, $^3J_{H-H}$ = 6.2 Hz, 3H, CH₃), 2.53 (s_br, 2 H, 2 x OH), 2.64-2.69 (m, 1 H, CH), 3.60 (s, 2 H, CH₂), 3.95-4.01 (m, 3H, CH, CH₂), 7.20-740 (m, 5H, H_Ar) ppm.

ESI-MS *m/z* : 235.3 [M+Na]⁺.

(2R,3S)-3-(Benzylthio)-4-(bis(4-methoxyphenyl)(phenyl)methoxy)butan-2-ol (33)

33
C₃₂H₃₄O₄S [514.67]

Der Diolthioether **32** (500 mg, 2.36 mmol, 1.00 Äq.) wurde dreimal mit Pyridin coevaporiert und in trockenem Pyridin (50 mL) aufgenommen. Nach Zugabe von Triethylamin (0.31 g, 3.06 mmol, 1.30 Äq.) und Dimethylaminopyridin (14.4 mg, 0.12 mmol, 0.05 Äq.) wurde Dimethoxytritylchlorid (878 mg, 2.60 mmol, 1.10 Äq.) portionsweise zugegeben und die Lösung für 12 h bei Raumtemperatur gerührt. Das Lösungsmittel wurde unter Vakuum entfernt und der Rückstand in Dichlormethan (300 mL) aufgenommen und mit gesättigter Natriumhydrogencarbonat-Lösung (1 x 250 mL) und gesättigter Natriumchlorid-Lösung (1 x 250 mL) gewaschen. Die vereinigten organischen Phasen wurden über Natriumsulfat getrocknet und das Lösungsmittel unter Vakuum entfernt. Das Rohprodukt wurde durch Säulenchromatographie an Kieselgel mit den Eluenten Pentan/Ethylacetat (8:1) aufgereinigt. Die Titelverbindung **33** (668 mg, 1.29 mmol, 55%) wurde als ein gelbliches Öl erhalten.

DC (Pentan/Ethylacetat, 8:1): R_f = 0.20.

¹H-NMR (300 MHz, CDCl₃, RT): δ = 1.17 (d, $^3J_{H-H}$ = 7.1 Hz, 3 H, CH₃), 2.90-2.99 (m, 1 H, CH), 3.68 (s, 2 H, CH₂), 3.80 (s, 6H, 2 x CH₃), 3.97-4.05 (m, 3H, CH, CH₂), 6.80-6.85 (m, 4 H, H$_{Ar}$), 7.21-7.34 (m, 10 H, H$_{Ar}$), 7.41-7.44 (m, 4 H, H$_{Ar}$) ppm.

¹³C-NMR (75 MHz, CDCl₃, RT): δ = 20.1 (1C, CH₃), 36.2 (1C, CH₂), 49.4 (1C, CH), 55.6 (2C, C$_{DMT}$, 2 x OCH₃), 57.6 (1C, CH₂), 68.8 (1C, CH), 94.9 (1C, C$_{DMT}$), 113.2 (4C, 4 x CH, C$_{DMT}$), 124.9, 126.8, 128.1, 129.8 (14C, 14 x CH, C$_{Ar}$, C$_{DMT}$), 136.2 (2C, C$_{DMT}$), 138.4 (1C, C$_{Ar}$), 144.6 (4C, C$_{DMT}$), 158.2 (2C, C$_{DMT}$) ppm.

ESI-MS m/z : 537.2 (50) [M+Na]⁺, 1051.5 [2M+Na]⁺.

HRMS (ESI): berechnet für C₃₂H₃₄O₄SNa: 537.2070, gefunden: 537.2069.

(2R,3S)-3-(benzylthio)-4-(bis(4-methoxyphenyl)(phenyl)methoxy)butan-2-yl (2-cyanoethyl)diisopropylphosphoramidit (19)

19
C₄₁H₅₁N₂O₅PS [714.89]

Der DMT-geschützte Thioether **33** (500 mg, 0.97 mmol, 1.00 Äq.) wurde dreimal mit Pyridin coevaporiert und in trockenem Dichlormethan (50 mL) unter Argon aufgenommen. Nach der Zugabe von Diisopropylethylamin (160 mg, 1.26 mmol, 1.30 Äq.) wurde unter Argon das 2-Cyanoethyl-diisopropyl-chlor-phosphoramidit (229 mg, 0.97 mmol, 1.00 Äq.) bei 0 °C zugegeben und anschließend 3 h bei Raumtemperatur gerührt. Die erhaltene Lösung wurde in Dichlormethan aufgenommen und mit gesättigter Natriumhydrogensulfat-Lösung (1 x 250 mL) und gesättigter Natriumchlorid-Lösung (1 x 250 mL) gewaschen. Die vereinigten organischen Phasen wurden über Natriumsulfat getrocknet und das Lösungsmittel unter vermindertem Druck entfernt. Das Rohprodukt wurde durch Säulenchromatographie an Kieselgel mit den Eluenten Pentan/Ethylacetat (5:1) aufgereinigt. Die Zielverbindung **19** (499 mg, 0.69 mmol, 72%) wurde als ein klares Öl erhalten.

DC (Pentan/Ethylacetat, 5:1): R_f = 0.30.

^{1}H-NMR (300 MHz, CDCl$_3$, RT): δ = 1.11-1.17 (m, 12H, (^{i}Pr)$_2$), 1.25 (d, $^3J_{H\text{-}H}$ = 6.3 Hz, 3H, CH$_3$), 2.31-2.38 (m, 2H, CH$_2$), 2.41-2.48 (m, 2H, 2 x CH), 2.97 (m, 1H, CH), 3.32-3.38 (m, 2H, CH$_2$), 3.62 (s, 2H, CH$_2$), 3.80 (s, 6H, 2 x CH$_3$), 3.98-4.04 (m, 3H, CH, CH$_2$), 6.84 (m, 4H, H$_{Ar}$), 7.25-7,36 (m, 10 H, H$_{Ar}$), 7.45 (m, 4H, H$_{Ar}$)ppm.

^{31}P-NMR (75 MHz, CDCl$_3$, RT): δ = 148.6 ppm.

^{13}C-NMR (75 MHz, CDCl$_3$, RT): δ =19.2 (1C, CH$_3$), 20.6 (1C, CH$_2$), 24.8 (4C, 4 x CH$_3$), 35.4 (1C, CH$_2$), 46.2 (2C, 2 x CH), 51.9 (2C, C$_{iPr}$), 55.2 (2C, C$_{DMT}$, 2 x OCH$_3$), 57.6 (1C, CH$_2$), 58.4 (1C, CH$_2$), 69.2 (1C, CH), 95.1 (1C, C$_{DMT}$), 113.1 (4C, 4 x CH, C$_{DMT}$), 118.4 (1C, CN), 125.9, 127.4, 128.1, 129.8 (14C, 14 x CH, C$_{Ar}$, C$_{DMT}$), 136.5 (2C, C$_{DMT}$), 138.4 (1C, C$_{Ar}$), 144.6 (4C, C$_{DMT}$), 158.2 (2C, C$_{DMT}$) ppm.

ESI-MS m/z : 737.3 [M+Na]$^+$.

HRMS (ESI): berechnet für C$_{41}$H$_{51}$O$_5$PSNa: 737.3149, gefunden: 737.3134.

S-((2S,3R)-1,3-Dihydroxybutan-2-yl)-O-ethyl-carbonodithioat (35)

35
C$_7$H$_{14}$O$_3$S$_2$ [210.31]

Kalium-o-ethyldithiocarbonat (1.00 g, 6.24 mmol, 1.30 Äq.) wurde in Tetrahydrofuran (100 mL) gelöst und die Lösung 15 min mit Argon entgast. Darauffolgend wurde für weitere 15 min gerührt und anschließend das Bromdiol **26** (812 mg, 4.80 mmol, 1.00 Äq.) portionsweise zugegeben und 4 h bei 60 °C gerührt. Der entstandene Niederschlag wurde abfiltriert und das Lösungsmittel unter Vakuum entfernt. Der Rückstand wurde in Ethylacetat (100 mL) aufgenommen mit Wasser (50 mL) und gesättigter Natriumchlorid-Lösung (50 mL) gewaschen. Die vereinigten organischen Phasen wurden über Magnesiumsulfat getrocknet und das Lösungsmittel unter Vakuum entfernt. Die Zielverbindung **35** (787 mg, 3.74 mmol, 78%) wurde als ein leicht gelbliches Öl erhalten.

¹H-NMR (300 MHz, CDCl$_3$, RT): δ = 1.32 (d, $^3J_{H-H}$ = 6.2 Hz, 3H, CH$_3$), 1.42 (t, $^3J_{H-H}$ = 7.2 Hz, 3H, CH$_3$), 2.57 (s$_{br}$, 2H, 2 x OH), 2.98 (m, 1H, CH), 3.96-4.03 (m, 3H, CH, CH$_2$), 4.52 (q, $^3J_{H-H}$ = 7.2 Hz, 2H, CH$_2$) ppm.

ESI-MS m/z : 233.1 [M+Na]$^+$.

HRMS (ESI): berechnet für C$_7$H$_{14}$O$_3$S$_2$Na: 233.0277, gefunden: 233.0273.

S-((2S,3R)-1-(Bis(4-methoxyphenyl)(phenyl)methoxy)-3-hydroxybutan-2-yl)-O-ethyl-carbonodithioat (36)

36
C$_{28}$H$_{32}$O$_5$S$_2$ [512.68]

Der Diolthioether **35** (500 mg, 2.38 mmol, 1.00 Äq.) wurde dreimal mit Pyridin coevaporiert und in trockenem Pyridin (50 mL) aufgenommen. Nach Zugabe von Triethylamin (312 mg, 3.09 mmol, 1.30 Äq.) und Dimethylaminopyridin (14.4 mg, 0.12 mmol, 0.05 Äq.) wurde Dimethoxytritylchlorid (880 mg, 2.62 mmol, 1.10 Äq.) portionsweise zugegeben und die Lösung für 12 h bei Raumtemperatur gerührt. Das Lösungsmittel wurde unter Vakuum entfernt und der Rückstand in Dichlormethan (300 mL) aufgenommen und mit gesättigter Natriumhydrogencarbonat-Lösung (1 x 250 mL) und gesättigter Natriumchlorid-Lösung (1 x 250 mL) gewaschen. Die vereinigten organischen Phasen wurden über Natriumsulfat getrocknet und das Lösungsmittel unter Vakuum entfernt. Das Rohprodukt wurde durch Säulenchromatographie an Kieselgel mit den Eluenten Pentan/Ethylacetat (8:1) aufgereinigt. Die Titelverbindung **36** (793 mg, 1.55 mmol, 65%) wurde als ein gelbliches Öl erhalten.

DC (Pentan/Ethylacetat, 8:1): R_f = 0.25.

^{1}H-NMR (300 MHz, CDCl$_3$, RT): δ = 1.22 (d, $^3J_{H-H}$ = 6.2 Hz, 3H, CH$_3$), 1.28 (t, $^3J_{H-H}$ = 7.2 Hz, 3H, CH$_3$), 3.00-3.09 (m, 1H, CH), 3.78 (s, 6H, 2 x CH$_3$), 3.96-4.03 (m, 3H, CH, CH$_2$), 4.65 (q, $^3J_{H-H}$ = 7.2 Hz, 2H, CH$_2$), 6.80-6.90 (m, 4H, H$_{Ar}$), 7.28-7.42 (m, 5H, H$_{Ar}$), 7.43-7.48 (m, 4H, H$_{Ar}$) ppm.

^{13}C-NMR (75 MHz, CDCl$_3$, RT): δ = 14.4 (1C, CH$_3$), 19.3 (1C, CH$_3$), 43.2 (1C, CH), 55.4 (2C, C$_{DMT}$, 2 x OCH$_3$), 58.2 (1C, CH$_2$), 63.0 (1C, CH), 69.2 (1C, CH$_2$), 85.5 (1C, C$_{DMT}$), 113.3 (4C, 4 x CH, C$_{DMT}$), 126.9, 127.8, 128.2, 130.2 (9C, 9 x CH, C$_{DMT}$), 136.0 (2C, C$_{DMT}$), 144.8 (1C, C$_{DMT}$), 158.5 (2C, C$_{DMT}$), 212.4 (1C, CS) ppm.

ESI-MS m/z: 535.2 [M+Na]$^+$.

HRMS (ESI): berechnet für C$_{28}$H$_{32}$O$_5$S$_2$Na: 535.1583, gefunden: 535.1564.

S-((2S,3R)-1-(Bis(4-methoxyphenyl)(phenyl)methoxy)-3(((2cyanoethoxy) (diisopropylamino)phosphino)oxy)butan-2-yl)-O-ethyl-carbonodithioat (22)

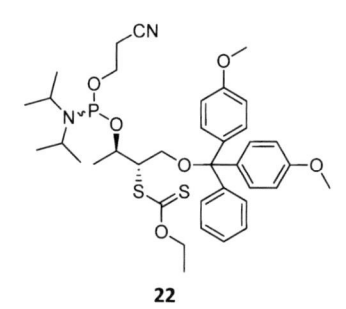

22

C$_{37}$H$_{49}$N$_2$O$_6$PS$_2$ [712.90]

Der DMT-geschützte Thioether **36** (500 mg, 0.70 mmol, 1.00 Äq.) wurde dreimal mit Pyridin coevaporiert und in trockenem Dichlormethan (50 mL) unter Argon aufgenommen. Nach Zugabe von Diisopropylethylamin (118 mg, 0.91 mmol, 1.30 Äq.) wurde unter Argon das 2-Cyanoethyl-diisopropyl-chlor-phosphoramidit (166 mg, 0.70 mmol, 1.00 Äq.) bei 0 °C zugegeben und anschließend 3 h bei Raumtemperatur gerührt. Die erhaltene Lösung wurde in Dichlormethan aufgenommen und mit gesättigter Natriumhydrogensulfat-Lösung (1 x 250 mL) und gesättigter Natriumchlorid-Lösung (1 x 250 mL) gewaschen. Die vereinigten organischen Phasen wurden über Natriumsulfat getrocknet und das Lösungsmittel unter vermindertem Druck entfernt. Das Rohprodukt wurde durch Säulenchromatographie an Kieselgel mit den Eluenten Pentan/Ethylacetat (5:1) aufgereinigt. Die Zielverbindung **22** (339 mg, 0.48 mmol, 68%) wurde als ein klares Öl erhalten.

DC (Pentan/Ethylacetat, 5:1): R_f = 0.30.

^{1}H-NMR (300 MHz, CDCl$_3$, RT): δ = 1.13 (dd, $^3J_{H-H}$ = 13.2 Hz, 6.8 Hz, 12H, (^{i}Pr)$_2$), 1.23 (d, $^3J_{H-H}$ = 6.4 Hz, 3H, CH$_3$), 1.25 (t, $^3J_{H-H}$ = 7.1 Hz, 3H, CH$_3$), 2.43-2.50 (m, 2H, CH$_2$), 2.54-2.64 (m, 3H, 3 x CH), 3.60-3.64 (m, 2H, CH$_2$), 3.78 (s, 6H, 2 x CH$_3$), 3.99-4.11 (m, 3H, CH, CH$_2$), 4.54 (q, $^3J_{H-H}$ = 7.1 Hz, 2H, CH$_2$), 6.82 (d, $^3J_{H-H}$ = 8.2 Hz, 4H, H$_{Ar}$), 7.28-7,38 (m, 5H, H$_{Ar}$), 7.45 (d, $^3J_{H-H}$ = 8.2 Hz, 4H, H$_{Ar}$) ppm.

^{31}P-NMR (75 MHz, CDCl$_3$, RT): δ = 148.9 ppm.

^{13}C-NMR (75 MHz, CDCl$_3$, RT): δ = 14.6 (1C, CH$_3$), 18.8 (1C, CH$_3$), 18.9 (1 C, CH$_2$), 20.2 (1C, CH$_2$), 24.2 (4C, 4 x CH$_3$), 42.9 (2C, CH), 43.4 (1C, CH), 55.4 (2C, 2 x OCH$_3$), 57.9 (1C, CH$_2$), 59.7 (1C, CH$_2$) 63.0 (1C, CH), 69.2 (1C, CH$_2$), 85.5 (1C, C$_{DMT}$), 113.3 (4C, 4 x CH, C$_{DMT}$), 118.4 (1C, CN) 126.9, 127.8, 128.2, 130.2 (9C, 9 x CH, C$_{DMT}$), 136.0 (2C, C$_{DMT}$), 144.8 (1C, C$_{DMT}$), 158.5 (2C, C$_{DMT}$), 213.1 (1C, CS) ppm.

ESI-MS m/z : 735.3 [M+Na]$^+$.

HRMS (ESI): berechnet für C$_{37}$H$_{49}$N$_2$O$_6$PS$_2$Na: 735.2662, gefunden: 735.2653.

(2S,3R)-2-(Tritylthio)butan-1,3-diol (44)

44

$C_{23}H_{24}O_2S$ [364.50]

Das Triphenylmethylmercaptan (1.00 g, 3.62 mmol, 1.00 Äq.) wurde in mit Argon entgastem Acetonitril (100 mL) gelöst, Triethylamin (0.41 g, 3.98 mmol, 1.10 Äq.) zugegeben und 10 min unter Argon gerührt. Die resultierende Lösung wurde mit einer Lösung aus dem Bromdiol **26** (0.61 g, 3.62 mmol, 1.00 Äq.) in Acetonitril (10 mL) versetzt und für 24 h bei Raumtemperatur gerührt. Das Lösungsmittel wurde unter vermindertem Druck entfernt und der Rückstand in Dichlormethan (100 mL) aufgenommen. Die Lösung wurde mit gesättigter Natriumhydrogensulfat-Lösung (1 x 250 mL) und gesättigter Natriumchlorid-Lösung (1 x 250 mL) gewaschen. Die vereinigten organischen Phasen wurden über Natriumsulfat getrocknet und das Lösungsmittel unter vermindertem Druck entfernt. Das Rohprodukt wurde durch Säulenchromatographie an Kieselgel mit den Eluenten aus Pentan/Ethylacetat (5:1) aufgereinigt. Die Zielverbindung **44** (1.12 g, 3.08 mmol, 85%) wurde als ein gelbliches Öl erhalten.

DC (Pentan/Ethylacetat, 5:1): R_f = 0.35.

^{1}H-NMR (300 MHz, CDCl$_3$, RT): δ = 1.32 (d, $^3J_{H-H}$ = 6.2 Hz, 3H, CH$_3$), 2.64-2.68 (m, 1H, CH), 2.83 (s$_{br}$, 2H, 2 x OH), 3.94-4.14 (m, 3H, CH, CH$_2$), 7.21-7.32 (m, 15H, H$_{Ar}$) ppm.

^{13}C-NMR (75 MHz, CDCl$_3$, RT): δ = 19.0 (1C, CH$_3$), 46.1 (1C, CH), 58.3 (1C, CH$_2$), 60.2 (1C, C$_{Trt}$), 68.4 (1C, CH), 126.9, 128.2 (15C, 15 x CH, C$_{Trt}$), 144.8 (3C, C$_{Trt}$) ppm.

ESI-MS m/z : 387.5 [M+Na]$^+$.

(2R,3S)-4-(Bis(4-methoxyphenyl)(phenyl)methoxy)-3-(tritylthio)butan-2-ol (45)

45

$C_{44}H_{42}O_4S$ [666.86]

Der Diolthioether **44** (500 mg, 1.37 mmol, 1.00 Äq.) wurde dreimal mit Pyridin coevaporiert und in trockenem Pyridin (50 mL) aufgenommen. Nach Zugabe von Triethylamin (177 mg, 1.78 mmol, 1.30 Äq.) und Dimethylaminopyridin (8.38 mg, 0.05 mmol, 0.05 Äq.) wurde Dimethoxytritylchlorid (511 mg, 1.51 mmol, 1.10 Äq.) portionsweise zugegeben und die Lösung für 12 h bei Raumtemperatur gerührt. Das Lösungsmittel wurde unter Vakuum entfernt und der Rückstand in Dichlormethan (300 mL) aufgenommen und mit gesättigter Natriumhydrogencarbonat-Lösung (1 x 250 mL) und gesättigter Natriumchlorid-Lösung (1 x 250 mL) gewaschen. Die vereinigten organischen Phasen wurden über Natriumsulfat getrocknet und das Lösungsmittel unter Vakuum entfernt. Das Rohprodukt wurde durch Säulenchromatographie an Kieselgel mit den Eluenten Pentan/Ethylacetat (8:1) aufgereinigt. Die Titelverbindung **45** (484 mg, 0.73 mmol, 53%) wurde als ein gelbliches Öl erhalten.

DC (Pentan/Ethylacetat, 8:1): R_f = 0.25.

^{1}H-NMR (300 MHz, CDCl$_3$, RT): δ = 1.19 (d, $^3J_{H-H}$ = 6.2 Hz, 3H, CH$_3$), 2.75-2.79 (m, 1H, CH), 3.79 (s, 6H, 2 x CH$_3$), 3.94-4.02 (m, 3H, CH, CH$_2$), 6.84-6.88 (m, 4H, H$_{Ar}$), 7.14-7.52 (m, 24H, H$_{Ar}$) ppm.

^{13}C-NMR (75 MHz, CDCl$_3$, RT): δ = 18.2 (1C, CH$_3$), 45.9 (1C, CH), 55.1 (2C, C$_{DMT}$, 2 x OCH$_3$), 58.3 (1C, CH$_2$), 60.2 (1C, C$_{Trt}$), 69.2 (1C, CH), 95.5 (1C, C$_{DMT}$), 113.1 (4C, 4 x CH, C$_{DMT}$), 126.9, 127.8, 128.2, 130.2 (24C, 24 x CH, C$_{DMT}$), 136.7 (2C$_{DMT}$), 144.8 (4C, C$_{DMT}$), 158.5 (2C, C$_{DMT}$) ppm.

ESI-MS m/z : 689.2 [M+Na]$^+$.

HRMS (ESI): berechnet für $C_{44}H_{42}O_4SNa$: 689.2696, gefunden: 689.2700.

(2R, 3S)-4-(Bis(4-methoxyphenyl)(phenyl)methoxy)-3-(tritylthio)butan-2-yl (2-cyanoethyl)diisopropylphosphoramidit (20)

20
$C_{53}H_{59}N_2O_5PS$ [867.08]

Der DMT-geschützte Thioether **45** (250 mg, 0.38 mmol, 1.00 Äq.) wurde dreimal mit Pyridin coevaporiert und in trockenem Dichlormethan (50 mL) unter Argon aufgenommen. Nach der Zugabe von Diisopropylethylamin (63.8 mg, 0.49 mmol, 1.30 Äq.) wurde unter Argon das 2-Cyanoethyl-diisopropyl-chlor-phosphoramidit (90.2 mg, 0.38 mmol, 1.00 Äq.) bei 0 °C zugegeben und anschließend 3 h bei Raumtemperatur gerührt. Die erhaltene Lösung wurde in Dichlormethan (50 mL) aufgenommen und mit gesättigter Natriumhydrogensulfat-Lösung (1 x 250 mL) und gesättigter Natriumchlorid-Lösung (1 x 250 mL) gewaschen. Die vereinigten organischen Phasen wurden über Natriumsulfat getrocknet und das Lösungsmittel unter vermindertem Druck entfernt. Das Rohprodukt wurde durch Säulenchromatographie an Kieselgel mit einem Eluenten aus Pentan/Ethylacetat (5:1) aufgereinigt. Die Zielverbindung **20** (191 mg, 220 µmol, 58%) wurde als ein klares Öl erhalten.

DC (Pentan/Ethylacetat, 5:1): R_f = 0.30.

¹H-NMR (300 MHz, CDCl$_3$, RT): δ = 0.97 (d, $^3J_{H\text{-}H}$ = 7.1 Hz, 3H, CH$_3$), 1.14 (dd, $^3J_{H\text{-}H}$ = 13.9 Hz, 6.8 Hz, 12H, 4 x CH$_3$), 2.33-2.36 (m, 2H, CH$_2$), 2.64-2.68 (m, 3H, 3 x CH), 3.18-3.22 (m, 2H,CH$_2$), 3.35-3.60 (m, 3H, CH, CH$_2$), 3.79 (s, 6H, 2 x CH$_3$), 6.80-6.84 (m, 4H, H$_{Ar}$), 7.08-7.55 (m, 24H, H$_{Ar}$) ppm.

³¹P-NMR (75 MHz, CDCl$_3$, RT): δ = 149.1 ppm.

¹³C-NMR (125 MHz, CDCl$_3$, RT): δ = 17.0 (1C, CH$_3$), 20.4 (1C, CH$_2$), 24.5 (4C, 4 x CH$_3$), 45.9 (2C, CH), 51.2 (2C, C$_{iPr}$), 55.1 (2C, 2 x OCH$_3$), 57.6 (1C, CH$_2$), 58.3 (1C, CH$_2$), 60.2 (1C, C$_{Trt}$), 69.2 (1C, CH), 95.5 (1C, C$_{DMT}$), 113.1 (4C, 4 x CH, C$_{DMT}$), 118.4 (1C, CN), 126.9, 127.8, 128.2, 130.2 (24C, 24 x CH, C$_{DMT}$), 136.7 (2C, C$_{DMT}$), 144.8 (4C, C$_{DMT}$), 158.5 (2C, C$_{DMT}$) ppm.

ESI-MS *m/z* : 889.4 [M+Na]$^+$.

HRMS (ESI): berechnet für C$_{53}$H$_{59}$N$_2$O$_5$PSNa: 889.3775, gefunden: 889.3754.

Ethyl-2-(2-amino-6-chloro-9*H*-purin-9-yl)acetat (59)

59

C$_9$H$_{10}$ClN$_5$O$_2$ [255.66]

2-Amino-6-chloropurin (5.50 g, 32.4 mmol, 1.00 Äq.) wurde in trockenem DMF (90 mL) gelöst und auf 0 °C gekühlt. Anschließend wurde Natriumhydrid (1.30 g, 32.4 mmol, 1.00 Äq.) hinzugegeben und 30 min bei 0 °C gerührt. Zu dem erhaltenen Gemisch wurde Bromessigester (3.60 mL, 32.4 mmol, 1.00 Äq.) zugegeben und 12 h bei Raumtemperatur gerührt. Das Lösungsmittel wurde unter vermindertem Druck entfernt und der Rückstand in Wasser (50 mL) aufgenommen. Der ausfallende Feststoff wurde abfiltriert, mit Wasser gewaschen und unter Hochvakuum getrocknet. Es konnten (6.93 g, 27.1 mmol, 84%) der Zielverbindung **59** als farbloser Feststoff erhalten werden.

¹H-NMR (300 MHz, DMSO-D$_6$, 35 °C): δ = 1.17 (t, $^3J_{H-H}$ = 7.2 Hz, 3H, CH$_3$), 4.11 (q, $^3J_{H-H}$ = 7.1 Hz, 2H, CH$_2$), 4.96 (s, 2H, CH$_2$), 6.92 (s$_{br}$ 2H, NH$_2$), 8.06 (s, 1H, H$_{Pur}$) ppm.

¹³C-NMR (125 MHz, DMSO-D$_6$, 35 °C): δ = 14.2 (1C, CH$_3$), 48.9 (1C, CH$_2$), 62.1 (1C, CH$_2$), 115.4 (1C, C$_{Pur}$), 139.3 (1C, CH, C$_{Pur}$), 154.4 (1C, C$_{Pur}$), 159.4 (1C, C$_{Pur}$), 161.1 (1C, C$_{Pur}$), 167.2 (1C, CO) ppm.

ESI-MS m/z : 277.7 [M+Na]$^+$.

Ethyl-2-(2-amino-6-(benzyloxy)-9H-purin-9-yl)acetat (61)

61
C$_{16}$H$_{17}$N$_5$O$_3$ [327.33]

Der Ester **59** (5.90 g, 23.0 mmol, 1.00 Äq), Kaliumcarbonat (4.90 g, 34.6 mmol, 1.50 Äq) und DABCO (0.50 g, 4.71 mmol, 0.20 Äq) wurden in Benzylalkohol (200 mL) suspendiert und 18 h bei 100 °C gerührt. Anschließend wurde die Reaktionslösung im Vakuum konzentriert und in Wasser (200 mL) gegeben. Die resultierenden Phasen wurden getrennt und die organische Phase mit 10%iger Natriumhydrogencarbonat-Lösung (1 x 100 mL) gewaschen. Die vereinigten wässrigen Phasen wurden mit konzentrierter Salzsäure auf pH 1 gebracht und der ausgefallene Feststoff abfiltriert. Nach dem Waschen mit Wasser und trocknen unter Vakuum konnte die Zielverbindung **61** (4.91 g, 15.0 mmol, 65%) als farbloser Feststoff erhalten werden.

¹H-NMR (300 MHz, DMSO-D$_6$, 35 °C): δ = 1.17 (t, $^3J_{H-H}$ = 7.2 Hz, 3H, CH$_3$), 4.11 (q, $^3J_{H-H}$ = 7.1 Hz, 2H, CH$_2$), 4.96 (s, 2H, CH$_2$), 5.25 (s, 2H, CH$_2$), 6.57 (s$_{br}$, 2H, NH$_2$), 7.34-7.41 (m, 3H, H$_{Ar}$), 7.45-7.50 (m, 2H, H$_{Ar}$), 8.07 (s, 1H, H$_{Pur}$) ppm.

Experimentalteil

^{13}C-NMR (125 MHz, DMSO-D$_6$, 35 °C): δ = 14.2 (1C, CH$_3$), 48.9 (1C, CH$_2$), 62.1 (1C, CH$_2$), 68.1 (1C, CH$_2$), 115.2 (1C, C$_{Pur}$), 127.3, 127.8, 128.2 (5C, 5 x CH, C$_{Ar}$), 136.4 (1C, C$_{Ar}$) 139.5 (1C, CH, C$_{Pur}$), 154.4 (1C, C$_{Pur}$), 159.4 (1C, C$_{Pur}$), 161.1 (1C, C$_{Pur}$), 168.0 (1C, CO) ppm.

ESI-MS *m/z* : 350.3 [M+Na]$^+$.

2-(2-Amino-6-(benzyloxy)-9*H*-purin-9-yl)essigsäure (60)

60
C$_{14}$H$_{13}$N$_5$O$_3$ [299.28]

Der Ester **59** (6.93 g, 27.1 mmol, 1.00 Äq.) wurde in Dioxan (120 mL) suspendiert und eine Lithiumhydroxid-Lösung (1 M, 75 mL) hinzugegeben. Die Reaktionsmischung wurde 12 h bei Raumtemperatur gerührt. Anschließend wurde mit einer wässrigen HCl-Lösung (1 M) neutralisiert und die Lösung im Vakuum eingeengt. Der Rückstand wurde in gesättigter Natriumhydrogencarbonat-Lösung (120 mL) aufgenommen und die Lösung mit konz. HCl auf pH 1 gebracht. Der ausfallende Feststoff wurde abfiltriert und getrocknet. Die Zielverbindung **60** (4.72 g, 20.8 mmol, 77%) konnte als farbloser Feststoff erhalten werden.

^{1}H-NMR (300 MHz, DMSO-D$_6$, 35 °C): δ = 4.84 (s, 2H, CH$_2$), 5.15 (s, 2H, CH$_2$), 6.57 (s$_{br}$, 2H, NH$_2$), 7.36-7.39 (m, 3H, H$_{Ar}$), 7.44-7.49 (m, 2H, H$_{Ar}$) 8.01 (s, 1H, CH) ppm.

^{13}C-NMR (125 MHz, DMSO-D$_6$, 35 °C): δ = 49.9 (1C, CH$_2$), 61.4 (1C, CH$_2$), 115.2 (1C, C$_{Pur}$), 127.2, 127.8, 128.2, (5C, 5 x CH, C$_{Ar}$), 134.5 (1C, C$_{Ar}$), 140.1 (1C, CH, C$_{Pur}$), 154.2 (1C, C$_{Pur}$), 159.2 (1C, C$_{Pur}$), 160.8 (1C, CO) 174.2 (1C, CO$_2$H)ppm.

ESI-MS *m/z* : 321.11 [M+Na]$^+$.

Methyl-2-((2-(2-amino-6-(benzyloxy)-9H-purin-9-yl)acetyl)thio)acetat (62)[166]

62

$C_{17}H_{17}N_5O_4S$ [387.41]

Die Säure **60** (0.52 g, 1.71 mmol, 1.00 Äq.) wurde unter Argonatmosphäre in DMF (50 mL) gelöst und mit EDC·HCl (0.45 g, 2.34 mmol, 1.50 Äq.) und N-Hydroxysuccinimid (0.27 g, 2.34 mmol, 1.50 Äq.) versetzt. Es wurde 2 h bei Raumtemperatur gerührt, dann auf 0 °C abgekühlt. Bei dieser Temperatur wurde Methylmercaptoglycolat (0.20 mL, 2.24 mmol, 1.30 Äq.) und DIPEA (0.21 mL, 2.24 mmol, 1.30 Äq.) zugegeben und die Lösung anschließend auf Raumtemperatur gebracht. Nach 2 h Rühren bei Raumtemperatur wurde Essigsäure (0.15 mL, 2.60 mmol, 1.50 Äq.) zugegeben und für weitere 15 min gerührt. Nach Entfernen des Lösungsmittels wurde der Rückstand in Ethylacetat aufgenommen und mit Wasser und gesättigter NaCl-Lösung gewaschen. Die organische Phase wurde mit $MgSO_4$ getrocknet und das Lösungsmittel unter vermindertem Druck entfernt. Das Zielprodukt **62** (0.66 g, 1.70 mmol, 99%) konnte als farbloser Feststoff erhalten werden.

^{1}H-NMR (300 MHz, DMSO-D_6, 35 °C): δ = 3.61 (s, 3H, CH_3), 3.80 (s, 2H, CH_2), 5.15 (s, 2H, CH_2), 5.48 (s, 2H, CH_2), 6.56 (s_{br}, 2H, NH_2), 7.33-7.39 (m, 3H, H_{Ar}), 7.44-7.51 (m, 2H, H_{Ar}), 8.08 (s, 1H, H_{Pur}) ppm.

^{13}C-NMR (125 MHz, DMSO-D_6, 35 °C): δ = 30.2 (1C, CH_2), 52.3 (1C, CH_3), 52.7 (1C, CH_2), 120.9 (1C, C_{Pur}), 127.2, 127.6, 128.1 (5C, 5 x CH, C_{Ar}), 139.4 (1H, CH, C_{Pur}), 150.9 (1C, C_{Pur}), 152.67 (1C, C_{Pur}), 158.4 (1C, CO, C_{Pur}), 168.5 (1C, CO_2), 196.2 (1C, CO) ppm.

ESI-MS m/z : 388.1 $[M+H]^+$, 410.1 $[M+Na]^+$, 386.1 $[M-H]^-$.

HRMS (ESI): berechnet für $C_{17}H_{18}N_5O_4S$: 388.1074, gefunden: 388.1072, berechnet für $C_{17}H_{17}N_5O_4SNa$: 410.0893, gefunden: 410.0891.

Methyl-2-((2-(2-amino-6-oxo-1H-purin-9-(6H)-yl)acetyl)thio)acetat (63)[166]

63

$C_{10}H_{11}N_5O_4S$ [297.29]

Der Thioester **62** (0.66 g, 1.69 mmol, 1.00 Äq.) wurde unter Argonatmosphäre in Trifluoressigsäure (20 mL) und Thioanisol (2 mL) gelöst. Die Mischung wurde 72 h bei Raumtemperatur gerührt. Nach dem Entfernen der flüchtigen Komponenten wurde die Substanz in Diethylether (25 mL) aufgenommen, filtriert und mit Diethylether (3 x 50 mL) gewaschen. Das Zielprodukt **63** (0.26 g, 0.88 mmol, 52%) konnte als farbloser Feststoff erhalten werden.

^{1}H-NMR (300 MHz, DMSO-D_6, 35 °C): δ = 3.65 (s, 3H, CH_3), 3.80 (s, 2H, CH_2), 5.10 (s, 2H, CH_2), 6.55 (s_{br}, 2H, NH_2), 8.05 (s, 1H, H_{Pur}), 10.65 (s, 1H, NH) ppm.

^{13}C-NMR (125 MHz, DMSO-D_6, 35 °C): δ = 30.2 (1C, CH_2), 52.3 (1C, CH_3), 52.7 (1C, CH_2), 120.9 (1C, C_{Pur}), 139.3 (1C, CH, C_{Pur}), 150.9 (1C, C_{Pur}), 152.67 (1C, C_{Pur}), 158.4 (1C, CO, C_{Pur}), 168.5 (1C, CO_2), 196.2 (1C, CO) ppm.

ESI-MS *m/z* : 320.0 [M+Na]$^+$, 296.0 [M-H]$^-$.

HRMS (ESI): berechnet für $C_{10}H_{11}N_5O_4SNa$: 320.0424, gefunden: 320.0427, berechnet für $C_{10}H_{10}N_5O_4S$: 296.0459, gefunden: 296.0463.

Methyl-2-((2-(2-amino-6-(benzyloxy)-8-bromo-9H-purin-9-yl)acetyl)thio)acetat (64)

64

$C_{17}H_{16}BrN_5O_4S$ [466.30]

Verbindung **62** (500 mg, 1.30 mmol, 1.00 Äq.) wurde unter Argonatmosphäre in trockenem THF (15 mL) gelöst und eine Lösung aus N-Bromsuccinimid (330 mg, 1.42 mmol, 1.10 Äq.) in trockenem THF (10 mL) langsam zugetropft. Anschließend wurde die erhaltene Lösung 16 h bei Raumtemperatur gerührt, das Lösungsmittel entfernt und der Rückstand in Wasser (25 mL) aufgenommen. Der erhaltene Niederschlag wurde abfiltriert und mit Wasser (2 x 10 mL) und Ethanol (2 x 10 mL) gewaschen. Das Produkt **64** (533 mg, 1.10 mmol, 85%) wurde als farbloser Feststoff erhalten.

^{1}H-NMR (300 MHz, DMSO-D$_6$, 35 °C): 3.61 (s, 3H, CH$_3$), 3.80 (s, 2H, CH$_2$), 5.15 (s, 2H, CH$_2$), 5.48 (s, 2H, CH$_2$), 6.57 (s$_{br}$, 2H, NH$_2$), 7.37-7.41 (m, 3H, H$_{Ar}$), 7.46-7.50 (m, 2H, H$_{Ar}$) ppm.

^{13}C-NMR (125 MHz, DMSO-D$_6$, 35 °C): δ = 30.2 (1C, CH$_2$), 52.3 (1C, CH$_3$), 52.7 (1C, CH$_2$), 54.1 (1C, CH$_2$), 127.1, 127.8, 128.4 (5C, 5 x CH, C$_{Ar}$), 137.8 (1C, C$_{Ar}$) 142.9 (1C, C$_{Pur}$), 150.9 (1C, C$_{Pur}$), 152.67 (1C, C$_{Pur}$), 157.2 (1C, C$_{Pur}$), 159.4 (1C, CO, C$_{Pur}$), 168.5 (1C, CO$_2$), 196.2 (1C, CO) ppm.

ESI-MS m/z : 488.1 [M+Na]$^+$.

Methyl-2-((2-(2-amino-6-(benzyloxy)-8-vinyl-9H-purin-9-yl)acetyl)thio)acetat (65)

65

$C_{19}H_{19}N_5O_4S$ [413.45]

Das Bromid **64** (500 mg, 1.07 mmol, 1.00 Äq.) wurde in trockenem NMP (10 mL) gelöst und die erhaltene Lösung mit Argon über 30 min entgast. Tetrakis(triphenylphosphane)palladium (153 mg, 0.11 mmol, 0.10 Äq.) und Tributyl(vinyl)stannan (2.53 g, 6.44 mmol, 6.00 Äq.) wurden dazugegeben und das Gemisch wurde über 12 h unter Rückfluss auf 95 °C erhitzt. Anschließend wurde das Lösungsmittel unter vermindertem Druck entfernt und das Rohprodukt säulenchromatographisch an Kieselgel (Pentan/Ethylacetat, 1:1 → 0:1) aufgereinigt. Das Produkt **65** (340 mg, 0.85 mmol, 80%) wurde als gelblicher Feststoff erhalten.

^{1}H-NMR (300 MHz, DMSO-D_6, 35 °C): δ = 3.62 (s, 3H, CH_3), 3.81 (s, 2H, CH_2), 5.01 (s, 2H, CH_2), 5.15 (s, 2H, CH_2), 5.49 (d, $^3J_{H-H}$ = 11.3 Hz, 1H, CH), 6.18 (d, $^3J_{H-H}$ = 16.9 Hz, 1H, CH), 6.51 (s_{br}, 2H, NH_2), 6.64-6.68 (m, 1H, CH), 7.44-7.48 (m, 5H, H_{Ar}) ppm.

^{13}C-NMR (125 MHz, DMSO-D_6, 35 °C): δ = 32.0 (1C, CH_2), 51.0 (1C, CH_3), 51.9 (1C, CH_2), 53.8 (1C, CH_2), 118.1 (1C, C_{Pur}), 121.1 (1C, CH), 124.8 (1C, CH), 127.1, 127.6, 128.6 (5C, 5 x CH, C_{Ar}), 137.8 (1C, C_{Ar}), 143.0 (1C, C_{Pur}), 151.8 (1C, C_{Pur}), 154.2 (1C, C_{Pur}), 157.0 (1C, CO, C_{Pur}), 168.1 (1C, CO), 194.2 (1C, CO) ppm.

ESI-MS m/z : 435.2 [M+Na]$^+$.

Methyl-2-((2-(2-amino-6-oxo-8-vinyl-1H-purin-9-(6H)-yl)acetyl)thio)acetat (66)

66

$C_{12}H_{13}N_5O_4S$ [323.32]

Verbindung **65** (250 mg, 0.61 mmol, 1.00 Äq.) wurde in einer Lösung aus TFA/Thioanisol (10:1, 5 mL) gelöst und für 24 h bei Raumtemperatur gerührt. Anschließend wurden die TFA-Anteile unter Stickstoffgegenstrom entfernt und das erhaltene Gemisch in kaltem Diethylether (15 mL)gefällt. Das Produkt **66** (156 mg, 0.48 mmol, 90%) konnte als farbloser Feststoff erhalten werden.

^{1}H-NMR (300 MHz, DMSO-D$_6$, 35 °C): δ = 3.61 (s, 3H, OCH$_3$), 3.84 (s, 2H, CH$_2$), 5.05 (s, 2H, CH$_2$), 5.49 (d, $^3J_{H-H}$ = 11.3 Hz, 1H, CH), 6.22 (d, $^3J_{H-H}$ = 16.9 Hz 1H, CH), 6.58 (s$_{br}$, 2H, NH$_2$), 6.69-6.73 (m, 1H, CH), 10.48 (s$_{br}$, 1H, NH) ppm.

^{13}C-NMR (125 MHz, DMSO-D$_6$, 35 °C): δ = 31.5 (1C, CH$_2$), 51.0 (1C, CH$_3$), 53.8 (1C, CH$_2$), 118.1 (1C, C$_{Pur}$), 121.1 (1C, CH), 124.8 (1C, CH), 143.0 (1C, C$_{Pur}$), 151.8 (1C, C$_{Pur}$), 154.2 (1C, C$_{Pur}$), 157.0 (1C, CO, C$_{Pur}$), 168.1 (1C, CO), 194.2 (1C, CO) ppm.

ESI-MS *m/z* : 355.21 [M+Na]$^+$.

HRMS (ESI): berechent für C$_{12}$H$_{14}$N$_5$O$_4$S: 324.0761, gefunden: 324.0762.

Ethyl-2-(4-amino-2-oxopyrimidin-1-(2H)-yl)acetat (68)

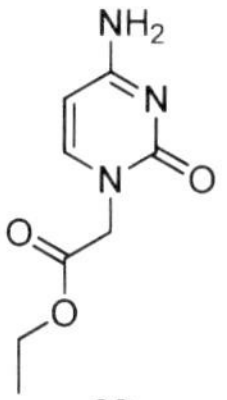

68

$C_8H_{11}N_3O_3$ [197.19]

Zu einer Lösung aus Cytosin (5.00 g, 45.5 mmol, 1.00 Äq.) in trockenem DMF (100 mL) wurde bei 0 °C NaH (1.10 g, 45.8 mmol, 1.01 Äq.) zugegeben und für 2 h bei Raumtemperatur gerührt. Anschließend wurde Bromessigester (5.88 mL, 45.5 mmol, 1.00 Äq.) zugegeben und für weitere 40 h bei Raumtemperatur gerührt. Nach dem Entfernen der flüchtigen Komponenten wurde Wasser (50 mL) hinzugegeben, filtriert und getrocknet. Das Produkt **68** (4.10 g, 20.8 mmol, 46%) konnte als farbloser Feststoff erhalten werden.

¹H-NMR (300 MHz, DMSO-D$_6$, 35 °C): δ = 1.18 (t, $^3J_{H-H}$ = 7.2 Hz, 3H, CH$_3$), 4.09 (q, $^3J_{H-H}$ = 7.2 Hz, 2H, CH$_2$), 4.40 (s, 2H, CH$_2$), 5.65 (d, $^3J_{H-H}$ = 7.2 Hz, 1H, H$_{Pyr}$), 7.06-7.15 (s$_{br}$, 2H, NH$_2$), 7.52 (d, $^3J_{H-H}$ = 7.1 Hz, 1H, H$_{Pyr}$) ppm.

ESI-MS *m/z* : 198.12 [M+H]$^+$.

Ethyl-2-(4-(((benzyloxy)carbonyl)amino)-2-oxopyrimidin-1-(2H)-yl)acetat (69)

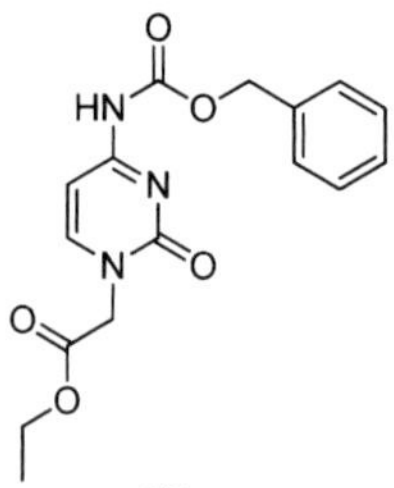

69

$C_{16}H_{17}N_3O_5$ [331.32]

Zu einer Lösung aus Dimethylaminopyridin (2.43 g, 19.8 mmol, 1.94 Äq.) in trockenem Dichlormethan (20 mL) wurde bei -15 °C Cbz-Cl (0.39 mL, 0.32 mg, 19.1 mmol, 1.87 Äq.) hinzugegeben. Nach 15 min Rühren bei dieser Temperatur wurde Ethylcytosin-1-yl-acetat (2.00 g, 10.2 mmol, 1.00 Äq.) zugegeben und für 12 h bei Raumtemperatur gerührt. Nach Entfernen des Lösungsmittels wurde der Rückstand in Chloroform gelöst, mit einer wässrigen HCl-Lösung (1 M) gefällt und anschließend mit Wasser gewaschen. Durch Umkristallisation in Diethylether konnte das Zielprodukt **69** (2.20 g, 6.64 mmol, 65%) als farbloser Feststoff erhalten werden.

^{1}H-NMR (300 MHz, DMSO-D$_6$, 35 °C): δ = 1.18 (t, $^3J_{H-H}$ = 7.2 Hz, 2H, CH$_3$), 4.12 (q, $^3J_{H-H}$ = 7.2 Hz, 2H, CH$_2$), 4.59 (s, 2H, CH$_2$), 5.17 (s, 2H, CH$_2$), 7.03 (d, $^3J_{H-H}$ = 7.3 Hz, 1H, H$_{Pyr}$), 7.26–7.47 (m, 5H, H$_{Ar}$), 8.03 (d, $^3J_{H-H}$ = 7.3 Hz, 1H, H$_{Pyr}$), 10.83 (s, 1H, NH) ppm.

ESI-MS m/z : 353.3 [M+Na]$^+$.

2-(4-(((Benzyloxy)carbonyl)amino)-2-oxopyrimidin-1-(2H)-yl)essigsäure (70)

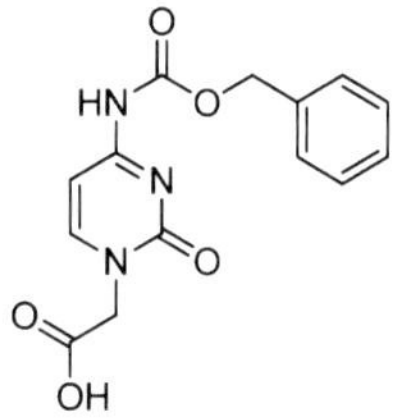

70

$C_{14}H_{13}N_3O_5$ [303.27]

Der Ester **69** (6.93 g, 27.1 mmol, 1.00 Äq.) wurde in Dioxan (120 mL) suspendiert und eine Lithiumhydroxid-Lösung (1 M, 75 mL) hinzugegeben. Die Reaktionsmischung wurde 12 h bei Raumtemperatur gerührt. Anschließend wurde mit einer wässrigen HCl-Lösung (1 M) neutralisiert und die Lösung im Vakuum eingeengt. Der Rückstand wurde in gesättigter Natriumhydrogencarbonat-Lösung (120 mL) aufgenommen und die Lösung mit konz. HCl-Lösung auf pH=1 gebracht. Der ausfallende Feststoff wurde abfiltriert und getrocknet. Es konnten (4.72 g 20.8 mmol, 77%) der Säure **70** als farbloser Feststoff erhalten werden.

^{1}H-NMR (300 MHz, CDCl$_3$, RT): δ = 4.79 (s, 2H, CH$_2$), 5.21 (s, 2H, CH$_2$), 7.06 (d, $^3J_{H-H}$ = 7.2 Hz, 1H, H$_{Pyr}$), 7.30-7.37 (m, 5H, H$_{Ar}$), 8.05 (d, $^3J_{H-H}$ = 7.2 Hz, 1H, H$_{Pyr}$), 10.8 (s$_{br}$, 1H, NH) ppm.

^{13}C-NMR (125 MHz, CDCl$_3$, RT): δ = 56.9 (1C, CH$_2$), 62.1 (1C, CH$_2$), 94.0 (1C, CH, C$_{Pyr}$), 127.4, 127.6, 128.7 (5C, 5 x CH, C$_{Ar}$), 139.0 (1C, C$_{Ar}$), 147.2 (1C, CH, C$_{Pyr}$), 152.5 (1C, C$_{Pyr}$), 160.1 (1C, CO, C$_{Pyr}$), 164.1 (1C, CO$_2$), 176.1 (1C, CO$_2$H) ppm.

ESI-MS *m/z* : 304.2 [M+H]$^+$, 325.1 [M+Na]$^+$.

Methyl-2-((2-(4-(((benzyloxy)carbonyl)amino)-2-oxopyrimidin-1-(2H)-yl)-acetyl)thio) acetat (71)[48]

71

$C_{17}H_{17}N_3O_6S$ [391.40]

Die Säure **70** (0.52 g, 1.71 mmol, 1.00 Äq.) wurde unter Argonatmosphäre in DMF (50 mL) gelöst und mit EDC·HCl (0.45g, 2.34 mmol, 1.50 Äq.) und N-Hydroxysuccinimid (0.27 g, 2.34 mmol, 1.50 Äq.) versetzt. Es wurde 2 h bei Raumtemperatur gerührt, dann auf 0 °C abgekühlt. Bei dieser Temperatur wurde Methylmercaptoglycolat (0.20 mL, 2.24 mmol, 1.30 Äq.) und DIPEA (0.21 mL, 2.24 mmol, 1.30 Äq.) zugegeben und die Lösung anschließend auf Raumtemperatur gebracht. Nach 2 h Rühren bei Raumtemperatur wurde Essigsäure (0.15 mL, 2.60 mmol, 1.50 Äq.) zugegeben und für weitere 15 min gerührt. Nach Entfernen des Lösungsmittels wurde der Rückstand in Ethylacetat (250 mL) aufgenommen und mit Wasser (200 mL) und gesättigter NaCl-Lösung (200 mL) gewaschen. Die organische Phase wurde mit MgSO$_4$ getrocknet und das Lösungsmittel unter vermindertem Druck entfernt. Das Zielprodukt **71** (0.66 g, 1.70 mmol, 99%) konnte als farbloser Feststoff erhalten werden.

^{1}H-NMR (300 MHz, CDCl$_3$, RT): δ = 3.64 (s, 3H, CH$_3$), 3.86 (s, 2H, CH$_2$), 4.89 (s, 2H, CH$_2$), 5.20 (s, 2H, CH$_2$), 7.07 (d, $^3J_{H-H}$ = 7.2 Hz, 1H, H$_{Pyr}$), 7.33-743 (m, 5H, H$_{Ar}$), 8.07 (d, $^3J_{H-H}$ = 7.2 Hz, 1H, H$_{Pyr}$), 10.8 (s$_{br}$, 1H, NH) ppm.

^{13}C-NMR (125 MHz, CDCl$_3$, RT): δ = 30.2 (1C, CH$_2$), 52.4 (1C, CH$_3$), 56.9 (1C, CH$_2$), 62.1 (1C, CH$_2$), 94.0 (1C, CH, C$_{Pyr}$), 127.2, 128.4, 128.7 (5C, 5 x CH, C$_{Ar}$), 138.2 (1C, C$_{Ar}$), 147.3 (1C, CH, C$_{Pyr}$), 151.4 (1C, CO), 152.7 (1C, C$_{Pyr}$), 163.9 (1C, CO, C$_{Pyr}$), 168.4 (1C, CO$_2$), 194.4 (1C, CO) ppm.

ESI-MS *m/z* : 392.1 [M+H]⁺, 414.1 [M+Na]⁺.

HRMS (ESI): berechnet für $C_{17}H_{18}N_3O_6S$: 392.0911, gefunden: 392.0908, berechnet für $C_{17}H_{17}N_3O_6SNa$: 414.0730, gefunden: 414.0730.

Methyl-2-((2-(4-amino-2-oxopyrimidin-1-(2H)-yl)acetyl)thio)acetate (72)[48]

72
$C_9H_{11}N_3O_4S$ [257.27]

Der Thioester **71** (0.66 g, 1.69 mmol, 1.00 Äq.) wurde unter Argonatmosphäre in Trifluoressigsäure (20 mL) und Thioanisol (2 mL) gelöst. Die Mischung wurde 72 h bei Raumtemperatur gerührt. Nach dem Entfernen der flüchtigen Komponenten wurde die Substanz in Diethylether aufgenommen, filtriert und mit Diethylether gewaschen. Das Zielprodukt **72** (0.26 g, 0.88 mmol, 52%) konnte als farbloser Feststoff erhalten werden.

¹H-NMR (300 MHz, CDCl₃, RT): δ = 3.62 (s, 3H, CH₃), 3.84 (s, 2H, CH₂), 4.78 (s, 2H, CH₂), 5.87 (d, ³J_{H-H} = 7.2 Hz, 1H, H$_{Pyr}$), 7.64 (s$_{br}$, 2H, NH₂), 7.72 (d, ³J_{H-H} = 7.2 Hz, 1H, H$_{Pyr}$), ppm.

¹³C-NMR (125 MHz, CDCl₃, RT): δ = 30.2 (1C, CH₂), 52.4 (1C, CH₃), 56.9 (1C, CH₂), 94.0 (1C, CH, C$_{Pyr}$), 147.3 (1C, CH, C$_{Pyr}$), 152.7 (1C, CO, C$_{Pyr}$), 163.9 (1C, C$_{Pyr}$), 168.4 (1C, CO₂), 194.4 (1C, CO) ppm.

ESI-MS *m/z* : 258.1 [M+H]⁺, 280.1 [M+Na]⁺

HRMS (ESI): berechnet für $C_9H_{12}N_3O_4S$: 258.0543, gefunden: 258.0454, berechnet für $C_9H_{11}N_3O_4SNa$: 280.0362, gefunden: 280.0365.

10.6 Synthese der PNA-Bausteine

(S)-N-Butoxycarbonyl-N-methyl-L-serinlacton (88)[211]

88
$C_9H_{15}NO_4$ [201.22]

Unter Argonatmosphäre wurde Triphenylphosphin (6.04 g, 23.1 mmol, 1.00 Äq.) in trockenem Tetrahydrofuran (100 mL) gelöst und auf -78 °C gekühlt. Bei dieser Temperatur wurden innerhalb von 15 min DEAD (3.58 mL, 22.1 mmol, 1.00 Äq.) zugetropft und für weitere 15 min gerührt. Anschließend wurde (S)-N-Butoxycarbonyl-N-methyl-L-serin (6.04 g, 22.8 mmol, 1.00 Äq.) in trockenem THF (50 mL) gelöst und langsam zur Reaktionsmischung getropft. Die Reaktion wurde 2 h bei -78 °C gerührt und weitere 5 h bei Raumtemperatur. Das Lösungsmittel wurde unter vermindertem Druck entfernt und das Rohprodukt in Hexan/Ethylacetat (3:1, 50 mL) aufgenommen und 10 min im Ultraschallbad behandelt. Die entstandene Suspension wurde mittels Säulenchromatographie an Kieselgel mit den Eluenten Pentan/Ethylacetat (3:1) aufgereinigt. Nach dem Trocknen wurde die Zielverbindung **88** (3.25 g, 16.2 mmol, 70%) als klares Öl isoliert.

DC (Pentan/Ethylacetat, 3:1): R_f = 0.36.

^{1}H-NMR (300 MHz, $CDCl_3$, RT): δ = 1.47 (s, 9H, t-Bu), 2.98 (s, 3H, CH_3), 4.43 (d, $^3J_{H-H}$ = 6.2 Hz, 2H, CH_2), 5.00-5.50 (m, 1H, CH) ppm.

^{13}C-NMR (125 MHz, $CDCl_3$, RT): δ = 28.2 (3C, $(CH_3)_3$), 34.4 (1C, CH_3), 59.5 (1C, CH), 66.5 (1C, CH_2), 81.4 (1C, $C(CH_3)_3$), 154.4 (1C, CO_2), 169.2 (1C, CO) ppm.

(S)-N-tert-Butoxycarbonyl-N-methyl-β-(2-amino-6-chlor-9-purinyl)alanin (89)[211]

89

$C_{14}H_{19}ClN_6O_4$ [370.79]

2-Amino-6-chlorpurin (688 mg, 4.11 mmol, 1.30 Äq.) wurde in trockenem DMSO (2 mL) suspendiert und unter Argonatmosphäre gerührt. Anschließend wurde 1,8-Diazabicyclo[5.4.0]undec-7-en (513 µL, 3.44 mmol, 1.10 Äq.) bei Raumtemperatur langsam zugetropft und die Reaktionsmischung 15 min weitergerührt. Eine Lösung aus (S)-N-Butoxycarbonyl-N-methyl-L-serinlacton (628 mg, 3.10 mmol, 1.00 Äq.) in trockenem Dimethylsulfoxid (2 mL) wurde zur Reaktion getropft und weitere 4 h gerührt. Die Reaktion wurde durch Zugabe von Essigsäure (196 µL, 3.42 mmol, 1.10 Äq.) beendet. Das Lösungsmittel wurde unter vermindertem Druck aus dem System entfernt. Der ölige Rückstand wurde mittels Säulenchromatographie an Kieselgel mit den Eluenten Ethylacetat/Methanol (8:2 + 1% AcOH) aufgereinigt. Die Zielverbindung **89** (908 mg, 2.41 mmol, 78%) wurde als farbloses Pulver erhalten.

¹H-NMR (300 MHz, DMSO-D₆, 35 °C): δ = 1.07 (s, 6H, t-Bu), 1.20 (s, 3H, t-Bu), 2.71 (s, 3H, CH₃), 4.39-4.53 (m, 2H, CH₂), 4.87-4.98 (m, 1H, CH), 6.87 (s, 2H, NH₂), 8.02 (s, 1H, H$_{Pur}$) ppm.

¹³C-NMR (125 MHz, DMSO-D₆, 35 °C): δ = 27.3 (3C, t-Bu), 40.4 (1C, CH₃), 44.3 (1C, CH₂), 53.2 (1C, CH), 78.4 (1C, C(CH₃)₃), 123.2 (1C, C$_{Pur}$), 143.5 (1C, CH, C$_{Pur}$), 149.1 (1C, C$_{Pur}$), 154.1 (1C, C$_{Pur}$), 155.0 (1C, CO), 159.6 (1C, C$_{Pur}$), 171.1 (1C, CO₂H) ppm.

ESI-MS m/z : 369.1 [M-H]⁻, 393.1 [M+Na]⁺.

HRMS (ESI): berechnet für C₁₄H₁₈N₆O₄Cl: 369.1084, gefunden 369.1087.

(S)-N-tert-Butoxycarbonyl-N-methyl-β-(9-guaninyl)alanin (91)[211]

91

$C_{14}H_{20}N_6O_5$ [352.35]

Eine Lösung aus *(S)-N-tert*-Butoxycarbonyl-*N*-methyl-β-(2-amino-6-chlor-9-purinyl)-alanin (869 mg, 2.34 mmol, 1.00 Äq.) in TFA/H$_2$O (3:1, 12 mL) wurde über Nacht bei RT gerührt. Anschließend wurde die Reaktionsmischung unter Zugabe von Toluol bis zur Trockene eingeengt. Das Rohprodukt wurde zweimal in einer wässrigen HCl-Lösung (1 M, 10 mL) aufgenommen und wiederholt eingeengt. Der erhaltene Feststoff wurde in einer Mischung aus Wasser/NaOH/Dioxan (1:1:2, 10 mL) suspendiert und der pH-Wert mit einer NaOH-Lösung (1 M) auf einen Wert von 9.5 eingestellt. Die Suspension wurde im Eisbad auf 0 °C gekühlt, mit *N*-Di-*tert*-butyldicarboxylat (563 mg, 2.61 mmol, 1.10 Äq.) versetzt und die erhaltene Lösung über 2 h kontrolliert bei RT gerührt. Anschließend wurde mit einer wässrigen HCl-Lösung (1 M) auf einen pH-Wert von 6 eingestellt und das Lösungsmittelgemisch im Hochvakuum entfernt. Der Feststoff wurde anschließend mittels Säulenchromatographie an RP-Gel mit den Eluent H$_2$O → H$_2$O/MeOH (98:2) aufgereinigt. Die Zielverbindung **91** (701 mg, 1.99 mmol, 85%) wurde als farbloser Feststoff erhalten.

DC (H$_2$O/MeOH, 98:2): R_f = 0.45.

^{1}H-NMR (300 MHz, DMSO-D$_6$, 35 °C): δ = 1.06 (s, 7.5H, *t*-Bu), 1.20 (s, 1.5H, *t*-Bu), 2.70 (s, 3H, CH3), 4.45-4.51 (m, 1H, CH), 4.80-4.89 (m, 2H, CH$_2$), 6.85 (s, 2H, NH$_2$), 8.01 (s, 1H, H$_{Pur}$) ppm.

^{13}C-NMR (125 MHz, DMSO-D$_6$, 35 °C): δ = 27.4 (3C, *t*-Bu), 40.7 (1C, CH$_3$), 44.3 (1C, CH$_2$), 53.2 (1C, CH), 79.1 (1C, C(CH$_3$)$_3$), 123.3 (1C, C$_{Pur}$), 143.5 (1C, CH, C$_{Pur}$), 151.1 (1C, C$_{Pur}$), 154.1 (1C, C$_{Pur}$), 155.0 (1C, CO), 159.6 (1C, C$_{Pur}$), 170.3 (1C, CO$_2$H) ppm.

ESI-MS *m/z* : 353.9 [M+H]$^+$, 351.1 [M-H]$^-$.

(*S*)-Benzyl-3-(2-amino-6-oxo-1*H*-purin-9-(6*H*)-yl)-2-((tert-butoxycarbonyl)(methyl)amino)propanoat (96)

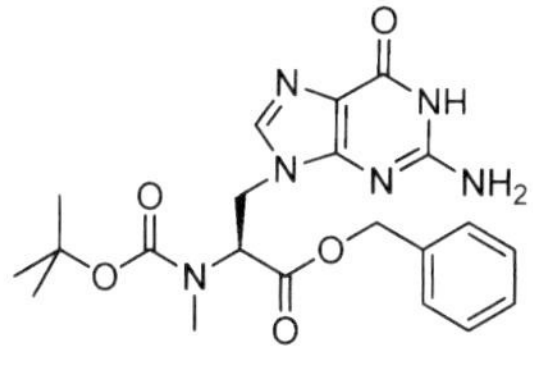

96

$C_{21}H_{26}N_6O_5$ [442.20]

Die Verbindung **91** (500 mg, 1.07 mmol, 1.00 Äq.) wurde unter Argonatmosphäre mit *O*-Benzyl-*N*,*N*´-diisopropylisoharnstoff (248 mg, 1.07 mmol, 1.00 Äq.) unter permanentem Rühren gemischt und 1 h bei RT gerührt. Die viskose Lösung wurde mit trockenem THF (25 mL) versetzt und für 48 h bei RT gerührt. Nach dem Kühlen auf -15 °C wurde der entstandene Niederschlag filtriert und das Lösungsmittel unter vermindertem Druck entfernt. Die erhaltene viskose Flüssigkeit wurde unter Hochvakuum 24 h getrocknet. Das erhaltene Produkt **96** (545 mg, 1.01 mmol, 85%) wurde ohne weitere Reinigung weiter verwendet.

^{1}H-NMR (300 MHz, DMSO-D$_6$, 35 °C): δ = 1.09 (s, 6H, *t*-Bu), 1.24 (s, 3H, *t*-Bu), 2.69 (s, 3H, CH$_3$), 4.39-4.42 (m, 1H, CH), 4.76-4.82 (m, 2H, CH$_2$), 5.17 (s, 2H, CH$_2$), 6.51 (s$_{br}$, 2H, NH$_2$), 7.38-7.40 (m, 5H, H$_{Ar}$), 7.86 (s, 1H, H$_{Pur}$), 10.8 (s$_{br}$, 1H, NH) ppm.

^{13}C-NMR (125 MHz, DMSO-D6, 35 °C): δ = 26.8 (3C, (CH$_3$)$_3$), 33.1 (1C, CH$_3$), 42.4 (1C, CH$_2$), 67.9 (1C, CH), 66.4 (1C, C$_{Pur}$), 67.9 (1C, C$_{Pur}$), 78.3 (1C, C(CH$_3$)$_3$), 116.5 (1C, C$_{Pur}$), 128.2, 128.4, 128.8 (5C, 5 x CH, C$_{Ar}$), 134.2 (1C, C$_{Pur}$), 135.5 (1C, C$_{Ar}$), 156.7 (1C, C$_{Pur}$), 167.4, 177.9 (2C, 2 x CO) ppm.

ESI-MS *m/z* : 443.2 [M+H]$^+$, 465.1 [M+Na]$^+$.

HRMS (ESI): berechnet für $C_{21}H_{27}N_6O_5$: 443.2037, gefunden 443.2036; berechnet für $C_{21}H_{26}N_6O_5$Na: 465.1857, gefunden 465.1854.

(S)-Benzyl-3-(2-amino-6-oxo-1H-purin-9-(6H)-yl)-2-(methylamino)propanoat (97)

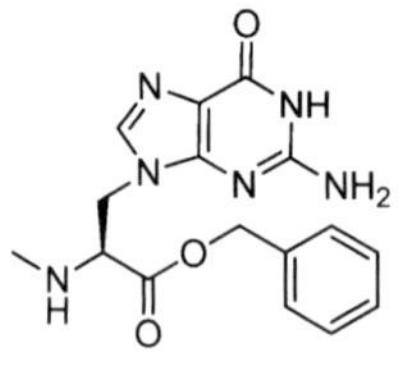

97

$C_{16}H_{18}N_6O_3$ [342.35]

Eine Lösung aus **96** (500 mg, 1.13 mmol, 1.00 Äq.) in TFA/H$_2$O (3:1, 12 mL) wurde über Nacht bei RT gerührt. Anschließend wurde die Reaktionsmischung unter Zugabe von Toluol bis zur Trockene eingeengt. Das Rohprodukt wurde zweimal in einer wässrigen HCl-Lösung (1 M, 10 mL) aufgenommen und wiederholt eingeengt. Der erhaltene Feststoff **97** (366 mg, 1.07 mmol, 95%) erforderte keiner Reinigung und wurde direkt weiter umgesetzt.

^{1}H-NMR (300 MHz, DMSO-D$_6$, 35 °C): δ = 2.61 (s, 3H, CH$_3$), 4.39-4.42 (m, 1H, CH), 4.76-4.81 (m, 2H, CH$_2$), 5.15 (s, 2H, CH$_2$), 6.52 (s$_{br}$, 2H, NH$_2$), 7.36-7.39 (m, 5H, H$_{Ar}$), 7.86 (s, 1H, H$_{Pur}$), 10.8 (s$_{br}$, 1H, NH) ppm.

^{13}C-NMR (125 MHz, DMSO-D$_6$, 35 °C): δ = 33.2 (1C, CH$_3$), 42.2 (1C, CH$_2$), 65.9 (1C, CH), 66.5 (1C, C$_{Pur}$), 68.0 (1C, C$_{Pur}$), 116.4 (1C, C$_{Pur}$), 128.2, 128.4, 128.8 (5C, 5 x CH, C$_{Ar}$), 134.4 (1C, C$_{Pur}$), 135.4 (1C, C$_{Ar}$), 156.8 (1C, C$_{Pur}$), 176.9 (1C, CO) ppm.

ESI-MS m/z : 343.2 (80) [M+H]$^+$, 685.1 [2xM+H]$^+$.

HRMS (ESI): berechnet für $C_{16}H_{19}N_6O_3$: 343.1513, gefunden: 343.1515; berechnet für $C_{16}H_{18}N_6O_3$Na: 365.1333, gefunden: 365.1323.

(S)-N-tert-Butoxycarbonyl-N-methyl-β-(N-4-benzyloxycarbonyl-1-cytosinyl)-alanin (90)[211]

90

$C_{21}H_{26}N_4O_7$ [446.45]

Bei RT wurde zu einer Suspension von N-4-Benzyloxycarbonyl-1-cytosin (753 mg, 2.43 mmol, 1.00 Äq.) in trockenem Dimethylsulfoxid (3 mL) langsam DBU (332 µL, 2.20 mmol, 1.50 Äq.) getropft und die Reaktionsmischung für 15 min gerührt. Anschließend wurde (S)-N-Butoxycarbonyl-N-methyl-L-serinlacton (293 mg, 1.53 mmol, 1.00 Äq.) gelöst in trockenem Dimethylsulfoxid (2 mL), zur Reaktion getropft und 3 h gerührt. Die Reaktion wurde durch Zugabe von Essigsäure (127 µL, 2.20 mmol, 1.50 Äq.) beendet. Das Lösungsmittel wurde unter vermindertem Druck entfernt, der Rückstand in Methanol (5 mL) suspendiert und zentrifugiert. Das Methanol wurde im Vakuum entfernt und das Rohprodukt mittels Säulenchromatographie an Kieselgel mit den Eluenten Ethylacetat/Methanol (9:1 + 1% AcOH) aufgereinigt. Die Zielverbindung **90** (571 mg, 1.22 mmol, 80%) wurde als ein farbloses Pulver erhalten.

^{1}H-NMR (300 MHz, DMSO-D$_6$, 35 °C): δ = 1.09 (s, 6H, t-Bu), 1.24 (s, 3H, t-Bu), 2.69 (s, 3H, CH$_3$), 4.39-4.42 (m, 1H, CH), 4.76-4.82 (m, 2H, CH$_2$), 5.17 (s, 2H, CH$_2$), 6.92-6.98 (m, 1H, H$_{Pyr}$), 7.01 (s, 1H, NH), 7.38-7.40 (m, 5H, H$_{Ar}$), 7.82-7.84 (m, 1H, H$_{Pyr}$) ppm.

^{13}C-NMR (125 MHz, DMSO-D$_6$, 35 °C): δ = 27.5 (3C, (t-Bu), 28.7 (1C, CH$_3$), 57.0 (1C, CH$_2$), 57.8 (1C, CH), 66.3 (1C, CH$_2$), 78.6 (1C, C(CH$_3$)$_3$), 95.0 (1C, CH$_{Pyr}$), 128.0, 128.2, 128.4 (5C, 5 x CH, C$_{Ar}$), 136.2 (1C, C$_{Ar}$), 150.2 (1C, CH$_{Pyr}$), 153.3, 154.9, 163.8 (3C, 3 x CO), 169.9 (1C, CO$_2$H) ppm.

ESI-MS m/z : 447.2 [M+H]$^+$, 469.2 [M+Na]$^+$, 445.2 [M-H]$^-$.

HRMS (ESI): berechnet für C$_{21}$H$_{26}$N$_4$O$_7$Na: 469.1694, gefunden 469.1692; berechnet für C$_{21}$H$_{25}$N$_4$O$_7$: 445.1729, gefunden 445.1730.

(S)-Benzyl-3-(4-(((benzyloxy)carbonyl)amino)-2-oxopyrimidin-1(2H)-yl)-2-((tert-butoxycarbonyl)(methyl)amino)propanoat (98)

98

$C_{28}H_{32}N_4O_7$ [536.58]

Die Verbindung **90** (500 mg, 1.07 mmol, 1.00 Äq.) wurde unter Argonatmosphäre mit O-Benzyl-N,N'-diisopropylisoharnstoff (248 mg, 1.07 mmol, 1.00 Äq.) unter permanentem Rühren gemischt und 1 h bei RT gerührt. Die viskose Lösung wurde mit trockenem THF (25 mL) versetzt und für 48 h bei RT gerührt. Nach dem Kühlen auf -15 °C wurde der entstandene Niederschlag filtriert und das Lösungsmittel unter vermindertem Druck entfernt. Die erhaltene viskose Flüssigkeit wurde unter Hochvakuum 24 h getrocknet. Das erhaltene Produkt **98** (545 mg, 1.01 mmol, 85%) wurde ohne weitere Reinigung weiter verwendet.

^{1}H-NMR (300 MHz, DMSO-D$_6$, 35 °C): δ = 1.08 (s, 6H, t-Bu), 1.23 (s, 3H, t-Bu), 2.71 (s, 3H, CH$_3$), 4.40-4.44 (m, 1H, CH), 4.78-4.82 (m, 2H, CH$_2$), 5.17 (s, 2H, CH$_2$), 5.33 (s, 2H, CH$_2$), 6.97 (s, 1H, NH), 7.01-7.04 (m, 1H, H$_{Pyr}$), 7.38-7.40 (m, 10H, H$_{Ar}$), 7.86-7.89 (m, 1H, H$_{Pyr}$) ppm.

^{13}C-NMR (125 MHz, DMSO-D$_6$, 35 °C): δ = 27.3 (3C, t-Bu), 31.9 (1C, CH$_3$), 47.7 (1C, CH$_2$), 58.1 (1C, CH), 66.4 (1C, CH$_2$), 67.9 (1C, CH$_2$), 78.0 (1C, C(CH$_3$)$_3$), 94.9 (1C, CH$_{Pyr}$), 128.0, 128.3, 128.8 (10C, 10 x CH, C$_{Ar}$), 134.5, 136.2 (2C, C$_{Ar}$), 150.2 (1C, CH$_{Pyr}$), 153.3, 155.2, 163.8, 169.9 (4C, CO) ppm.

ESI-MS m/z : 537.2 [M+H]$^+$, 559.2 [M+Na]$^+$.

HRMS (ESI): berechnet für C$_{28}$H$_{33}$N$_4$O$_7$: 537.2344, gefunden 537.2337; berechnet für C$_{28}$H$_{32}$N$_4$O$_7$Na: 559.2163, gefunden 559.2157.

(S)-Benzyl-3-(4-(((benzyloxy)carbonyl)amino)-2-oxopyrimidin-1-(2H)-yl)-2-(methylamino)propanoat (99)

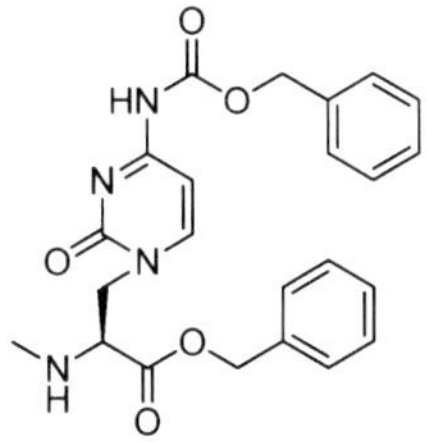

99

$C_{23}H_{24}N_4O_5$ [436.46]

Eine Lösung aus **98** (500 mg, 1.15 mmol, 1.00 Äq.) in TFA/H$_2$O (3:1, 12 mL) wurde über Nacht bei RT gerührt. Anschließend wurde die Reaktionsmischung unter Zugabe von Toluol bis zur Trockene eingeengt. Das Rohprodukt wurde zweimal in einer wässrigen HCl-Lösung (1 M, 10 mL) aufgenommen und wiederholt eingeengt. Der erhaltene Feststoff **99** (475 mg, 1.09 mmol, 95%) erforderte keiner Reinigung und wurde direkt weiter umgesetzt.

^{1}H-NMR (300 MHz, DMSO-D$_6$, 35 °C): δ = 2.90 (s, 3H, CH$_3$), 4.40-4.44 (m, 1H, CH), 4.75-4.83 (m, 1H, CH$_2$), 5.17 (s, 2H, CH$_2$), 5.37 (s, 2H, CH$_2$), 6.90-7.01 (m, 2H, H$_{Pyr}$, NH), 7.39-7.41-7.46 (m, 10H, H$_{Ar}$), 7.84-7.88 (m, 1H, H$_{Pyr}$) ppm.

^{13}C-NMR (125 MHz, DMSO-D$_6$, 35 °C): δ = 31.7 (1C, CH$_3$), 47.7 (1C, CH$_2$), 58.1 (1C, CH), 66.4 (1C, CH$_2$), 67.9 (1C, CH$_2$), 94.9 (1C, CH$_{Pyr}$), 128.0, 128.4, 128.8 (10C, 10 x CH, C$_{Ar}$), 134.5-136.2 (2C, C$_{Ar}$), 150.2 (1C, CH$_{Pyr}$), 153.3, 163.8, 169.9 (3C, CO, 2 x CO$_2$) ppm.

ESI-MS m/z : 437.1 [M+H]$^+$, 872.9 [2M+H]$^+$.

HRMS (ESI): berechnet für $C_{23}H_{25}N_4O_5$: 437.1819, gefunden: 437.1820, berechnet für $C_{23}H_{24}N_4O_5$Na: 459.1639, gefunden: 459.1634.

(S)-N-Butoxycarbonyl-D-serinlacton (94)[213]

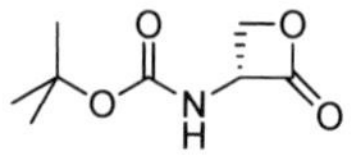

94

$C_8H_{13}NO_4$ [187.19]

Unter Argonatmosphäre wurde Triphenylphosphin (3.07 g, 11.7 mmol, 1.20 Äq.) in trockenem THF (100 mL) gelöst und auf -78 °C gekühlt. Bei dieser Temperatur wurden innerhalb von 15 min DEAD (1.84 mL, 11.7 mmol, 1.20 Äq.) zugetropft und für weitere 15 min gerührt. Anschließend wurde (S)-N-Butoxycarbonyl-D-serin (2.00 g, 9.75 mmol, 1.00 Äq.) in trockenem THF (50 mL) gelöst und langsam zur Reaktionsmischung getropft. Die Reaktion wurde 2 h bei -78 °C und weitere 5 h bei Raumtemperatur gerührt. Das Lösungsmittel wurde unter vermindertem Druck entfernt und das Rohprodukt in Hexan/Ethylacetat (3:1, 50 mL) aufgenommen und 10 min im Ultraschallbad behandelt. Die entstandene Suspension wurde mittels Säulenchromatographie an Kieselgel mit den Eluenten Pentan/Ethylacetat (3:1) aufgereinigt. Nach dem Trocknen wurde die Zielverbindung **94** (1.26 g, 6.73 mmol, 69%) als klares Öl isoliert.

DC (Pentan/Ethylacetat, 3:1): R_f = 0.35.

^{1}H-NMR (300 MHz, $CDCl_3$, RT): δ = 1.42 (s, 9H, t-Bu), 4.46-4.50 (m, 2H, CH_2), 5.10-5.25 (m, 1H, CH), 5.28 (s_{br}, 1H, NH) ppm.

^{13}C-NMR (125 MHz, $CDCl_3$, RT): δ = 28.2 (3C, $(CH_3)_3$), 59.5 (1C, CH), 66.5 (1C, CH_2), 81.4 (1C, $C(CH_3)_3$), 154.4 (1C, CO_2), 169.2 (1C, CO) ppm.

(S)-N-tert-Butoxycarbonyl-β-(2-amino-6-chlor-9-purinyl)-alanin (95)[229]

95

$C_{13}H_{17}ClN_6O_4$ [356.76]

2-Amino-6-chlorpurin (1.08 g, 6.41 mmol, 1.20 Äq.) wurde in trockenem DMSO (3 mL) suspendiert und unter Argonatmosphäre gerührt. Anschließend wurde 1,8-Diazabicyclo[5.4.0]undec-7-en (958 µL, 6.41 mmol, 1.20 Äq.) bei Raumtemperatur langsam zugetropft und die Reaktionsmischung 15 min weitergerührt. Eine Lösung aus (S)-N-Butoxycarbonyl-D-serinlacton (1.00 g, 5.34 mmol, 1.00 Äq.) in trockenem DMSO (2 mL) wurde zur Reaktion getropft und weitere 4 h gerührt. Die Reaktion wurde durch Zugabe von Essigsäure (459 µL, 8.01 mmol, 1.50 Äq.) beendet. Das Lösungsmittel wurde unter vermindertem Druck aus dem System entfernt. Der ölige Rückstand wurde mittels Säulenchromatographie an Kieselgel mit den Eluenten Ethylacetat/Methanol (8:2 + 1% AcOH) aufgereinigt. Die Zielverbindung **95** (1.43 g, 4.01 mmol, 75%) wurde als farbloses Pulver erhalten.

¹H-NMR (300 MHz, DMSO-D_6, 35 °C): δ = 1.29 (s, 9H, t-Bu), 4.01-4.10 (m, 2H, CH_2), 4.44-4.48 (m, 1H, CH), 6.25 (s_{br}, 1H, NH), 6.73 (s_{br}, 2H, NH_2), 7.85 (s, 1H, H_{Pur}) ppm.

¹³C-NMR (125 MHz, DMSO-D_6, 35 °C): δ = 27.4 (3C, t-Bu), 44.5 (1C, CH_2), 52.8 (1C, CH), 76.8 (1C, $C(CH_3)_3$), 123.2 (1C, C_{Pur}), 142.5 (1C, CH, C_{Pur}), 150.1 (1C, C_{Pur}), 154.2 (1C, C_{Pur}), 155.0 (1C, CO), 159.6 (1C, C_{Pur}), 171.1 (1C, CO_2H) ppm.

ESI-MS m/z : 357.1 [M+H]$^+$, 379.1 [M+Na]$^+$, 355.1 [M-H]$^-$.

HRMS (ESI): berechnet für $C_{13}H_{18}N_6O_4Cl$: 357.1073, gefunden 357.1075, berechnet für $C_{13}H_{17}N_6O_4ClNa$: 379.0892, gefunden 379.0886, berechnet für $C_{13}H_{16}N_6O_4Cl$: 355.0927, gefunden 355.0933.

(S)-N-tert-Butoxycarbonyl-β-(9-guaninyl)alanin (80)[229]

80

$C_{13}H_{18}N_6O_5$ [338.32]

Eine Lösung aus **95** (1.20 mg, 3.36 mmol, 1.00 Äq.) in TFA/H$_2$O (3:1, 16 mL) wurde über Nacht bei RT gerührt. Anschließend wurde die Reaktionsmischung unter Zugabe von Toluol bis zur Trockene eingeengt. Das Rohprodukt wurde zweimal in einer wässrigen HCl-Lösung (1 M, 10 mL) aufgenommen und wiederholt eingeengt. Der erhaltene Feststoff wurde in einer Mischung aus Wasser/NaOH/Dioxan (1:1:2, 16 mL) suspendiert und der pH-Wert mit einer wässrigen NaOH-Lösung (1 M) auf einen Wert von pH = 9.5 eingestellt. Die Suspension wurde im Eisbad auf 0 °C gekühlt, mit N-Di-tert-butyldicarboxylat (880 mg, 4.03 mmol, 1.20 Äq.) versetzt und die erhaltene Lösung über 2 h kontrolliert bei RT gerührt. Anschließend wurde mit einer wässrigen HCl-Lösung (1 M) ein pH-Wert von 6 eingestellt und das Lösungsmittelgemisch im Hochvakuum entfernt. Der Feststoff wurde anschließend mittels Säulenchromatographie an RP-Gel mit dem Eluent H$_2$O → H$_2$O/MeOH (92:2) aufgereinigt. Die Zielverbindung **80** (909 mg, 2.68 mmol, 80%) wurde als farbloser Feststoff erhalten.

^{1}H-NMR (300 MHz, DMSO-D$_6$, 35 °C): δ = 1.06 (s, 3H, t-Bu), 1.20 (s, 6H, t-Bu), 4.45-4.51 (m, 1H, CH), 4.80-4.89 (m, 2H, CH$_2$), 6.89 (s, 2H, NH$_2$), 7.89 (s, 1H, H$_{Pur}$) ppm.

^{13}C-NMR (125 MHz, DMSO-D$_6$, 35 °C): δ = 25.8 (3C, t-Bu), 44.2 (1C, CH$_2$), 51.8 (1C, CH), 76.8 (1C, C(CH$_3$)$_3$), 122.9 (1C, C$_{Pur}$), 142.5 (1C, CH, C$_{Pur}$), 153.1 (1C, C$_{Pur}$), 154.2 (1C, C$_{Pur}$), 155.0 (1C, CO), 159.6 (1C, C$_{Pur}$, CO), 171.1 (1C, CO$_2$H) ppm.

(S)-N-tert-Butoxycarbonyl-β-(N-4-benzyloxycarbonyl-1-cytosinyl)alanin (79)[211]

79

$C_{20}H_{24}N_4O_7$ [432.43]

Bei RT wurde zu einer Suspension aus N-4-Benzyloxycarbonyl-1-cytosin (721 mg, 2.94 mmol, 1.10 Äq.) in trockenem Dimethylsulfoxid (3 ml) langsam DBU (400 µL, 4.01 mmol, 1.5 Äq.) getropft und die Reaktionsmischung für 15 min gerührt. Anschließend wurde (S)-N-Butoxycarbonyl-D-serinlacton (500 mg, 2.67 mmol, 1.00 Äq.) gelöst in trockenem Dimethylsulfoxid (2 ml) zur Reaktion zugetropft und 3 h gerührt. Die Reaktion wurde durch die Zugabe von Essigsäure (168 µL, 2.94 mmol, 1.10 Äq.) beendet. Das Lösungsmittel wurde unter vermindertem Druck entfernt, der Rückstand in Methanol (5 ml) suspendiert und zentrifugiert. Das Methanol wurde im Vakuum entfernt und das Rohprodukt mittels Säulenchromatographie an Kieselgel mit den Eluenten Ethylacetat/Methanol (9:1 + 1% AcOH) aufgereinigt. Die Zielverbindung **79** (1.02 g, 2.35 mmol, 82%) wurde als ein farbloses Pulver erhalten.

^{1}H-NMR (300 MHz, DMSO-D$_6$, 35 °C): δ = 1.24 (s, 3H, t-Bu), 1.35 (s, 6H, t-Bu), 4.10-4.18 (m, 2H, CH$_2$), 4.35-4.41 (m, 1H, CH), 5.17 (s, 2H, CH$_2$), 6.29 (s$_{br}$, 1H, NH), 6.94 (m, 1H, H$_{Pyr}$), 7.38-7.40 (m, 5H, H$_{Ar}$), 7.86 (m, 1H, H$_{Pyr}$), 10.6 (s$_{br}$, 1 H, CO$_2$H) ppm.

^{13}C-NMR (125 MHz, DMSO-D$_6$, 35 °C): δ = 26.4 (3C, t-Bu), 56.8 (1C, CH$_2$), 57.9 (1C, CH), 64.3 (1C, CH$_2$), 77.6 (1C, C(CH$_3$)$_3$), 95.0 (1C, CH, C$_{Pyr}$), 128.0, 1284, 128.4 (5C, 5 x CH, C$_{Ar}$), 136.2 (C, C$_{Ar}$), 150.2 (1C, CH, C$_{Pyr}$), 153.3, 159.6, 164.2 (3C, CO, 2 x CO$_2$), 169.9 (1C, CO$_2$H) ppm.

ESI-MS m/z : 433.2 [M+H]$^+$, 455.2 [M+Na]$^+$, 432.2 [M-H]$^-$.

HRMS (ESI): berechnet für C$_{20}$H$_{23}$N$_4$O$_7$: 431.1572, gefunden 431.1572.

N-(o-NBS)-L-Lys(Cbz)-OMe (91)[209]

91

$C_{21}H_{25}N_3O_8S$ [479.50]

Bei 0 °C wurde zur einer Lösung aus HCl·H$_2$N-L-Lys(Cbz)-OMe (1.00 g, 3.02 mmol, 1.00 Äq.) und Triethylamin (611 mg, 6.04 mmol, 2.00 Äq.) in trockenem DCM (100 mL), O-NBS-CL (689 mg, 301 mmol, 1.00 Äq.) unter starkem Rühren zugegeben. Die Lösung wurde auf RT erwärmt und anschließend 2 h gerührt. Die erhaltene Lösung wurde mit gesättigter Natriumhydrogencarbonat Lösung (3 x 50 mL) und Wasser (100 mL) gewaschen, über Natriumsulfat getrocknet und das Lösungsmittel unter vermindertem Druck entfernt. Das Zielprodukt **91** (1.38 g, 2.87 mmol, 95%) wurde als gelbliches Öl erhalten und ohne weitere Reinigung eingesetzt.

^{1}H-NMR (300 MHz, DMSO-D$_6$, 35 °C): δ = 1.40-144 (m, 4H, 2 x CH$_2$), 1.72-1.78 (m, 2H, CH$_2$), 2.62-2.66 (m, 1H, CH), 3.14-3.19 (m, 2H, CH$_2$), 3.45 (s, 3H, CH$_3$), 4.83 (s$_{br}$, 1H, NH), 5.10 (s, 2H, CH$_2$), 7.25 (s$_{br}$, 1H, NH), 7.28-7.35 (m, 5H, H$_{Ar}$), 7.69-7.72 (m, 2H, H$_{Ar}$), 7.88-7.91-8.02 (m, 1H, H$_{Ar}$), 8.14-816 (m, 1H, H$_{Ar}$) ppm.

^{13}C-NMR (125 MHz, DMSO-D$_6$, 35 °C): δ = 22.3 (1C, CH$_2$), 29.4 (1C, CH$_2$), 32.7 (1C, CH$_2$), 40.6 (1C, CH$_2$), 52.6 (1C, CH$_3$), 56.7 (1C, CH), 66.8 (1C, CH$_2$), 125.8 (1C, C$_{Ar}$), 128.2, 128.5, 128.9 (5C, 5 x CH, C$_{Ar}$), 130.6, 132.7, 133.9 (4C, 4 x CH, C$_{Ar}$), 136.7 (1C, C$_{Ar}$), 147.8 (1C, C$_{Ar}$), 156.7 (1C, CO), 171.6 (1C, CO) ppm.

ESI-MS m/z : 502.2 [M+Na]$^+$, 980.7 [2M+Na]$^+$.

N-Me-N-(o-NBS)-L-Lys(Cbz)-OMe (92)[209]

92

$C_{22}H_{27}N_3O_8S$ [493.53]

Zu einer Lösung aus N-(o-NBS)-L-Lys(Cbz)-OMe (1.20 g, 2.50 mmol, 1.00 Äq.) in trockenem Dimethylformamid (50 mL) wurde bei 0 °C Dimethylsulfat (710 µL, 7.50 mmol, 3.00 Äq.) und DBU (747 µL, 5.00 mmol, 2.00 Äq.) langsam zugegeben. Die erhaltene Lösung wurde für weitere 15 min bei 0 °C gerührt und anschließend das Lösungsmittel unter vermindertem Druck entfernt. Der Rückstand wurde in Ethylacetat (100 mL) aufgenommen und mit gesättigter Natriumhydrogencarbonat-Lösung (3 x 50 mL) und Wasser (100 mL) gewaschen, über Natriumsulfat getrocknet und das Lösungsmittel unter vermindertem Druck entfernt. Das Zielprodukt **92** (1.18 g, 2.38 mmol, 95%) wurde als gelbliches Öl erhalten und ohne weitere Reinigung eingesetzt.

^{1}H-NMR (300 MHz, DMSO-D_6, 35 °C): δ = 1.12-1.19 (m, 2H, CH_2), 1.38-1.44 (m, 2H, CH_2), 1.72-1.81(m, 2H, CH_2), 2.84 (s, 3H, CH_3), 2.90-2.95 (m, 2H, CH_2), 3.43 (s, 3H, CH_3), 4.42-4.50 (m, 1H, CH), 4.99 (s, 2H, CH_2), 7.25 (s_{br}, 1H, NH), 7.28-7.33 (m, 5H, H_{Ar}), 7.63-7.69 (m, 3H, H_{Ar}), 8.10-8.15 (m, 1H, H_{Ar}) ppm.

^{13}C-NMR (125 MHz, DMSO-D_6, 35 °C): δ = 23.3 (1C, CH_2), 28.4 (1C, CH_2), 30.5 (1C, CH_3), 30.7 (1C, CH_2), 40.6 (1C, CH_2), 52.4 (1C, CH_3), 58.7 (1C, CH), 66.7 (1C, CH_2), 124.8 (1C, C_{Ar}), 128.2, 129.2, 131.2 (5C, 5 x CH, C_{Ar}), 132.6, 133.4, 133.9 (4C, 4 x CH, C_{Ar}), 136.8 (1C, C_{Ar}), 148.1 (1C, C_{Ar}), 156.8 (1C, CO), 171.2 (1C, CO) ppm.

ESI-MS m/z : 516.7 [M+Na]$^+$, 1009.4 [2M+Na]$^+$.

N-Me-N-(o-NBS)-L-Lys(Cbz)-OH (78)[209]

78

$C_{21}H_{25}N_3O_8S$ [479.50]

Unter Lichtausschluss wurde N-Me-N-(o-NBS)-L-Lys(Cbz)-OMe (1.00 g, 2.03 mmol, 1.00 Äq.) und Lithiumiodid (1.36 g, 10.1 mmol, 5.00 Äq.) in Ethylacetat (15 mL) aufgenommen und für 24 h unter Rückfluss gerührt. Anschließend wurde Wasser (10 mL) zugegeben, die Lösung mit einer wässrigen HCl-Lösung (0.1 M) angesäuert und mit Ethylacetat (3 x 50 mL) extrahiert. Die organische Phase wurde mit gesättigter Natriumchlorid-Lösung (50 mL) und Wasser (50 mL) gewaschen, über Natriumsulfat getrocknet und das Lösungsmittel unter vermindertem Druck entfernt. Das Rohprodukt wurde durch Säulenchromatographie an Kieselgel mit den Eluenten Pentan/Ethylacetat (1:1 + 1% AcOH) aufgereinigt. Das Zielprodukt **78** (876 mg, 1.83 mmol, 90%) wurde als gelbliches Öl erhalten.

^{1}H-NMR (300 MHz, DMSO-D$_6$, 35 °C): δ = 1.02-1.10 (m, 2H, CH$_2$), 1.34-1.41 (m, 2H, CH$_2$), 1.67-1.84 (m, 2H, CH$_2$), 2.84 (s, 3H, CH$_3$), 2.90-2.95 (m, 2H, CH$_2$), 4.42-4.48 (m, 1H CH), 4.98 (s, 2H, CH$_2$), 7.25 (s$_{br}$, 1H, NH), 7.28-7.33 (m, 5H, H$_{Ar}$), 7.62-7.65 (m, 3H, H$_{Ar}$), 8.10-8.14 (m, 1H, H$_{Ar}$), 11.91 (s$_{br}$, 1H CO$_2$H) ppm.

^{13}C-NMR (125 MHz, DMSO-D$_6$, 35 °C): δ = 22.8 (1C, CH$_2$), 28.0 (1C, CH$_2$), 30.0 (1C, CH$_3$), 30.7 (1C, CH$_2$), 40.8 (1C, CH$_2$), 59.0 (1C, CH), 65.0 (1C, CH$_2$), 123.7 (1C, C$_{Ar}$), 127.8, 129.3, 130.2 (5C, 5 x CH, C$_{Ar}$), 131.3, 132.8, 133.9 (4C, 4 x CH, C$_{Ar}$), 137.2 (1C, C$_{Ar}$), 147.4 (1C, C$_{Ar}$), 156.0 (1C, CO), 171.4 (1C, CO) ppm.

ESI-MS m/z : 502.4 [M+Na]$^+$, 980.9 [2M+Na]$^+$.

Boc-D-AlaG-N-Me-AlaC(Bn) 84

84

$C_{36}H_{40}N_{10}O_9$ [756.76]

Die Boc-geschützte Nukleoaminosäure **80** (42.4 mg, 125 µmol, 1.10 Äq) wurde zusammen mit HATU (43.3 mg, 114 µmol, 1.00 Äq.) und HOAt (17.0 mg, 125 µmol, 1.10 Äq.) in trockenem DMSO (5 mL) gelöst und anschließend DIPEA (51.6 µL, 296 µmol, 2.60 Äq.) zugegeben. Zu der erhaltenen Lösung wurde die N-methylierte Nukleoaminosäure **97** (50.0 mg, 114 µmol, 1.00 Äq.) zugefügt und das erhaltene Gemisch für 18 h bei Raumtemperatur gerührt. Darauffolgend wurde das Lösungsmittel unter vermindertem Druck entfernt und der Rückstand in kaltem Diethylether gefällt. Der erhaltene Niederschlag wurde anschließend mittels Säulenchromatographie an Kieselgel mit Ethylacetat als Eluent aufgereinigt. Die Zielverbindung **84** (12.9 mg, 17.1 µmol, 15%) konnte als farbloser Feststoff erhalten werden.

ESI-MS m/z : 757.3 [M+H]⁺.

HRMS (ESI): berechnet für $C_{36}H_{41}N_{10}O_9$: 757.3052, gefunden 757.3024.

Boc-D-AlaC-N-Me-AlaG(Bn) 85

85

$C_{36}H_{40}N_{10}O_9$ [756.76]

Die Boc-geschützte Nukleoaminosäure **79** (69.4 mg, 160 µmol, 1.10 Äq.) wurde zusammen mit HATU (59.5 mg, 146 µmol, 1.00 Äq.) und HOAt (22.0 mg, 160 µmol, 1.10 Äq.) in trockenem DMSO (5 mL) gelöst und anschließend DIPEA (73.0 µL, 422 µmol, 2.60 Äq.) zugegeben. Zu der erhaltenen Lösung wurde die N-methylierte Nukleoaminosäure **99** (50.0 mg, 146 µmol, 1.00 Äq.) zugefügt und das erhaltene Gemisch für 18 h bei Raumtemperatur gerührt. Daraufolgend wurde das Lösungsmittel unter vermindertem Druck entfernt und der Rückstand in kaltem Diethylether gefällt. Der erhaltene Niederschlag wurde anschließend mittels Säulenchromatographie an Kieselgel mit Ethylacetat als Eluent aufgereinigt. Die Zielverbindung **85** (14.4 mg, 18.9 µmol, 13%) konnte als farbloser Feststoff erhalten werden.

ESI-MS m/z : 757.3 [M+H]$^+$.

HRMS (ESI): berechnet für $C_{36}H_{41}N_{10}O_9$: 757.3052, gefunden 757.3027.

Literaturverzeichnis

[1] David L. Nelson and Michael M. Cox, D. L. Nelson, M. M. Cox, *Priciples of Biochemistry Fourth Edition*, **2004**.

[2] J. D. Watson, F. H. C. Crick, *Nature* **1953**, *171*, 737–738.

[3] J. D. Watson, F. H. Crick, *JAMA* **1993**, *269*, 1966–1967.

[4] L. PAULING, R. B. COREY, H. R. BRANSON, *Proc. Natl. Acad. Sci. U. S. A.* **1951**, *37*, 205–211.

[5] R. B. Corey, L. Pauling, *Rev. Sci. Instrum.* **1953**, *24*, 621–627.

[6] N. C. Seeman, *Nature* **2003**, *421*, 427–31.

[7] T. J. Bandy, A. Brewer, J. R. Burns, G. Marth, T. Nguyen, E. Stulz, *Chem. Soc. Rev.* **2011**, *40*, 138–48.

[8] H. Yan, S. H. Park, G. Finkelstein, J. H. Reif, T. H. LaBean, *Science* **2003**, *301*, 1882–4.

[9] S. Nishimura, K. Watanabe, *J. Biosci.* **2006**, *31*, 465–75.

[10] P. Herdewijn, *Oligonucleotide Synthesis: Methods and Applications*, **2005**.

[11] K.-M. Song, S. Lee, C. Ban, *Sensors (Basel).* **2012**, *12*, 612–31.

[12] C. M. Dollins, S. Nair, B. A. Sullenger, **2008**.

[13] S. K. Silverman, *Angew. Chem. Int. Ed. Engl.* **2010**, *49*, 7180–201.

[14] A. White, P. Handler, E. Smith, D. S. Jr, *Princ. Biochem.* **1959**.

[15] H. F. Lodish, A. Berk, S. L. Zipursky, P. Matsudaira, D. Baltimore, D. James, *Molecular Cell Biology*, **2008**.

[16] F. A. Syud, H. E. Stanger, H. S. Mortell, J. F. Espinosa, J. D. Fisk, C. G. Fry, S. H. Gellman, *J. Mol. Biol.* **2003**, *326*, 553–568.

[17] U. Diederichsen, *Chem.Bio.Chem.* **2009**, *10*, 2717–9.

[18] C. Godoy-Alcántar, A. K. Yatsimirsky, J.-M. Lehn, *J. Phys. Org. Chem.* **2005**, *18*, 979–985.

[19] J. Lehn, *Angew. Chemie Int. Ed. English* **1988**, *27*, 89–112.

[20] J.-M. Lehn, *Chem. Soc. Rev.* **2007**, *36*, 151–60.

[21] J. Li, P. Nowak, S. Otto, *J. Am. Chem. Soc.* **2013**, *135*, 9222–39.

[22] J.-M. Lehn, *Top. Curr. Chem.* **2012**, *322*, 1–32.

[23] S. J. Rowan, S. J. Cantrill, G. R. L. Cousins, J. K. M. Sanders, J. F. Stoddart, *Angew. Chemie* **2002**, *114*, 938–993.

[24] O. Ramström, J.-M. Lehn, *Nat. Rev. Drug Discov.* **2002**, *1*, 26–36.

[25] R. B. Merrifield, *J. Am. Chem. Soc.* **1963**, *85*, 2149–2154.

[26] A. Ganesan, *Angew. Chemie Int. Ed.* **1998**, *37*, 2828–2831.

[27] B. de Bruin, P. Hauwert, J. N. H. Reek, *Angew. Chem. Int. Ed. Engl.* **2006**, *45*, 2660–2663.

[28] D. Schultz, J. R. Nitschke, *Proc. Natl. Acad. Sci. U. S. A.* **2005**, *102*, 11191–11195.

[29] K. S. Chichak, S. J. Cantrill, A. R. Pease, S.-H. Chiu, G. W. V Cave, J. L. Atwood, J. F. Stoddart, *Science* **2004**, *304*, 1308–12.

[30] J.-M. Lehn, *Chem. A Eur. J.* **1999**, *5*, 2455–2463.

[31] S. Otto, *Drug Discov. Today* **2002**, *7*, 117–125.

[32] P. Corbett, J. Leclaire, L. Vial, *Chem. …* **2006**, *106*, 3652–711.

[33] D. T. Hickman, N. Sreenivasachary, J. Lehn, **2008**, *91*, 1–20.

[34] B. Hasenknopf, J.-M. Lehn, B. O. Kneisel, G. Baum, D. Fenske, *Angew.Chem.Int. Ed. English* **1996**, *35*, 1838–1840.

[35] I. Huc, J. M. Lehn, *Proc. Natl. Acad. Sci. U. S. A.* **1997**, *94*, 2106–2110.

[36] O. Ramström, J. M. Lehn, *Chem. Bio. Chem* **2000**, *1*, 41–48.

[37] T. Bunyapaiboonsri, O. Ramström, S. Lohmann, J. M. Lehn, L. Peng, M. Goeldner, *Chem.Bio. Chem* **2001**, *2*, 438–444.

[38] A. V Eliseev, M. I. Nelen, *Chem. Eur. J.* **1998**, *4*, 825–834.

[39] J. D. Cheeseman, A. D. Corbett, R. Shu, J. Croteau, J. L. Gleason, R. J. Kazlauskas, *J. Am. Chem. Soc.* **2002**, *124*, 5692–5701.

[40] O. Ramström, S. Lohmann, T. Bunyapaiboonsri, J.-M. Lehn, *Chemistry* **2004**, *10*, 1711–1715.

[41] R. Larsson, *Reversible Sulfur Reactions in Pre-Equilibrated and Catalytic Self-Screening Dynamic Combinatorial Chemistry Protocols*, **2006**.

[42] R. Larsson, *Reversible Sulfur Reactions in Pre-Equilibrated and Catalytic Self-Screening Dynamic Combinatorial Chemistry Protocols*, **2006**.

[43] A. Fava, A. Iliceto, E. Camera, *J. Am. Chem. Soc.* **1957**, *79*, 833–838.

[44] N. Zhu, F. Zhang, G. Liu, *J. Comb. Chem.* **2010**, *12*, 531–40.

[45] M. G. Woll, S. H. Gellman, *J. Am. Chem. Soc.* **2004**, *126*, 11172–11174.

[46] W. W. Kielley, L. B. Bradley, *J. Biol. Chem.* **1954**, *206*, 327–333.

[47] P. E. Dawson, T. W. Muir, I. Clark-Lewis, S. B. Kent, *Science* **1994**, *266*, 776–779.

[48] Y. Ura, J. M. Beierle, L. J. Leman, L. E. Orgel, M. R. Ghadiri, *Science* **2009**, *325*, 73–7.

[49] S. Ghosh, L. A. Ingerman, A. G. Frye, S. J. Lee, M. R. Gagné, M. L. Waters, *Org. Lett.* **2010**, *12*, 1860–1863.

[50] J. Leclaire, L. Vial, S. Otto, J. K. M. Sanders, *Chem. Commun. (Camb).* **2005**, 1959–61.

[51] R. Larsson, Z. Pei, O. Ramström, *Angew. Chem. Int. Ed. Engl.* **2004**, *43*, 3716–8.

[52] S. Tallon, C. Alana, S. Connon, "ARKAT USA, Inc. – Browse ARKIVOC – Volume 2011 (iv)," **2011**.

[53] M. G. Woll, S. H. Gellman, *J. Am. Chem. Soc.* **2004**, *126*, 11172–4.

[54] P. J. Bracher, P. W. Snyder, B. R. Bohall, G. M. Whitesides, *Orig. Life Evol. Biosph.* **2011**, *41*, 399–412.

[55] S. Chen, L. Wang, Z. Deng, *Protein Cell* **2010**, *1*, 14–21.

[56] N. Ashkenasy, J. Sánchez-Quesada, H. Bayley, M. R. Ghadiri, *Angew. Chem. Int. Ed. Engl.* **2005**, *44*, 1401–1404.

[57] F. R. Bowler, *Reading DNA with PNA : A Dynamic Chemical Approach to DNA Sequence Analysis Doctor of Philosophy* **2011**.

[58] F. R. Bowler, J. J. Diaz-Mochon, M. D. Swift, M. Bradley, *Angew. Chem. Int. Ed. Engl.* **2010**, *49*, 1809–12.

[59] P. Fournier, R. Fiammengo, A. Jäschke, *Angew. Chem. Int. Ed. Engl.* **2009**, *48*, 4426–9.

[60] A. J. Boersma, J. E. Klijn, B. L. Feringa, G. Roelfes, *J. Am. Chem. Soc.* **2008**, *130*, 11783–11790.

[61] T. J. Bandy, A. Brewer, J. R. Burns, G. Marth, T. Nguyen, E. Stulz, *Chem. Soc. Rev.* **2011**, *40*, 138–148.

[62] S. K. Silverman, *Angew. Chem. Int. Ed. Engl.* **2010**, *122*, 7336–7359.

[63] A. Rajendran, M. Endo, H. Sugiyama, *Angew. Chem. Int. Ed. Engl.* **2012**, *51*, 874–90.

[64] D. Zhang, G. Seelig, *Nat. Chem.* **2011**, *3*, 103–113.

[65] F. E. Alemdaroglu, K. Ding, R. Berger, A. Herrmann, *Angew. Chem. Int. Ed. Engl.* **2006**, *45*, 4206–4210.

[66] C. Zhang, Y. Li, M. Zhang, X. Li, *Tetrahedron* **2012**, *68*, 5152–5156.

[67] D. R. Duckett, A. I. Murchie, R. M. Clegg, G. S. Bassi, M. J. Giraud-Panis, D. M. Lilley, *Biophys. Chem.* **1997**, *68*, 53–62.

[68] R. E. Dickerson, H. R. Drew, B. N. Conner, R. M. Wing, A. V Fratini, M. L. Kopka, *Science* **1982**, *216*, 475–485.

[69] D. W. Ussery, *Life Sci.* **2002**, 1–11.

[70] A. Rich, S. Zhang, *Nature* **2003**, *4*, 566–572.

[71] B. Manning, S. Pérez-Rentero, A. V. Garibotti, R. Ramos, R. Eritja, *Sens. Lett.* **2009**, *7*, 774–781.

[72] J. O. Ojwang, D. A. Grueneberg, E. L. Loechler, **1989**, 6529–6537.

[73] International DNA Technologies, *Strategies for Attaching Oligonucleotides to Solid Supports* **2011**.

[74] T. Dörper, E. L. Winnacker, *Nucleic Acids Res.* **1983**, *11*, 2575–2584.

[75] J. Goodchild, *Bioconjug. Chem.* **1990**, *I*.

[76] a. De Mesmaeker, K. H. Altmann, a. Waldner, S. Wendeborn, *Curr. Opin. Struct. Biol.* **1995**, *5*, 343–355.

[77] C. Périgaud, G. Gosselin, J. L. Imbach, *Nucleosides and Nucleotides* **1992**, *11*, 903–945.

[78] M. H. Caruthers, A. D. Barone, S. L. Beaucage, D. R. Dodds, E. F. Fisher, L. J. McBride, M. Matteucci, Z. Stabinsky, J. Y. Tang, *Methods Enzymol.* **1987**, *154*, 287–313.

[79] S. L. Beaucage, M. H. Caruthers, *Tetrahedron Lett.* **1981**, *22*, 1859–1862.

[80] P. Wright, D. Lloyd, W. Rapp, A. Andrus, *Tetrahedron Lett.* **1993**, *34*, 3373–3376.

[81] M. H. Caruthers, *Science* **1985**, *230*, 281–285.

[82] S. L. Beaucage, M. H. Caruthers, *Tetrahedron Lett.* **1981**, *22*, 1859–1862.

[83] M. D. Matteucci, M. H. Caruthers, *Biotechnology* **1992**, *24*, 92–98.

[84] H. Asanuma, Y. Hara, A. Noguchi, K. Sano, H. Kashida, *Tetrahedron Lett.* **2008**, *49*, 5144–5146.

[85] F. Seela, P. Ding, S. Budow, *Bioconjug. Chem.* **2011**, *22*, 794–807.

[86] J. Corrie, T. Furuta, R. Givens, A. Yousef, *Photoremovable Protecting Groups Used for the Caging of Biomolecules*, **2005**.

[87] S. Barrois, H.-A. Wagenknecht, *Beilstein J. Org. Chem.* **2012**, *8*, 905–914.

[88] R. Charubala, J. Maurinsh, A. Rösler, M. Melguizo, O. Jungmann, M. Gottlieb, J. Lehbauer, M. Hawkins, W. Pfleiderer, *Nucleosides and Nucleotides* **1997**, *16*, 1369–1378.

[89] C. Périgaud, G. Gosselin, J. L. Imbach, *Nucleosides and Nucleotides* **1992**, *11*, 903–945.

[90] S. Jin, C. V Miduturu, D. C. McKinney, S. K. Silverman, *J. Org. Chem.* **2005**, *70*, 4284–99.

[91] R. E. Wang, Y. Zhang, J. Cai, W. Cai and T. Gao, *Current Medicinal Chemistry* **2011**, *18*, 4175-4184.

[92] J. Liu, Z. Cao, Y. Lu, *Chem. Rev.* **2009**, *109*, 1948–98.

[93] N. K. Navani, Y. Li, *Curr. Opin. Chem. Biol.* **2006**, *10*, 272–81.

[94] Z. Kupihár, Z. Schmél, Z. Kele, B. Penke, L. Kovács, *Bioorg. Med. Chem.* **2001**, *9*, 1241–7.

[95] S. Pérez-Rentero, S. Grijalvo, R. Ferreira, R. Eritja, *Molecules* **2012**, *17*, 10026–10045.

[96] B. Bornemann, A. Marx, *Bioorg. Med. Chem.* **2006**, *14*, 6235–8.

[97] S. Wnuk, *Tetrahedron* **1993**, *49*.

[98] S. Chambert, F. Thomasson, J.-L. Décout, *J. Org. Chem.* **2002**, *67*, 1898–1904.

[99] B. Gerland, J. Désiré, M. Lepoivre, J.-L. Décout, *Org. Lett.* **2007**, *9*, 3021–3023.

[100] N. Usman, C. D. Juby, K. K. Ogilvie, *Tetrahedron Lett.* **1988**, *29*, 4831–4834.

[101] P. S. Nelson, M. Kent, S. Muthini, *Nucleic Acids Res.* **1992**, *20*, 6253–6259.

[102] F. Vandendriessche, K. Augustyns, A. Van Aerschot, R. Busson, J. Hoogmartens, P. Herdewijn, *Tetrahedron* **1993**, *49*, 7223–7238.

[103] H. Asanuma, T. Toda, K. Murayama, X. Liang, H. Kashida, *J. Am. Chem. Soc.* **2010**, *132*, 14702–14703.

[104] H. Kashida, K. Murayama, T. Toda, H. Asanuma, *Angew. Chem. Int. Ed. Engl.* **2011**, *50*, 1285–1288.

[105] K. Murayama, Y. Tanaka, T. Toda, H. Kashida, H. Asanuma, *Chemistry* **2013**, *19*, 14151–8.

[106] H. Kashida, X. Liang, H. Asanuma, *Curr. Org. Chem.* **2009**, *13*, 1065–1084.

[107] R. Benhida, M. Devys, J. L. Fourrey, F. Lecubin, J. S. Sun, *Tetrahedron Lett.* **1998**, *39*, 6167–6170.

[108] H. Kashida, T. Fujii, H. Asanuma, *Org. Biomol. Chem.* **2008**, *6*, 2892–2899.

[109] T. Takarada, D. Tamaru, X. Liang, H. Asanuma, M. Komiyama, *Chem. Lett.* **2001**, 732–733.

[110] K. Fukui, K. Iwane, T. Shimidzu, K. Tanaka, *Tetrahedron Lett.* **1996**, *37*, 4983–4986.

[111] H. asanuma, K. Shirasuka, M. Komiyama, *Chemistry Letters* **2002**, 31, 490-491.

[112] H. Kashida, H. Asanuma, M. Komiyama, *Supramol. Chem.* **2004**, *16*, 459–464.

[113] H. Kashida, M. Tanaka, S. Baba, T. Sakamoto, G. Kawai, H. Asanuma, M. Komiyama, *Chemistry* **2006**, *12*, 777–84.

[114] H. Kashida, X. Liang, H. Asanuma, *Curr. Org. Chem.* **2009**, *13*, 1065–1084.

[115] K. Fukui, K. Tanaka, *Nucleic Acids Res.* **1996**, *24*, 3962–3967.

[116] H. Asanuma, T. Takarada, T. Yoshida, D. Tamaru, X. Liang, M. Komiyama, *Angew. Chemie, Int. Ed.* **2001**, *40*, 2671–2673.

[117] J. Kang, M. Park, *Bull. Chem. Sosiety Japan* **1985**, *6*, 376–377.

[118] Y. Shimohigashi, *Bull. Chem. Sosiety Japan* **1979**, *52*, 949–950.

[119] K. Jarowicki, P. Kocienski, *J. Chem. Soc. Perkin Trans. 1* **2000**, 2495–2527.

[120] P. Kocienski, *Protecting Groups*, **2005**.

[121] I. V. Koval', *Russ. J. Org. Chem.* **2007**, *43*, 319–346.

[122] T. W. Greene, P. G. M. Wuts, in *Prot. Groups Org. Synth.*, **1999**, pp. 454–493.

[123] P. G. M. Wuts, T. W. Greene, in *Greene's Prot. Groups Org. Synth.*, **2007**, pp. 16–366.

[124] R. H. Sifferd, V. Vingeaud, *J. Biol. Chem.* **1935**, *108*, 753–761.

[125] F. D. Deroose, P. J. De Clercq, *Tetrahedron Lett.* **1994**, *35*, 2615–2618.

[126] D. Witt, R. Klajn, P. Barski, B. A. Grzybowski, **2004**.

[127] J. . Delfino, S. . Schreiber, F. . Richards, *J. Am. Chem. Soc.* **1993**, *115*, 3458.

[128] J. M. Delfino, C. J. Stankovic, S. L. Schreiber, F. M. Richards, *Tetrahedron Lett.* **1987**, *28*, 2323–2326.

[129] B.-C. Chen, M. S. Bednarz, O. R. Kocy, J. E. Sundeen, *Tetrahedron: Asymmetry* **1998**, *9*, 1641–1644.

[130] C. M. Jung, W. Kraus, P. Leibnitz, H.-J. Pietzsch, J. Kropp, H. Spies, *Eur. J. Inorg. Chem.* **2002**, *2002*, 1219–1225.

[131] M. Muttenthaler, Y. G. Ramos, D. Feytens, A. D. de Araujo, P. F. Alewood, *Biopolymers* **2010**, *94*, 423–32.

[132] K. D. Philipson, J. P. Gallivan, G. S. Brandt, D. A. Dougherty, H. A. Lester, *Am J Physiol Cell Physiol* **2001**, *281*, C195–206.

[133] M. Nowak, P. Kearney, M. Saks, C. Labarca, S. Silverman, W. Zhong, J. Thorson, J. Abelson, N. Davidson, al. et, *Science.* **1995**, *268*, 439–442.

[134] T. Takada, Y. Kawano, M. Nakamura, K. Yamana, *Tetrahedron Lett.* **2012**, *53*, 78–81.

[135] A. B. Smith, S. N. Savinov, U. V. Manjappara, I. M. Chaiken, *Org. Lett.* **2002**, *4*, 4041–4044.

[136] M. Erlandsson, M. Hällbrink, *Int. J. Pept. Res. Ther.* **2005**, *11*, 261–265.

[137] S. Patai, Ed., *The Thiol Group: Vol. 1 (1974)*, John Wiley & Sons, Ltd., Chichester, UK, **1974**.

[138] J. Nam, S. Lee, K. Y. Kim, Y. S. Park, *Tetrahedron Lett.* **2002**, *43*, 8253–8255.

[139] W. J. Leanza, F. DiNinno, D. A. Muthard, R. R. Wilkening, K. J. Wildonger, R. W. Ratcliffe, B. G. Christensen, *Tetrahedron* **1983**, *39*, 2505–2513.

[140] M. L. Hamm, J. A. Piccirilli, *J. Org. Chem.* **1997**, *62*, 3415–3420.

[141] R. Cosstick, J. S. Vyle, *Nucleic Acids Res.* **1990**, *18*, 829–835.

[142] E. J. Reist, A. Benitez, L. Goodman, *J. Org. Chem.* **1964**, *29*, 554–558.

[143] M. L. Hamm, R. Cholera, C. L. Hoey, T. J. Gill, *Org. Lett.* **2004**, *6*, 3817–20.

[144] S. Chambert, I. Gautier-Luneau, M. Fontecave, J.-L. Décout, *J. Org. Chem.* **2000**, *65*, 249–253.

[145] S. Chambert, F. Thomasson, J.-L. Décout, *J. Org. Chem.* **2002**, *67*, 1898–1904.

[146] B. Bornemann, S.-P. Liu, A. Erbe, E. Scheer, A. Marx, *Chemphyschem* **2008**, *9*, 1241–4.

[147] B. Gerland, J. Désiré, M. Lepoivre, J.-L. Décout, *Org. Lett.* **2007**, *9*, 3021–3.

[148] M. B. Anderson, M. G. Ranasinghe, J. T. Palmer, P. L. Fuchs, *J. Org. Chem.* **1988**, *53*, 3125–3127.

[149] T. Kimura, T. Murai, A. Miwa, D. Kurachi, H. Yoshikawa, S. Kato, *J. Org. Chem.* **2005**, *70*, 5611–7.

[150] A. Mahadevan, C. Li, P. L. Fuchs, *Synth. Commun.* **1994**, *24*, 3099–3107.

[151] A. L. Schwan, R. Dufault, *Tetrahedron Lett.* **1992**, *33*, 3973–3974.

[152] A. Schwan, D. Brillon, R. Dufault, *Can. J. Chem.* **1994**, *72*, 325–333.

[153] B. C. Ranu, T. Mandal, *Synth. Commun.* **2007**, *37*, 1517–1523.

[154] W. Zhong, X. Chen, Y. Zhang, *Synth. Commun.* **2000**, *30*, 4451–4460.

[155] C.-F. Liang, M.-C. Yan, T.-C. Chang, C.-C. Lin, *J. Am. Chem. Soc.* **2009**, *131*, 3138–9.

[156] K. Jarowicki, P. Kocienski, **1998**, *1*, 4005–4037.

[157] K. Jarowicki, P. Kocienski, *J. Chem. Soc. Perkin Trans.* **2001**, *1*, 2109–2135.

[158] H. Tsunoda, T. Kudo, A. Ohkubo, K. Seio, M. Sekine, *Molecules* **2010**, *15*, 7509–7531.

[159] M. S. Christopherson, A. D. Broom, *Nucleic Acids Res.* **1991**, *19*, 5719–5724.

[160] A. McGregor, *Nucleic Acids Res.* **1996**, *24*, 3173–3180.

[161] T. T. Nikiforov, B. A. Connolly, *Tetrahedron Lett.* **1992**, *33*, 2379–2382.

[162] R. S. Coleman, J. M. Siedlecki, *J. Am. Chem. Soc.* **1992**, *114*, 9229–9230.

[163] R. S. Coleman, E. A. Kesicki, *J. Am. Chem. Soc.* **1994**, *116*, 11636–11642.

[164] D. E. Bierer, J. M. Dener, L. G. Dubenko, R. E. Gerber, J. Litvak, S. Peterli, P. Peterli-Roth, T. V. Truong, G. Mao, B. E. Bauer, *J. Med. Chem.* **1995**, *38*, 2628–2648.

[165] Y. Ma, J. Xu, *Synthesis* **2012**, *44*, 2225–2230.

[166] Y. Ura, J. M. Beierle, L. J. Leman, L. E. Orgel, M. R. Ghadiri, *Science* **2009**, *325*, 73–7.

[167] S. A. Thomson, J. A. Josey, R. Cadilla, M. D. Gaul, C. Fred Hassman, M. J. Luzzio, A. J. Pipe, K. L. Reed, D. J. Ricca, R. W. Wiethe, et al., *Tetrahedron* **1995**, *51*, 6179–6194.

[168] F. Klepper, E.-M. Jahn, V. Hickmann, T. Carell, *Angew. Chem. Int. Ed. Engl.* **2007**, *46*, 2325–7.

[169] K. L. Dueholm, M. Egholm, C. Behrens, L. Christensen, H. F. Hansen, T. Vulpius, K. H. Petersen, R. H. Berg, P. E. Nielsen, O. Buchardt, *J. Org. Chem.* **1994**, *59*, 5767–5773.

[170] B. Holzberger, J. Strohmeier, V. Siegmund, U. Diederichsen, A. Marx, *Bioorg. Med. Chem. Lett.* **2012**, *22*, 3136–9.

[171] S. Müllar, J. Strohmeier, U. Diederichsen, *Org. Lett.* **2012**, *14*, 1382–5.

[172] A. Nadler, J. Strohmeier, U. Diederichsen, *Angew. Chem. Int. Ed. Engl.* **2011**, *50*, 5392–6.

[173] S. Berner, K. Mühlegger, H. Seliger, *Nucleic Acids Res.* **1989**, *17*, 853–864.

[174] L. J. McBride, M. H. Caruthers, *Tetrahedron Lett.* **1983**, *24*, 245–248.

[175] K. H. Gensch, I. H. Pitman, T. Higuchi, *J. Am. Chem. Soc.* **1968**, *90*, 2096–2104.

[176] B. Sproat, *Oligonucleotide Synth.* **2005**, *288*, 17–32.

[177] E. Westmanu, R. Stromberg, *Nucleic Acids Res.* **1994**, *22*, 2430–2431.

[178] S. Chambert, J. Désiré, J.-L. Décout, *Synthesis (Stuttg).* **2002**, *2002*, 2319–2334.

[179] M. S. Christopherson, A. D. Broom, *Nucleic Acids Res.* **1991**, *19*, 5719–5724.

[180] M. Deletre, G. Levesque, *Macromolecules* **1990**, *23*, 4733–4741.

[181] U. G. Nayak, M. Sharma, R. K. Brown, *Can. J. Chem.* **1967**, *45*, 481–494.

[182] C. Murali, M. S. Shashidhar, C. S. Gopinath, *Tetrahedron* **2007**, *63*, 4149–4155.

[183] O. Kanie, G. Grotenbreg, C.-H. Wong, *Angew. Chem. Int. Ed. Engl.* **2000**, *39*, 4545–4547.

[184] J. Winkler, E. Urban, D. Losert, V. Wacheck, H. Pehamberger, C. R. Noe, *Nucleic Acids Res.* **2004**, *32*, 710–8.

[185] E. Kaiser, F. Kezdy, *Science* **1984**, *223*, 249–255.

[186] J. Johansson, *J. Biol. Chem.* **1998**, *273*, 3718–3724.

[187] W. Cochran, F. H. Crick, V. Vand, *Acta Crystallogr.* **1952**, *5*, 581–586.

[188] R. B. COREY, L. PAULING, *Proc. R. Soc. Lond. B. Biol. Sci.* **1953**, *141*, 10–20.

[189] J. Laurén, D. A. Gimbel, H. B. Nygaard, J. W. Gilbert, S. M. Strittmatter, *Nature* **2009**, *457*, 1128–32.

[190] S. B. Prusiner, *Science* **1991**, *252*, 1515–1522.

[191] S. B. Prusiner, *Science* **1997**, *278*, 245–251.

[192] M. Egholm, O. Buchardt, L. Christensen, C. Behrens, S. M. Freier, D. A. Driver, R. H. Berg, S. K. Kim, B. Norden, P. E. Nielsen, *Nature* **1993**, *365*, 566–8.

[193] V. Menchise, G. De Simone, T. Tedeschi, R. Corradini, S. Sforza, R. Marchelli, D. Capasso, M. Saviano, C. Pedone, *Proc. Natl. Acad. Sci. U. S. A.* **2003**, *100*, 12021–6.

[194] J. A. Piccirilli, *Nature* **1995**, *376*, 548–9.

[195] K. E. Nelson, M. Levy, S. L. Miller, *Proc. Natl. Acad. Sci.* **2000**, *97*, 3868–3871.

[196] U. Diederichsen, *Angew. Chemie Int. Ed. English* **1996**, *35*, 445–448.

[197] U. Diederichsen, H. W. Schmitt, *Tetrahedron Lett.* **1996**, *37*, 475–478.

[198] U. Diederichsen, *Angew. Chemie Int. Ed. English* **1997**, *36*, 1886–1889.

[199] U. Diederichsen, D. Weicherding, *Synlett* **n.d.**, *1999*, 917–920.

[200] U. Diederichsen, *Angew. Chemie* **1997**, *109*, 1966–1969.

[201] U. Diederichsen, D. Weicherding, N. Diezemann, *Org. Biomol. Chem.* **2005**, *3*, 1058–66.

[202] R. M. Weinshilboum, D. M. Otterness, C. L. Szumlanski, *Annu. Rev. Pharmacol. Toxicol.* **1999**, *39*, 19–52.

[203] J. Brosius, R. Chen, *FEBS Lett.* **1976**, *68*, 105–109.

[204] C. N. Chang, M. Schwartz, F. N. Chang, *Biochem. Biophys. Res. Commun.* **1976**, *73*, 233–239.

[205] J. Chatterjee, F. Rechenmacher, H. Kessler, *Angew. Chemie – Int. Ed.* **2013**, *52*, 254–269.

[206] E. Biron, J. Chatterjee, H. Kessler, *J. Pept. Sci.* **2006**, *12*, 213–219.

[207] R. M. Freidinger, J. S. Hinkle, D. S. Perlow, *J. Org. Chem.* **1983**, *48*, 77–81.

[208] J. Chatterjee, F. Rechenmacher, H. Kessler, *Angew. Chem. Int. Ed. Engl.* **2013**, *52*, 254–69.

[209] E. Biron, H. Kessler, *J. Org. Chem.* **2005**, *70*, 5183–9.

[210] M. Prashad, D. Har, B. Hu, H. Y. Kim, O. Repic, T. J. Blacklock, *Org. Lett.* **2003**, *5*, 125–128.

[211] R. Ranevski, *Conformational Switch in Proteins and Peptides Induced by Double Strand Formation in Peptide Nucleic Acid/protein Chimera*, **2006**.

[212] P. Limpachayaporn, Synthesis of –Methylated Alanyl-P A Oligomers with Respect to a B-Sheet Conformational Switch, **2008**.

[213] P. Lohse, B. Oberhauser, B. H. Oberhauser-, G. Baschang, Albert Eschenmoser, *Croat. Chem. Acta* **1996**, *69*, 535–562.

[214] L. D. Arnold, T. H. Kalantar, J. C. Vederas, *J. Am. Chem. Soc.* **1985**, *107*, 7105–7109.

[215] L. D. Arnold, R. G. May, J. C. Vederas, *J. Am. Chem. Soc.* **1988**, *110*, 2237–2241.

[216] A. Specht, S. Loudwig, M. Goeldner, **2002**, *43*, 8947–8950.

[217] A. P. Pelliccioli, J. Wirz, *Photochem. Photobiol. Sci.* **2002**, *1*, 441–458.

[218] N. Kotzur, *Wellenlängenselektiv Abspaltbare Photolabile Schutzgruppen Für Thiole*, **2009**.

[219] S. Pérez-Rentero, S. Grijalvo, R. Ferreira, R. Eritja, *Molecules* **2012**, *17*, 10026–45.

[220] S. Pérez-Rentero, A. V Garibotti, R. Eritja, *Molecules* **2010**, *15*, 5692–707.

[221] X. Liu, H. Diao, N. Nishi, *Chem. Soc. Rev.* **2008**, *37*, 2745–57.

[222] N. V Voigt, T. Törring, A. Rotaru, M. F. Jacobsen, J. B. Ravnsbaek, R. Subramani, W. Mamdouh, J. Kjems, A. Mokhir, F. Besenbacher, et al., *Nat. Nanotechnol.* **2010**, *5*, 200–3.

[223] T. Mashimo, H. Yagi, Y. Sannohe, A. Rajendran, H. Sugiyama, *J. Am. Chem. Soc.* **2010**, *132*, 14910–8.

[224] T.-C. Chiu, C.-C. Huang, *Aptamer-Functionalized Nano-Biosensors.*, **2009**.

[225] C. Da Pieve, P. Williams, D. M. Haddleton, R. M. J. Palmer, S. Missailidis, *Bioconjug. Chem.* **2010**, *21*, 169–74.

[226] B. J. Park, Y. S. Sa, Y. H. Kim, Y. Kim, **2012**, *33*, 100–104.

[227] J.-H. Ha, S. N. Loh, *Chemistry* **2012**, *18*, 7984–99.

[228] J. Huang, L. Jiang, P. Ren, L. Zhang, H. Tang, *J. Phys. Chem. B* **2012**, *116*, 136–46.

[229] D. P. Weicherding, *Synthese von Alanyl- Und Homoalanyl-Peptidnucleinsäuren: Untersuchung Der Homologie, Der Wechselwirkungen Mit Aminosäuren Und Des Photoinduzierten Elektronentransfers*, **2000**.

Abkürzungsverzeichnis

Die in dieser Arbeit verwendete Nomenklatur richtet sich an den von der *International Union of Pure and Applied Chemistry* (IUPAC) empfohlenen Richtlinien Firmennamen und aus dem Englischen übernommenen Fachausdrücke sind kursiv geschrieben. Abkürzungen für Multiplets in NMR-Spektren sind zu Beginn des Experimentalteils zusammengefasst.

A	Adenin/Adenosin
A_{TE}	Adenin-Thioester-Derivat
Å	Ångström; 1 Å = 10^{-10} Meter
AcOH	Essigsäure
AcSH	Thioessigsäure
AIBN	Azo-bis-(isobutyronitril)
Ala	Alanin
Äq.	Äquivalente
BMS	Boran-Dimethylsulfid Komplex
BM	5-Benzylmerkaptotetrazol
Bn	Benzyl
Boc	*tert*-Butoxycarbonyl
BOP	Benzotriazol-1-yloxytris(dimethylamino)phosphonium hexa fluorophosphat
BTC	Bis(trichormethyl)carbonat
tert-Bu	*tert*-Butyl
BzCl	Benzoylchlorid
C	Cytosin/Cytidin
C_{TE}	Cytosin-Thioester-Derivat
°C	Grad Celsius

C_{Ar}	Aryl-Kohlenstoff
Cbz	Carboxybenzyl
Cbz-Cl	Carboxybenzylchlorid
$CDCl_3$	deuteriertes Chloroform
C_{DMT}	Dimethoxytrityl-Kohlenstoff
cm	Zentimeter
COSY	*Homonuclear Correlation Spectroscopy*
C_{Pur}	Purin-Kohlenstoff
C_{Pyr}	Pyrimidin-Kohlenstoff
C_{Trt}	Trityl-Kohlenstoff
CPG	*controlled pore glas*
δ	chemische Verschiebung
DABCO	1,4-Diazabicyclo[2.2.2]octan
DBU	1,8-Diazabicyclo[5.4.0]undec-7-en
DC	Dünschichtchromatographie
DCC	*dynamic combinatorial chemistry*
DCL	*dynamic combinatorial library*
DCM	Dichlormethan
DEAD	Azodicarbonsäurediethylester
DIC	*N,N′*-Diisopropylcarbodiimid
DIPEA	Diisopropylethylamin
DMAP	4-(Dimethylamino)-pyridin
DMF	*N,N′*-Dimethylformamid
DMSO	Dimethylsulfoxid
DMSO-D_6	Hexadeuterodimethylsulfoxid
DMT	Dimethoxytrityl
DMT-Cl	4,4′-Dimethoxytritylchlorid
DNA	*Deoxyribonucleic Acid*

DTT	1,4-Dithiothreitol
ε	Absorptionskoeffizient
EDC·HCl	1-Ethyl-3-(3-dimethylaminopropyl)carbodiimid Hydrochlorid
ESI	Elektronensprayionisation
Et	Ethyl
et al.	et alii
EtCN	Cyanoethyl
Et$_2$O	Diethylether
EtOAc	Ethylacetat
EtOH	Ethanol
EtSH	Mercaptoethanol
Fmoc	9-Fluorenylmethoxycarbonyl
G	Guanin/Guanosin
G$_{TE}$	Guanin-Thioester-Derivat
^{v}G$_{TE}$	Vinyl-Guanin-Thioester-Derivat
g	Gramm
GC	Gaschromatographie
H	Stunde
HATU	*O*-(7-azabenzotriazol-1-yl)-1,1,3,3-tetramethyluroniumhexafluorophosphat
H$_{Ar}$	Aryl-Proton
HMBC	*Heteronuclear Multiple Bond Correlation*
HOAt	1-Hydroxy-7-azabenzotriazol
HOBt	*N*-Hydroxybenzotriazol
HOSu	*N*-Hydroxysuccinimid
H$_{Pur}$	Purin-Proton
H$_{Pyr}$	Pyrimidin-Proton
HPLC	Hochleistungsflüssigkeitschromatographie
HPCE	*high-performance capillary electrophoresis*

HRMS	*High Resolution Mass Spectrometry*
HSQC	*Heteronuclear Single Quantum Correlation*
Hz	Hertz
IC	*Internal Conversion*
ISC	*Intersystem Crossing*
^{i}Pr	*iso*-Propyl
J	skalare Kopplungskonstante
K	Kelvin
konz.	konzentriert
KSAc	Kaliumthioacetat
L	Liter
LDA	Lithiumdiisopropylamid
LG	*Leaving Group*; Abgangsgruppe
M	molar
mCPBA	*meta*-Chlorperbenzoesäure
Me	Methyl
MeCN	Acetonitril
MeOH	Methanol
mg	Milligramm
MHz	Megahertz
Min	Minute
mL	Milliliter
µL	Mikroliter
mM	Millimolar
mmol	Millimol
µmol	Mikromol
MS	Massenspektrometrie
m/z	Masse/Ladung
NaH	Natriumhydrid

NBS	*N*-Bromsuccinimid
o-NBS	*o*-Nitrobenzen-sulfonamid
o-NBS-Cl	2-Nitrobenzen-sulfonylchlorid
NBu$_3$	Tributylamin
NCL	*Nativ Chemical Ligation*
nm	Nanometer
nM	Nanomolar
NMP	*N*-Methyl-2-pyrrolidon
NMR	*Nuclear Magnetic Resonance*
NPE	*ortho*-Nitrophenylethyl
NPP	*ortho*-Nitrophenylpropyl
OD	optische Dichte
Oligo	Oligonukleotid
OMP	Orotidin-5'-monophosphat
OMPD	Orotidin-5'-monophosphat Decarboxylase
ONB	*ortho*-Nitrobenzyl
P-amidit-Cl	Cyanoethyl-(diisopropyl)amino-phosphoramiditclorid
PDB	Proteindatenbank
Pd/C	Palladium auf Aktivkohle
PeNB	Pentadienylnitrobenzyl
PG	*protecting group*; Schutzgruppe
PNA	*peptide nucleic acid*
tPNA	*thioester peptide nucleic acid*
Ph	Phenyl
ppm	*parts per million*
PyAOP	[(7-azabenzotriazol-1-yl)oxy]tris-(pyrrolidino)phosphonium-hexafluorophosphat
PyBroP	Bromotri(pyrolidino)phosphonium hexafluorephosphat
PyCloP	Hlorotri(pyrrolidino)phosphonium hexafluorophosphat

R	Rest
rel.	Relativ
R_f	Retentionsfaktor
RNA	*Ribonucleic Acid*
RP	*Reverse Phase*
RT	Raumtemperatur
S_N	Nukleophile Substitution
SNP	*single nucleotide polymorphism*
SR	strahlungslose Relaxation
SG	Schutzgruppe
T	Thymin/Thymidin
T_{TE}	Thymin-Thioester-Derivat
TEAA	Triethylammoniumacetat
t_R	Retentionszeit
TBAF	Tetrabutylammoniumfluorid
TBDMSCl	*tert*-Butyldimethylsilylchlorid
TBHP	*tert*-Butylhydroperoxid
TFA	Trifluoressigsäure
THF	Tetrahydrofuran
TMS	Tetramethylsilan
TMSE	2-(Trimethylsilyl)ethyl
TMSCl	Trimethylsilylchlorid
tRNA	transfer-Ribonukleinsäuren
Trt	Trityl
UV	Ultraviolett

Danksagung

Jedes komplexe System, das auf eine bestimmte Funktion ausgelegt ist, besteht aus Untereinheiten, die eine klar definierte Aufgabe innerhalb dieses Systems erfüllen. Diese Untereinheiten, seien es Oligonukleotide oder Proteinen, sind aus kleinen Bausteinen aufgebaut die durch ihre chemische Beschaffenheit und Anordnung nicht nur die Struktur sondern auch die Funktion der Makromoleküle bestimmen. Eine soziale Gemeinschaft ist ebenso wie ein komplexes biologisches System aus Individuen aufgebaut, die durch ihre Eigenschaften und Interaktionen mit und untereinander den Bestand sowie die Funktion dieser Gemeinschaft bestimmen und sichern. Und ebenso wie ein biologisches System muss auch eine Gemeinschaft auf Einflüssen von außen und reaktive Vorgänge innerhalb des Systems entsprechend reagieren können. Die Reparatur-und regulatorischen Enzyme Geduld und Verständnis sind notwendig um eine reibungslose Funktion des Systems zu ermöglichen. Das Verständnis um die Bedeutung jedes einzelnen ist letztendlich das, was ein komplexes System greifbar und verständlicher macht. Ich bin dankbar dafür, dass ich ein Bestandteil eines komplexen, funktionierenden sozialen Systems sein durfte, denn es half mir meine eigene Rolle und Aufgabe innerhalb dieser Gemeinschaft zu erkennen. Ich bin froh sagen zu können, dass ich von jeden einzelnen etwas gelernt habe und möchte mich an dieser Stelle bei allen bedanken, die mich in den letzten Jahren wehrend meiner Doktorarbeit unterstützt und geprägt haben.

Allen voran möchte ich Prof. Dr. Ulf Diederichsen für die interessante Themenstellung, die ständige Diskussionsbereitschaft bei praktischen und theoretischen Fragestellungen und die freundliche Unterstützung danken.

Bei Prof. Dr. Lutz Ackermann bedanke ich mich für die bereitwillige Übernahme des Korreferats, für die anregenden, fachlichen Diskussionen und die wertvollen Ratschläge.

Allen Mitgliedern des Arbeitskreises und vor allem Zeynep Kanlidere, Hanna Radzey, Selda Kabatas, Janine Wegner, Ulrike Rost, Julia Schneider, Florian Czerny und Muheeb Sadek möchte ich für die Hilfsbereitschaft und die gute Atmosphäre danken, die das Arbeiten erleichtert haben.

Meinen ehemaligen Laborkollegen Florian Czerny und Muheeb Sadek gilt ein herzlicher Dank für die gemeinsame Zeit, die nicht nur für die Chemie und Laboratmosphäre, sondern auch für neue Freundschaften wertvoll war.

Angela Heinemann danke ich für ihre umfassende organisatorische Unterstützung und ihre zuverlässige Hilfsbereitschaft in allen Belangen.

Weiterhin möchte ich mich bei Daniel Frank für die tatkräftige und zuverlässige Unterstützung am Rechner bedanken.

Für das Korrekturlesen dieser Arbeit möchte ich mich bei Barbara Hubrich, Hanna Radzey, Selda Kabatas, Zeynep Kanlidere und Florian Czerny bedanken!

Allen Mitarbeitern der NMR-Abteilung und der Massenabteilung danke ich für die immerwährende freundliche Unterstützung sowie das Anfertigen der Kernresonanzspektren bzw. der Massenspektren.

Meiner Familie danke ich an dieser Stelle sehr herzlich für die seelische Unterstützung während meiner Promotionszeit. Danke für das aufgebrachte Verständnis, für aufmunternde Worte und ein offenes Ohr.

Lebenslauf

Persönliche Daten

Name:	Oleg Jochim
Geburtsdatum:	16.06.1981
Beburtsort:	Belyje Wody (Kasachstan)
Staatsangehörigkeit:	Deutsch

Studium

07/2014	Promotionsprüfung
05/2009 - 07/2014	Promotion am Institut für Organische und Biomolekulare Chemie der Georg-August Universität in Göttingen
	(Arbeitskreis Prof. Dr. Ulf Diederichsen), Themen: "Anwendungen von N-methylierten Alanyl-PNA Oligomeren als β-Faltblatt Konformationsschalter" und " Synthese und Anwendungen von modifizierten DNA-Gerüsten in Dynamischer Chemie"
09/2008 - 03/2009	Diplom Chemie (Gesamtnote: sehr gut)
	Diplomarbeit am Institut für Organische und Biomolekulare Chemie der Georg-August Universität in Göttingen (Arbeitskreis Prof. Dr. Claudia Steinem), Thema:" FRET basierte Untersuchungen der Vesikel-Vesikel-Fusion in Abhängigkeit von Lipidzusammensetzung und Vesikelgröße"
10/2007 - 03/2008	Auslandsaufenthalt an der School of Chemistry in University of Manchester (Arbeitskreis Dr. Peter Quayle)
	Thema: "Organometalics, synthesis of new Cu (I) Ligands"

Lebenslauf

06/2005	Diplomvorprüfung Chemie (Gesamtnote: gut)
10/2002 - 03/2009	Studium der Chemie an der Georg-August Universität Göttingen

Schulausbildung

09/1998 - 06/2001	Allgemeine Hochschulreife (Gesamtnote: gut)
	Gymnasiale Oberstuffe der Rhenanusschule Bad-Sooden-Allendorf
09/1994 - 06/1998	Realschulzweig der Gesamtschule Witzenhausen
09/1992 - 06/1994	Förderstufe Witzenhausen
11/1991 - 06/1992	Grundschule Hundelshause
09/1987 - 10/1991	Maxim-Gorki Schule Belyje Wody (Kasachstan)

Lehre / Tätigkeiten

2010 - 2014	Sicherheitsbeauftragter des Arbeitskreises Prof. Dr. Ulf Diederichsen
2009 - 2014	Wissenschaftliche Hilfskraft des Arbeitskreises Prof. Dr. Ulf Diederichsen
2009 - 2013	Betreuer von fünf Bachelorarbeiten im Arbeitskreis von Prof. Dr. Ulf Diederichsen
09/2013 - 10/2013	Assistent im *Chemie für Biologen Praktikum*
04/2010 - 07/2012	Assistent im *Grundpraktikum der Organischen Chemie*
10/2010 - 02/2012	Assistent im *Fortgeschrittenenpraktikum der Organischen Chemie*
11/2009 - 02/2010	Assistent im Praktikum und Seminar *Chemie für Mediziner*

Göttingen, im Juni 2014

Oleg Jochim